A N I M A L　S C I E N C E

林 良博・佐藤英明・眞鍋 昇［編］

第2版

アニマルサイエンス❸

イヌの動物学

猪熊 壽・遠藤秀紀［著］

東京大学出版会

Zoology of Domestic Dogs 2nd Edition
(Animal Science 3)
Hisashi INOKUMA and Hideki Endo
University of Tokyo Press, 2019
ISBN978-4-13-074023-4

刊行にあたって

アニマルサイエンスは，広い意味で私たち人類と動物の関係について考える科学である．対象となるのは私たちに身近な動物たちである．かれらは，産業動物あるいは伴侶動物として，人類とともに生きてきた．そして，私たちに「食」を「力」をさらに「愛」を与え続けてくれた．私たちは，おそらくこれからもかれらとともに生きていく．私たちにとってかけがえのない動物たちの科学，それがアニマルサイエンスである．

しかし，かつてはたしかに私たちの身近にいたかれらは，しだいに遠ざかろうとしている．私たちのまわりには，「製品」としてのかれらはたくさん存在するが，「生きもの」としてのかれらを目にする機会はどんどん減っている．そして，研究・教育・生産の現場からもかれらのすがたは消えつつある．20 世紀における生物学の飛躍的な発展は，各分野の先鋭化や細分化をもたらした．その結果，動物の全体像はほとんど理解されないまま，たんなる「材料」としてかれらが扱われるという状況を産み出してしまった．

アニマルサイエンスの研究・教育の現場では，いくつかの深刻な問題が生じている．研究・教育の対象とするには，産業動物は大きすぎて高価であり，飼育にも困難が伴うため，十分な頭数が供給されない．それでも，あえてかれらを対象に研究を進めようとすると，小動物を対象とする場合よりもどうしても論文数が少なくなる．そのため若手研究者が育たず，結果として産業動物の研究者が減少している．また，伴侶動物には動物福祉の観点からの制約がきわめて多いため，代替としてマウスやラットなどの実験動物を使って研究・教育を組み立てざるをえない状況にある．一方，生産の現場では，生産性の向上，健康の維持管理など，動物の個体そのものにかかわる問題が山積しているにもかかわらず，先鋭化・細分化する研究・教育の現場とうまくリンクすることができない．このような状況のなかで，動物の全体像を理解することの重要性への認識が強まっている．

本シリーズは，私たちにとって産業動物や伴侶動物とはなにか，そしてかれらと私たちの未来はどうあるべきかについて，ひとつの答を探そうとして企画された．アニマルサイエンスが対象とする動物のなかからウマ，ウシ，イヌ，ブタ，ニワトリの５つを選び出し，ひとつの動物について著者がそれぞれの動物の全体像を描き上げた．個性あふれる動物観をもつ各巻の著者は，研究者としての専門分野の視点を生かしながら，対象とする動物の形態，進化，生理，生殖，行動，生態，病理などのさまざまなテーマについて，最新の研究成果をふまえてバランスよく記述するよう努めた．各巻のいたるところで表現される著者の動物観は，私たちと動物の関係を考えるうえで豊富な示唆を与えてくれることだろう．また，全５巻を合わせて読むことにより，それぞれの動物の全体像を比較しながら，より明確に理解することができるだろう．

各巻の最終章において，アニマルサイエンスが対象とする動物の未来について，さらにかれらと私たちの未来について，編者との熱い議論をふまえて，大胆に著者は語った．アニマルサイエンスにかかわるあらゆる人たちに，そして動物とともにある私たち人類の未来を考えるすべての人たちに，本シリーズが小さな夢を与えてくれたとしたら，それは編者にとってなにものにもかえがたい喜びである．

第２版の刊行にあたっては，諸般の事情により，大阪国際大学人間科学部の眞鍋昇教授に編者として加わっていただいた．

林　良博・佐藤英明

目次

第1章 野生から人類の友人へ
進化と家畜化

1.1 イヌのなかま

身近な高等哺乳類

イヌはわれわれにとって非常に身近な動物である．ウシやブタ，ニワトリなどの家畜をみたことがないという人々でもたいていイヌだけはみたことがあるだろう．町を散歩すれば必ずイヌに出会うし，近所にはまずどこかでイヌを飼っている家がある．狭いといわれる日本の住宅事情のなかにあっては，小型から中型のイヌが目につくが，最近ではゴールデンレトリバーなどの大型犬を飼育している家庭もけっこう多い．自分の体重くらいありそうな飼イヌに引きずられて歩く人々の姿もよくみかける．一般的な日本の家庭では，家族の一員または番犬としてイヌを飼育していることが多いが，私たちの社会生活に役に立っているイヌの存在もよく知られている．その高い知能と優れた嗅覚を利用した災害救助犬，盲導犬，麻薬検出犬，あるいは警察犬の活躍はマスコミでも紹介されることが多くなった．

このようにイヌはわれわれにとってもっとも身近な哺乳類であり，だれでもある程度イヌについての知識があるはずだ．とくにイヌを飼った経験のある人たちなら，その生理的・行動的な性質についても各自がそれぞれにかなり理解している部分があるだろう．しかし，あまりに身近な動物だからだろうか，イヌのさまざまな性質についての科学的な根拠，つまりイヌを対象とした動物学的研究の実態については，案外知られていないようである．

イヌの特徴のひとつは品種のバリエーションがたいへん豊富な点であり，ほかの家畜の追随を許さない．体重2 kgに満たないチワワも100 kgを超えるセントバーナードも同じイヌなのだ．世界中には全部で400以上のイヌの品種があるといわれている（フォーグル 1996b）．いったいどのようにしてそんなに多くの品種がつくられてきたのであろうか，また，イヌはいつ，どうやってわれわれと生活するようになったのであろうか．

本章では，イヌの起源と品種の形成について考えていくことにしよう．

イヌ属の動物

イヌ *Canis familiaris* は分類学的に食肉目 Order Carnivora イヌ科 Family Canidae のイヌ属 Genus *Canis* に属する．食肉目の動物は文字どおり肉を食べる方向に進化してきた生きものである．イヌ科動物には，日本にも生息するキツネやタヌキをはじめとして，ホッキョクギツネ，フェネックギツネ，ハイイロギツネ，タテガミオオカミ，ヤブイヌ，アカオオカミ，リカオン，オオカミギツネなど 14 属 39 種が含まれる（Clutton-Brock 1995）．これらイヌ科の動物は，地面に接する指，掌，足底にある肉球が運動時の衝撃をやわらげていること，からだつきが概して細身で疾走に適した構造をもつこと，頭部は小さいが肉を切り裂く鋭い裂肉歯と大きな犬歯をもつことが共通した特徴である（野澤・西田 1981）．

現在，地球上に生息しているイヌ属の仲間としては，家畜化されたイヌのほかに，大きく分けてオオカミ，コヨーテ，ジャッカル，ディンゴの 4 つのグループが知られている．

（1）オオカミ

一般にハイイロオオカミまたはタイリクオオカミとよばれる *Canis lupus* がもっとも広く分布している（図 1-1）．体重は雄で 20–80 kg，雌で 18–55 kg で，イヌ科動物のなかでも最大である．地域によってヨーロッパオオカミ *C. l. lupus*，チョウセンオオカミ *C. l. chanco*，インドオオカミ *C. l. pallipes*，アラビアオオカミ *C. l. arabs*，シベリアオオカミ *C. l. albus* などの亜種が存在する．かつては熱帯雨林と砂漠以外の北半球全域に分布していたが，世界的な森林開発とヒトの進出により，近年急速にその分布域が減少している（フォックス 1987）．米国東南部に細々と生き残るアカオオカミ *C. rufus* は，いまのところ別種とされているが，ハイイロオオカミとコヨーテの雑種という説もある（Clutton-Brock 1995）．

図 1-1 オオカミ *Canis lupus*（フランス・バーベン動物園）

図 1-2 コヨーテ *Canis latrans*（国立科学博物館所蔵）

（2）コヨーテ *Canis latrans*

北はアラスカから南は中央アメリカのコスタリカ，パナマ西部，また，東はニューヨーク州までの北米から中米にかけて広く分布する野生のイヌ属動物である（図1-2; Stains 1975）．雄で8-20 kg，雌で7-18 kg程度とオオカミより小型である．オオカミとアカオオカミの分布域の減少に伴って，近年勢力を伸ばしている．

（3）ジャッカル

北アフリカからタンザニアまでの東アフリカ，東はアラビア半島を経てインド，スリランカ，ビルマ，タイまで，北は南東ヨーロッパまで広く分布し，さまざまな環境によく適応している小型イヌ属動物（体重は7-15 kg）がゴールデンジャッカル *Canis aureus* である（Bekoff 1975）．ほかにアフリカにはシメニアジャッカル *C. simensis*，セグロジャッカル *C. mesomelas*（図1-3），ヨコスジャッカル *C. adustus* が別種として存在する（Stains 1975）．

（4）ディンゴ *Canis dingo*

有袋類が主たる野生動物のオーストラリアに古くからいる，数少ない哺乳類のひとつである（図1-4）．体重は10-20 kg程度で，一般に赤褐色の体毛をしている（Corbett 1995; Stains 1975）．

これら野生イヌ属の多くは動物園で生きた個体をみることができるし，テレビにもよく登場するので，その形態は一般によく知られている．どれも外見はイヌに類似しており，とくにディンゴは野イヌとの違いをみつけだすのは容易ではないだろう．実際，ディンゴはイヌの亜種（*C. familiaris dingo*）として扱われることもある．オオカミ，コヨーテ，ジャッカルは，やや鼻面が長いことと，太めの垂れぎみで巻いていないしっぽ，それに厳しい眼が印象的であるが，やはりイヌによく似ている．いったいなにを基準にイヌという動物が区別されるのであろうか．つぎにイヌの定義を考えてみよう．

図 1-3 セグロジャッカル *Canis mesomelas*（国立科学博物館所蔵）

図 1-4 ディンゴ *Canis dingo*（*C. familiaris dingo*）
［オーストラリア国立水族館・野生動物公園（キャンベラ）］

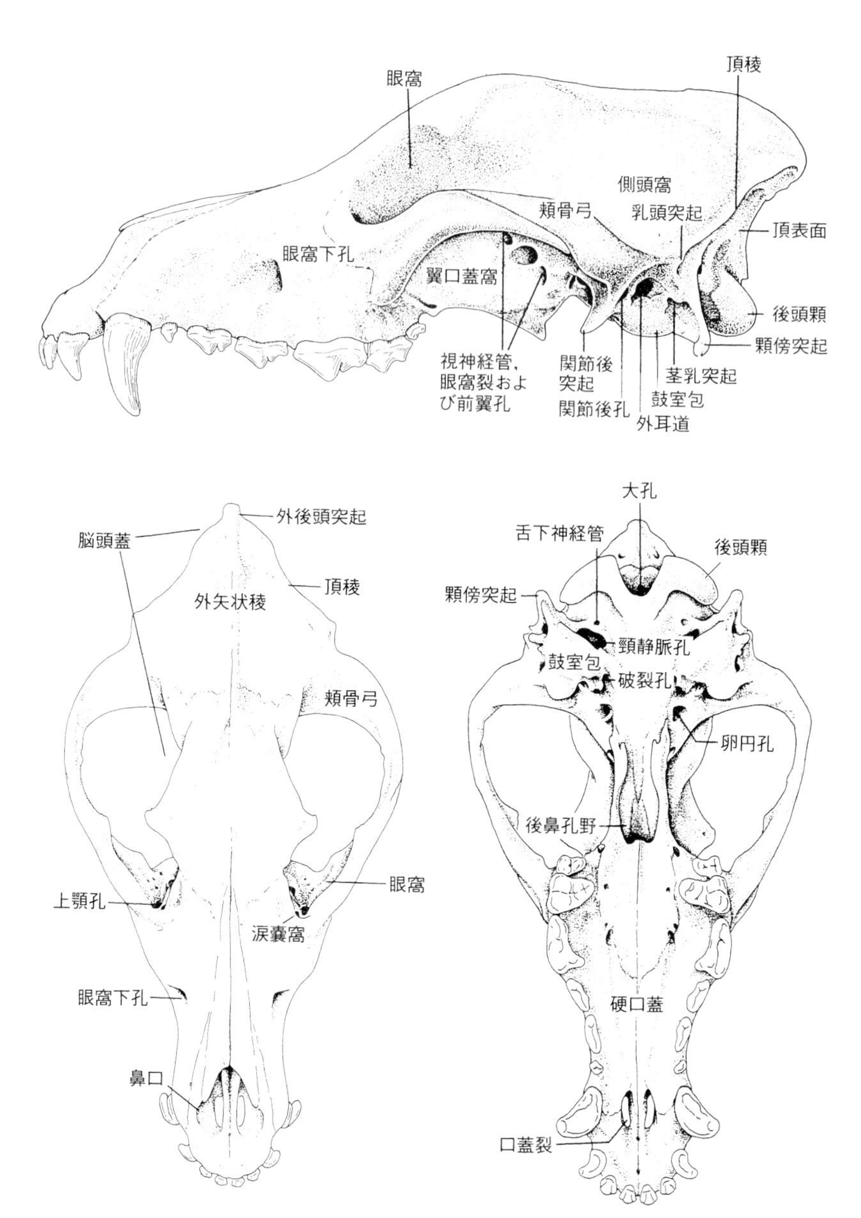

図 1-5 イヌの頭蓋骨
外側・背側・腹側より観察したところ．（ディスほか 1998）

「イヌ」とはなにか――かたちの違い

イヌという種をほかのイヌ属の仲間から分類するための重要な特徴は，形態学的な形質である．われわれが，動物園のオオカミの檻の前で，「これはオオカミだ，イヌではない」と思うとき，おそらくその精悍なからだつき，タテガミを形成する首の長い毛，まっすぐで長い尾，直立した耳，鋭い眼，長めの鼻，太い犬歯，ブチのない毛色などを観察して，これまでにみたことのある「イヌ」のイメージと頭のなかで比較をして，区別しているはずである．

動物の種による特徴がよく出るのが頭の骨である．頭骨(とうこつ)は構成要素骨が多く，かたちも複雑なので，ほかと比較すべき多くの情報を含んでいるのである（田隅 1991）．イヌの頭蓋骨(とうがいこつ)は品種差が大きいので，一般的なイヌの解剖学の教科書には中頭型成犬を用いて記述されていることが多い．図1-5にイヌの頭蓋骨を示すが，ほかと比較する際のポイントは，額に相当する前頭骨の正中線部（前頭甲）のくぼみ方，上顎の幅（W）と歯列の長さ（L）の比（W/L），歯の大きさとかたち，臼歯の歯輪，眼窩の傾斜角（頬弓前基部），傍後頭突起と聴胞の位置関係などである（野澤・西田 1981; 田隅 1991; ディスほか 1998; 今泉 1998）．

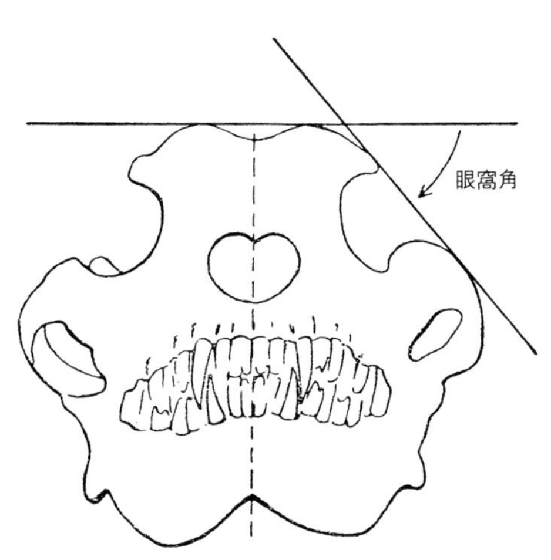

図 1-6 オオカミの眼窩角（40-45 度）
イヌでは 53-60 度と低い．（Mech 1970）

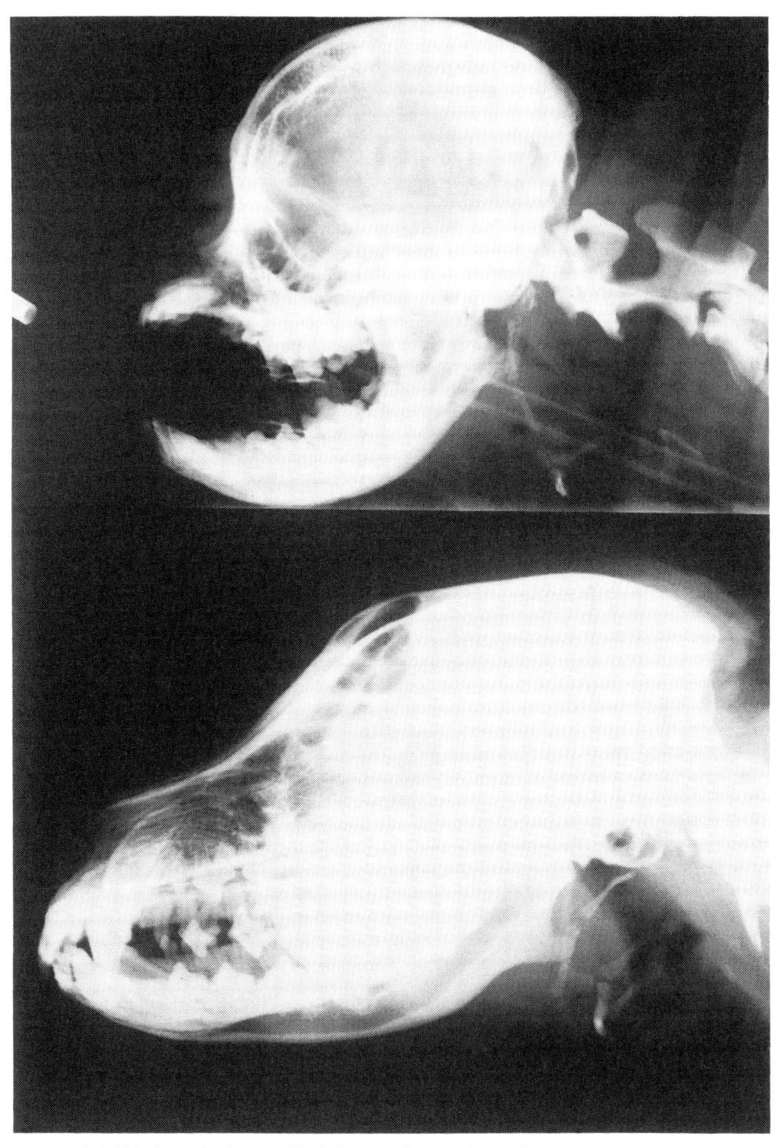

図 1-7 短頭種（パグ）と中頭種（ビーグル）の頭部 X 線写真
同じイヌでも頭骨の形態には品種により大きなバリエーションがみられる.

イヌでは概して前頭甲の正中部が深くくぼみ，鼻骨前縁はU字型，また，顎の長さが短くなっている．さらに細部を観察すると，上顎第一臼歯の歯輪が外側の中部と後部でほとんど消失していること，外耳管が短く後関節窩孔に達していないこと，傍後頭突起がふくらんだ聴胞よりも高くかつ後方に突出していることが，ほかのイヌ属動物との差異となっている．

オオカミの頭骨は歯が著しく大きいことが特徴である．とくに犬歯と裂肉歯が強大であり，同体形の大型犬と比べてもずっと大きい（野澤・西田 1981）．また，オオカミでは眼窩の側方から後方へ伸びる頬骨弓(きょうこつきゅう)が強く外側へ張り出すために，頬骨弓と眼窩上縁のつくる角度（眼窩角）が40–45度と急であるのに対し（図1-6），イヌでは53–60度である．オオカミでは，頬骨弓内側に分布する咬筋と側頭筋が，イヌに比べてよく発達しているためである（Mech 1970）．さらに前頭甲正中部のくぼみがつねに浅く不明瞭であること，および外耳管が長く後関節窩孔を通る矢状面を越えて外方へ突出していることもイヌとの違いである（田隅 1991; 今泉 1998）．

ジャッカルは上顎第一臼歯に顕著な歯輪をもち，傍後頭突起が聴胞よりも低く，また，上顎第四臼歯の原錘(げんすい)とよばれる突起が高く顕著であり，イヌばかりでなくオオカミとも区別され，ジャッカル亜属として分類されることもある．ディンゴはイヌに比べて吻が長いこと，聴胞が大きいこと，犬歯が長くて細く，裂肉歯が大きいなどの特徴がある（今泉 1998）．

このように，イヌとそのほかの野生イヌ属動物の頭骨の違いは明らかではあるが，じつは400以上もあるイヌの品種による頭骨の形態の差のほうがずっと大きい（図1-7）．頭骨の長さによって便宜的に長頭型，中頭型，短頭型の分類がなされているが（ディスほか 1998），長頭型と短頭型のイヌの形態の差は，イヌ代表としての中頭型のイヌとオオカミの差よりも大きいのである．古典的な種の分類は形態学的な形質の違いにもとづいて行われているので，これだけ大きな変異の動物を十把ひとからげにしてもよいのかという疑問も生じる．しかし，分類学上の種の定義は自然淘汰による変異が大前提になっており，家畜化に伴う種内変異，すなわち人為選抜によりどんなに形質が変わっても，新しい種としては認められないのである（馬渡 1993）．どんなに外見がかけ離れていても，「イヌ」は「イヌ」ということである．

生物としての性質の違い

2つの生物において形態以外の性質が明らかに異なる場合，これを種として分類する生物学的種という考え方がある（Mayr 1942）．生物学的種というとき，たがいに交配可能か否かという基準が用いられることが多いが，イヌ属の場合，ディンゴ，オオカミ，コヨーテ，ジャッカルそしてイヌはたがいに交配可能であり，生まれた子どもにも繁殖（生殖）能力がある（Gray 1972）．染色体数もすべてのイヌ属動物で $2n=78$ と共通している（Wayne *et al.* 1987）．実際，イヌの品種を改良するために，オオカミの雄とイヌの雌を交配させるブリーダーもいる．アラスカのエスキモー犬では独立心と野生の体力を付加するために，発情雌を屋外でつないでオオカミの雄と交配させることがある．だが，オオカミとイヌが異種間交配して子どもが生まれるのは，飼育上の特殊な状況，あるいは特殊な自然環境においてだけともいわれている（Nowak and Paradiso 1983）．

地理的な隔離もまた，実質的に生殖を不可能にする要因である．イヌは人類の分布に伴い世界中に散らばっているが，野生動物は分布域が決まっている．たとえば，北米では，アカオオカミの分布はオオカミともコヨーテとも異なっている．東アジアでは北部にオオカミが，南部にジャッカルが生息しており，けっして重なることはない．また，コヨーテは米国だけ，ディンゴはオーストラリアにだけしか分布していない．それぞれの繁殖期が異なる場合も，自然状態での雑種形成を防いでいる（Mengel 1971）．

オオカミとイヌはたがいに相手を同類とは認めない，むしろ敵視しあうようななにかがあるという．この種を分ける「なにか」は，一般的に動物種間の行動学的な違いである（今泉 1998）．種特異的行動の違いにもとづいて分類された種のことを行動学的種という．すべての野生イヌ属は，顔の表情，姿勢，尾の振り，吠え声や叫び声などのコミュニケーション方法によってたがいに意思を伝えあうことが知られている（Bradshaw and Nott 1995）．なかでもオオカミとイヌは群れ社会を形成し，群れのメンバーの間には厳しい順位制度があるため，コミュニケーションの方法が複雑である（第3章参照）．飼育下におけるヨーロッパオオカミとイヌ（プードル）の行動を比較すると，毛繕い，性行動，出産，子育て，子どもの行動にはあまり差はない．ところが，イヌの社会的な行動には人間との生活では不必要ないくつかの行動，たとえば群れ全体で子どもを育てること，行動の日周期と年周期，狩猟と防衛の行動様式などが欠落または退化しているのである．また，オオカミの成獣はヒト社会に馴化できないこと，イヌよりも社会的な順位づけがより厳しいことなどの相違点も観察されている（Zimen 1971）．さらに，オオカミはイヌのようにクンクン鳴いたり，ワンワン吠える鳴き方をあまりしないこと，威嚇時には尾を垂直に上げることなど，コミュニケーションの様式がイヌとは若干の相違をみせている（Fox 1978）．ただし，イヌとオオカミの行動の差は本質的なものではなく，きわめて複雑な意思伝達能力をもつヒトの社会のなかでイヌが獲得した新しい適応という見方もできる（野澤・西田 1981）．

1.2 イヌの進化

化石のイヌ

古生物学的研究によると，最初の哺乳類が地球上に登場したのは約 2 億年前である．このころはまだ恐竜全盛の時代であり，小さな哺乳類は森林地帯の地表近く，暗やみのなかで肉食恐竜から隠れるように，昆虫などを捕えながら暮らしていた．哺乳類は恐竜（爬虫類）に比べて複雑に分化した歯列（切歯，犬歯，頬歯）と鋭い聴覚，それに大きな脳をもっていた（コルバート・モラレス 1994）．霊長類になる哺乳類は樹上生活者として視覚を発達させていったが，肉食動物の祖先は暗やみのなかで嗅覚と聴覚を発達させたのである．

7000 万年前に環境の大変化によって恐竜が絶滅した後は哺乳類の時代である．哺乳類は爬虫類にかわって爆発的にその数と種類を増やして，地球上の優勢者となった．6000 万年前には，近代の食肉類の基礎である肉歯類が登場し，当時の捕食者としての役割を果たした．なかでもミアキス類（*Miacis*）はイタチのような体形をした小型食肉類で，森林の木立のなかで小動物を捕食していたが，からだのわりに脳が発達し，また，上顎第四小臼歯と下顎第一大臼歯が裂肉歯になっていることが特徴である．

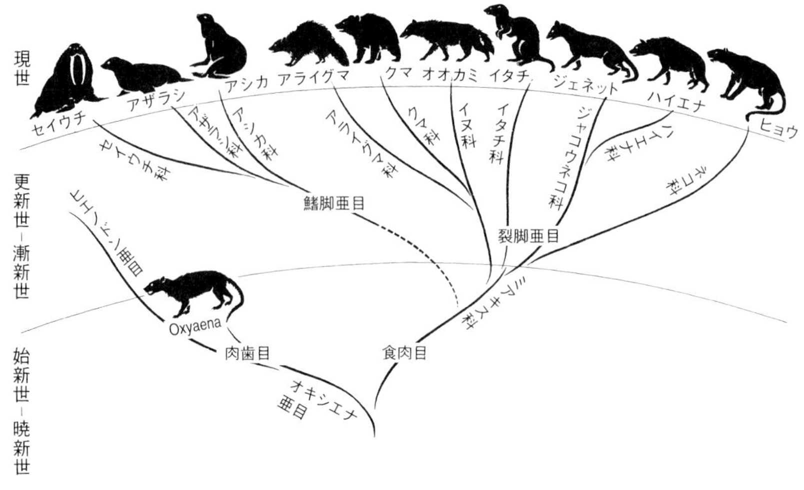

図 1-8 肉食性有胎盤類の進化とその類縁関係（コルバート・モラレス 1994）

その後，3800 万年前（漸新世）にはイヌ科の祖先であるヘスペロキオン（*Hesperocyon*）が現れた．これは速く走るのに適した長い四肢，食物を噛み切る裂肉歯の発達，向上した知能を反映する大きな脳などに特徴をもつ生物である．この仲間はさらに肉食に向けて適応を重ね，2500 万年前（中新世）のシノデスマス（*Cynodesmus*），1500 万年前（鮮新世）のオオカミに似たトマルクタス（*Tomarctus*）を経て，更新世から現世のイヌ類（*Canis*）へ発展した．その後，近代的なイヌ科の動物が分化していく過程で，いまから 700 万年前にイヌ属がほかから分かれたと考えられている（図 1-8; コルバート・モラレス 1994）．

人類との関連が示唆されるイヌ属動物の化石としては，英国（Clutton-Brock 1995）と中国（Olsen 1985）から，それぞれ 40 万年前と 30 万年前のものと思われるオオカミの化石がヒトの化石の近くから発見されている．これら更新世中期の化石は，ヒトとオオカミのなわばりと狩猟活動の場所がしばしば重なっていたということを示す証拠である．当時のヒトは自らのなわばりのなかで狩りを競合するオオカミを食用にしたり，オオカミの子どもを住居にもち帰り，馴らして飼育していたかもしれない．

ヒトとの共存のはじまり――最古の家畜

ではいったい，いつごろからイヌはわれわれ人類の家畜になったのであろうか．

考古学的研究によると，イヌはいまから約3万年前には人類の住居の周囲で暮らしていたようである．アラスカのユーコン地方で，少なくとも2万年前のイヌの化石が発掘されている（Kurten and Anderson 1980）．アメリカインディアンがアジアからアメリカへ渡ったのは約2万8000–2万6000年前なので（Muller-Beck 1967），アラスカのイヌはヒトとともにアジアから移動した可能性が強い．イヌはそれより前の時代に，すでにヒトと共存していたのである．

1万2000年以上前，最後の氷河期の終わりごろ，人類はまだ狩猟採取生活を行っていた．そのころには，イヌは確実に家畜化されていたという証明になるような重要な発掘が，おもに中近東の遺跡から行われている．ナトゥーフ（Natufian）文化は1万4000–1万2000年前の狩猟採取文化後期に属する．氷河期の厳しい生活のなかで，ともに集団で狩りを行うという共通点をもったヒトとオオカミは，同じ生活圏内で獲物を競合するライバルであったのだ．人々は丸い石の住居に住み，穀物をすりつぶすために黒色磁器の乳鉢を用いていた．画期的なのは矢の使用が始まったことであり，それまでの重い石斧を用いた直接的な狩猟の方法から脱却し，飛び道具を使うという点で人類の生活に劇的な変化が生じた（Clutton-Brock 1995）．獲物を追跡し追い詰める役割を果たすイヌは，この時期に狩猟の絶好のパートナーであったにちがいない．

イスラエルのアイン・マラッハ遺跡（1万2000年前）からは，片手を飼イヌのからだにのせて埋葬された女性の骨が発掘されている（Davis and Valla 1978）．また，同じイスラエルのハヨニム遺跡（1万2000年前; Valla 1990）やドイツのオーバーカッセル遺跡（1万4000年前; Nobis 1979）からも，イヌあるいは馴化されたオオカミの骨が発見されており，最古のイヌの証拠のひとつとされている．同じころイラクのパレガモスから出土したイヌの骨は，下顎が小さく歯が詰まっていたこと，および鼓室胞が小さいことなど，家畜化されたイヌの特徴が明らかに認められている

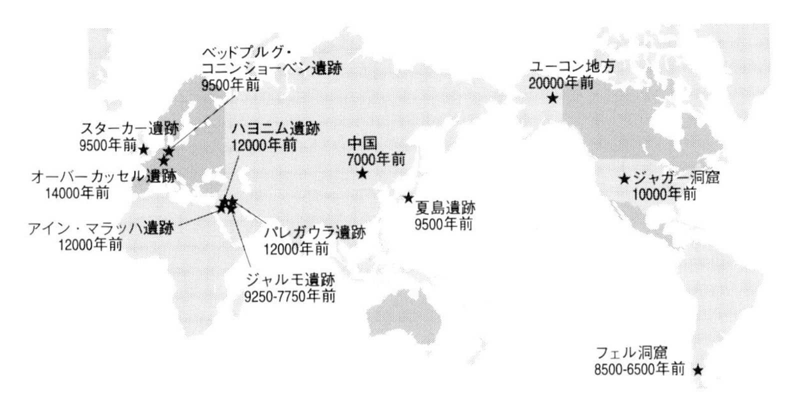

図 1-9 イヌの骨が出土したおもな遺跡

(Turnbull and Reed 1974).

つぎの時代（1 万-7000 年前）になると，世界中の多くの遺跡からたくさんのイヌの骨が発掘されている．イラクのジャルモ遺跡（9250-7750 年前）からは，100 を超える頭骨，歯，骨が発掘され，大型の家畜化されたイヌであると同定されている（Lawrence and Reed 1983）．また，ヨーロッパではイングランドのスターカー遺跡（約 9500 年前; Clutton-Brock and Noe-Nygaard 1990）やドイツのベッドブルグ・コニンショーベン遺跡（9500 年前; Street 1989），中国（7000 年前; Olsen 1985），日本（9500 年前; 杉原・芦沢 1957），米国中西部アイダホ州のジャガー洞窟（1 万年前; Lawrence 1967），南米チリ南端のフェル洞窟（8500-6500 年前; Clutton-Brock 1988）からもイヌの骨が発見されている（図 1-9）．

スターカー遺跡はイングランドのヨークシャー沿岸から約 15 km 離れた内陸にあり，海岸部に住む人々の狩猟のベースキャンプであったとみられている．ここから発掘されたイヌの骨の安定同位体炭素割合の分析により，これらのイヌが海産魚をおもな餌としていたことが推定されている（Clutton-Brock and Noe-Nygaard 1990）．普段は海岸近くで人々と暮らし，漁業によって得た魚や貝を餌として与えてもらい，ときに狩猟のパートナーとして人々と一緒に内陸まで出かけていった様子がうかがえる．イヌが狩猟に用いられていた間接的な証拠である．

世界中の異なる場所から出土するイヌの骨の多くは，大きさと特徴が非常に類似している（Clutton-Brock 1995）．出土犬や現生のイヌは形態学的な特徴や年代的な要素から，①パリアタイプ，②テリアタイプ，③シェパードタイプ，④グレイハウンドタイプ，⑤ブルドッグタイプ，⑥猟犬タイプ，⑦新大陸の先史時代犬（インカタイプ）の７型に分類されている（加茂 1973）．出土する古代のイヌはほとんどがパリアタイプであり，また，現存するディンゴやニューギニアのイヌは，アフリカ・アジアに広く分布するので，本タイプは原始的なイヌに分類されている（野澤・西田 1981）．これらのことから，イヌの起源を考察するとき，パリア犬は多くのイヌの祖型とされている．つまり，世界のどこかで最初に家畜化されたイヌの集団（パリアタイプ）が，ある特定の狩猟グループなどを通じて世界各地へ拡散された可能性があるのだ（今泉 1998）．しかし，世界の多くの場所でオオカミが馴化されて，イヌが人類と暮らすようになったという考え方も否定はできない．

アイダホ州出土のイヌの頭蓋骨は短くて広い鼻面をもち，下顎前臼歯の歯並びが密で歯列は短く，明らかに家畜犬の特徴を備えていることから，このイヌは旧大陸のオオカミの子孫であると考えられている（野澤・西田 1981）．イヌは人間の移動に伴って，極北から北アジアを通って，あるいは中国や東南アジアを経由して，それぞれベーリング陸橋を渡って北米大陸に進んだのである（野澤・西田 1981; 今泉 1998; Leonard *et al.* 2002）．なお，イヌイットもイヌを連れてアジアから北米大陸へ渡った人々だが，時期的には 8000 年前であり（Laughlin 1967），また，彼らが連れてきたイヌは北方オオカミをルーツにもつ系統であると推測されている（ズーナー 1983）．

イヌの祖先

イヌは家畜化された野生動物であるという観点からすれば，現在の野生イヌ属の仲間のうち，どの動物がイヌの祖先になるのだろうか．これについてはこれまでに多くの研究が行われ，さまざまな仮説が提唱されている．もっとも一般的なのは，オオカミがイヌの祖先であるという説である（ズーナー 1983; Scott and Fuller 1965; Lorenz 1975; Herre and Rohrs 1977; Olsen and Olsen 1977）．２番目の説は，オオカミのほかにもジャッカルやコヨーテの血が混じっているとするものである（Fiennes and Fiennes 1970; Chiarelli 1975; Clutton-Brock 1977）．3番目は，ディンゴのような原始的なイヌに似た野生のイヌ（すでに絶滅したかもしれないが）から進化したとする説である（Macintosh 1975; Oppenheimer and Oppenheimer 1975; Brisbin 1976; 今泉 1998）．さらに，イヌの祖先は不明であるとする考え方もある（Fox 1978; Manwell and Baker 1983）．これだけ多くの説があるということは，どの説も決定打を欠いているということにほかならないが，これまで先人たちがどのようにイヌの祖先を探ってきたのか振り返ってみよう．

現存するイヌ属野生動物のうち，イヌの亜種とも考えられているディンゴを除いてもっともイヌと形態学的な特徴が類似しているのは，インドオオカミ *C. lupus pallipes* である．この場合，比較の対象となるイヌは，原始的な形態を比較的よく保っていると思われるジャーマンシェパード，コリー，エスキモー犬などである．もちろんイヌの形態は，細部についてはオオカミのそれと明らかに異なる特徴をもつ（今泉 1998）．それでも形態学的な観点からすると，イヌの主たる原種はオオカミであるとする説が現在ではもっとも有力である（野澤・西田 1981; Clutton-Brock 1995）．

動物行動学の分野でノーベル賞を受賞したコンラート・ローレンツは，『人イヌにあう』のなかで，観察したジャッカルの生活様式や行動パターンから，「イヌの品種のいくつかはオオカミ由来だが，その他はジャッカルが祖先である」というジャッカル説を普及させた（ローレンツ 1966）．しかしながら，その後の研究から，ジャッカルの吠え声の複雑なパターンがオオカミやイヌとは違うことなどを認め，1975年にはイヌの祖先ジャッカル説を撤回している．

イヌは主人を求め，主人に従う，すなわち集団生活者としての習性をもちあわせた動物である．雄と雌のペアを超えた複数の個体の集まりからなる群れで狩りをする野生イヌ属といえば，オオカミとケープハンティングドッグであり，彼らは集団狩猟により，自分より大きな獲物を倒すことができる（Fox 1975）．コヨーテとジャッカルも群れを形成してシカなどの大きな獲物を狙うこともあるが，基本的にはペアとその子からなる家族群で行動し，その社会性は弱いと考えられている（第3章参照）．オオカミの生活と行動様式が詳細に明らかとなるに従って，細部にわたっては前述したようなイヌとの行動の違いはあるものの，その社会性の強さからイヌにもっとも近いのはオオカミであると考えられている．

分子系統学から探るイヌの起源

近年，タンパク質または遺伝子の解析が非常に簡単に実施できるようになっている．動物種ごとのアミノ酸配列または遺伝子の塩基配列が決定され，分子系統学とよばれる分類学が登場した．遺伝子配列やタンパク質の構造も解剖学的形態と同様，種の形質のひとつと考えられるので，分子系統学的分類も根本的には形態学的分類と変わりはない．むしろ形態学的分類を支持するデータとして利用されるべきものである．分子系統学の利点は，解剖学的特徴とは比較にならないくらいたくさんの形質が利用可能なことである．また，結果を数字で表現できるから，客観的な比較が容易である（馬渡 1993）．さらに，家畜であるイヌの外部形態は人々の好みによってきわめて大きく変化しうるが，塩基やアミノ酸の配列の違いには人為的な淘汰圧が関与せず，中立を保った種と種の間の距離の指標として利用できる（田名部 1998）．

細胞質遺伝するミトコンドリア DNA は，母から子へ組換えなしに伝え続けられるので，母系進化の指標として優れている．イヌ科動物のミトコンドリアタンパク質（チトクローム *b*，チトクローム *c* オキシダーゼ I，II）をコードする DNA の 2001 塩基の配列を解析し，その相同性を比較すると（図 1-10），すべてのイヌ属動物とドール *Cuon alpinus*，リカオン *Lycaon pictus* は同一の系統におさまっている（Wayne *et al.* 1997）．ドールとリカオンは，染色体数がイヌ属と同じ $2n=78$ であることも考慮すると，これらは分子系統学的にはイヌ属に所属するといえるのである（Vila *et al.* 1999）．

図 1-10 の系統樹をみると，イヌにもっとも近縁なのはオオカミであり，少し距離をおいてコヨーテ，つぎにジャッカルの順に近縁になっている．DNA の解析からは，オオカミだけがイヌの直接の祖先であると結論できるようだ（Wayne 1993; Coppinger and Schnider 1995; Wayne *et al.* 1997）．なお，ディンゴはイヌにもっとも多くみられるタイプの塩基配列

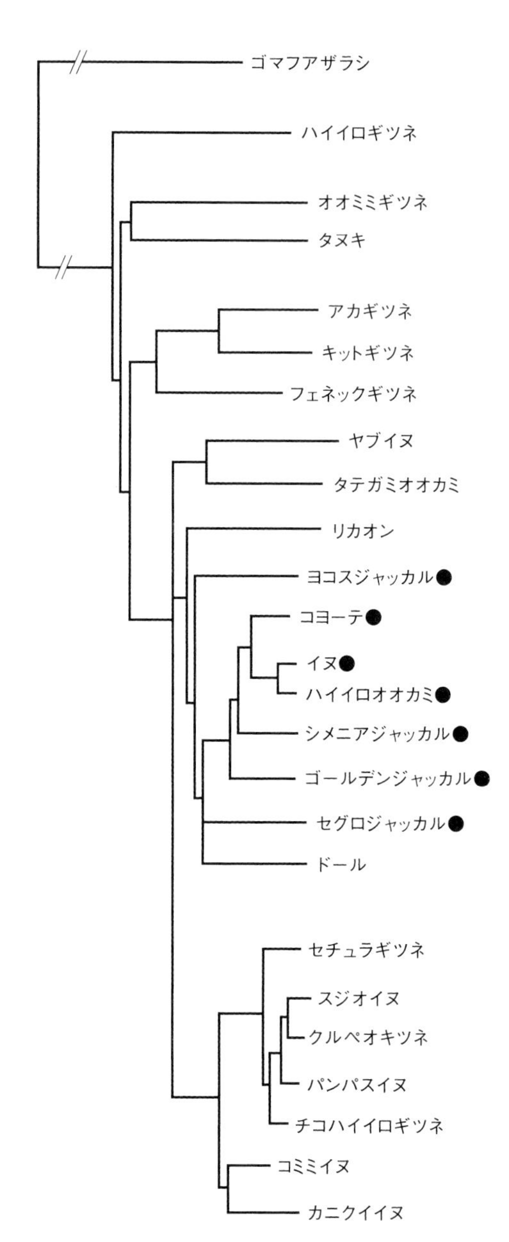

図 1-10 ミトコンドリア DNA（チトクローム *b*，チトクローム *c* オキシダーゼ I，チトクローム *c* オキシダーゼ II 遺伝子）の 2001 bp 塩基配列の相同性から作成されたイヌ科動物の系統樹（Wayne *et al.* 1997）
この系統樹におけるイヌの位置はチトクローム *b* の 736 bp の配列を用いて決定された．（Wayne 1993）

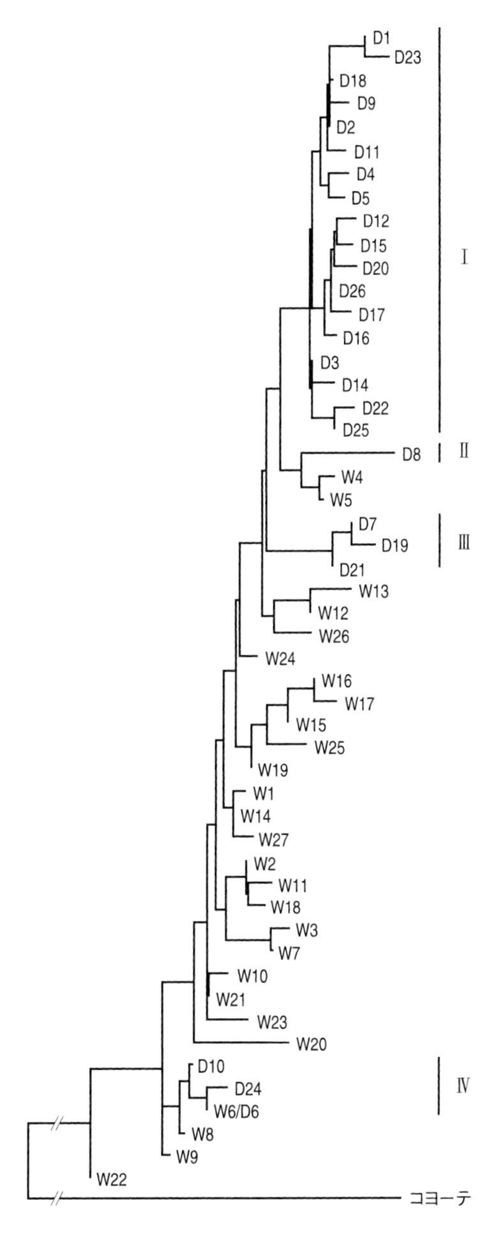

図 1-11 世界各地のイヌ（D）とオオカミ（W）のミトコンドリアDNA 塩基配列の比較
イヌは4つのクレードⅠからⅣに分類されている．図中の1-14の番号はそれぞれ異なる地域であることを示している．この系統樹から，イヌの家畜化は世界のいろいろな場所で異なる時期に生じた，あるいは一度家畜化されたイヌは各地で何回もオオカミと交雑されたことが示唆されている．（Vila *et al.* 1997）

に分類され，別種というよりもむしろイヌの品種のひとつである（Coppinger and Schnider 1995）．

同じミトコンドリア DNA のなかでも，高度に変異し多型を示す領域の比較は，動物間の近縁関係を知るよりよい目印になる．このような領域のひとつで region 1 とよばれる配列を比較しても，やはりイヌとオオカミの近縁関係がより明らかになってきた（Vila *et al.* 1997）．図 1-11 に示すように，イヌとオオカミはあたかも同一種のなかの変異のように，ひとつの系統樹のなかに位置している．注目すべきはイヌの塩基配列パターンが 4 つに分けられることと（図 1-11 の I-IV），同じイヌのなかでもけっこう大きな変異の幅があることである．これらは異なる時期，異なる複数の場所でイヌの家畜化が行われた可能性を示唆するものである（Vila *et al.* 1999）．

イヌの塩基配列にみられるこれらの変異が生じるために必要な時間として，13 万 5000 年という数字が理論的に計算された（Vila *et al.* 1999）．日本のイヌを材料にした解析結果からも，同様の年代（12 万 1000 年から 7 万 6000 年前）が導き出されている（Okumura *et al.* 1996）．これらの値は，考古学的な研究から推定されるイヌの家畜化よりもずっと古いものである．

進化論の祖であるダーウィンは，イヌの起源をオオカミ，コヨーテ，ジャッカルなどの野生イヌ属動物が単独または複数混合したものと考えており，その原種を突き止めることは不可能だろうと考えていた（ダーウィン 1997）．しかし，ダーウィンの進化論から 140 年後の今日，行動学，分子系統学などさまざまな分野の研究成果から，イヌの祖先はオオカミであると結論できるのである．

1.3 家畜化と再野生化

家畜化の生物学的影響

家畜化とは文化的および生物学的プロセスの所産である（Clutton-Brock 1992）．文化的プロセスとは動物を人間の社会構造のなかへ組み込んでしまうことである．すなわち，その動物の生理学的あるいは行動学的な性質が人間社会の経済，美術，儀式などに適応して，その一部になってしまうことである．一方，生物学的プロセスは自然の進化と似ている．人間の要求に従って人為的な選抜が働いて，野生集団とは異なる生物集団が形成されるのである．

生物学的プロセスの基本的要因は「知覚の抑制」である（Hemmer 1990）．野生動物が厳しい自然のなかで生き延びるためには，高度な知覚，つまり外部環境の変化や与えられる刺激をすばやくとらえる能力，およびそのストレスに対してすばやく反応する能力が必要である．ところが，人間に飼育される家畜ではその反対，すなわち恐怖とストレスに対する耐性が欠如していることが好まれる．環境に対する動物の知覚の変化は，ホルモンの変化，脳の大きさの変化，視覚聴覚刺激の減少，幼獣の性格と行動が成獣にまで延長されることにより生じる．概して幼い動物ほど遊び好きで，覚えが早く攻撃性も低いため，家畜化に際して知覚の低いものへの選抜が行われた（Hemmer 1990）．イヌがほかの家畜ととくに異なるところは，野性味を取り払って，人間に対して「忠誠心」を誓うことによって家畜になっていることである．このことから，イヌのことを心理学的家畜とよぶ研究者もいる（野澤・西田 1981）．

家畜化による外見上の変化は，まず毛色（もうしょく）に現れる．なぜなら毛色はその動物の気質と密接に関連しているからである（Keeler 1975）．単一で淡い色の小型犬は，大型のオオカミ型犬種よりも扱いやすいのである．原始的なイヌであるディンゴやニューギニアのイヌも淡黄色から赤褐色の毛色をしていることから，家畜化された最初のイヌも同様の色であったにちがいない．

家畜化による形態や行動などの生物学的変化は，知覚の減少に関連して時間の経過とともに現れる．オオカミの耳はピンと立っているが，家畜化されたイヌの垂れた耳は聴覚を減じている．オオカミの尾はまっすぐだが，イヌの固く巻いた尾はコミュニケーション能力を減じている．また，重い毛皮は走るスピードを減じ，目にかかる長い毛は視覚を遮っている（Bradshaw and Nott 1995）．

オオカミを馴化してその餌を変化させると，数世代ですぐに出現するのは身体の大きさの変化である．身体の小型化は家畜化の初期の特徴のひとつで，ほかの多くの動物種にもみられる．この傾向は初期の家畜化されたイヌにも認められている．これらの変化の原因には，妊娠期間中の栄養不良に起因する栄養障害があり，また，小さい動物ほど少量の餌で生き延びるという自然淘汰が働いたものと考えられる．さらに，早熟性と繁殖効率の改良に適応した結果，小型の若い個体から小さい個体が生まれることになったと考えられている（Tchernov and Horwitz 1991）．

頭骨の割合の変化と頭蓋容積の減少も，典型的な特徴である（Kruska 1988）．イヌの品種別に頭骨を比較してみると，頭蓋の変化が著しいことがわかる．とくに頭部の前半，歯列のある部分（顔面頭蓋）は，食性の変化にもっとも敏感に反応する部分である．さらに頭蓋の後半，神経系の中枢器官である軟らかい脳を包む硬い脳頭蓋の部分にまで，変化は及んでいる（野澤・西田 1981）．

ネオテニー

イヌの家畜化の最初のステージでは，顔面は短縮し幅が広くなった．また引き続き，臼歯の押し込めがみられた．歯の進化学的小型化は上顎骨と下顎骨の短縮化よりも遅いため，歯の押し込め現象が生じる．しかし，時間とともに歯自体も小型化することができるので，現在は大型犬でもオオカミと比べると，歯の大きさは非常に小さくなっている．下顎骨はより湾曲し，顔と頭蓋の角度は発達した．これは現在の品種で「ストップ」という語で表されている．目は丸く，より正面を向くようになり，また，正面の副鼻腔は狭くなった．鼓室胞は小型化・平坦化した．以上のような変化により，イヌの性質の一部は外見上あるいは行動学的に野生イヌ属の幼獣の性質に似たものになる．このことはネオテニー（neoteny 幼形成熟）とよばれている（Gould 1977; 図 1-12）．

家畜化の最後のステージでは人為選抜の結果，異なる種類のイヌが出てきた．それらは，毛の色と長さ，脚の長さ，耳や尾のかたち，気質や行動によって選抜されてきた．世界各地に分散したイヌの祖先は，それぞれの場所で目的，用途に応じて選抜され，あるいはオオカミや別の系統のイヌと交配され，育種されてきた．実際，ヨーロッパ犬の品種はヨーロッパオ

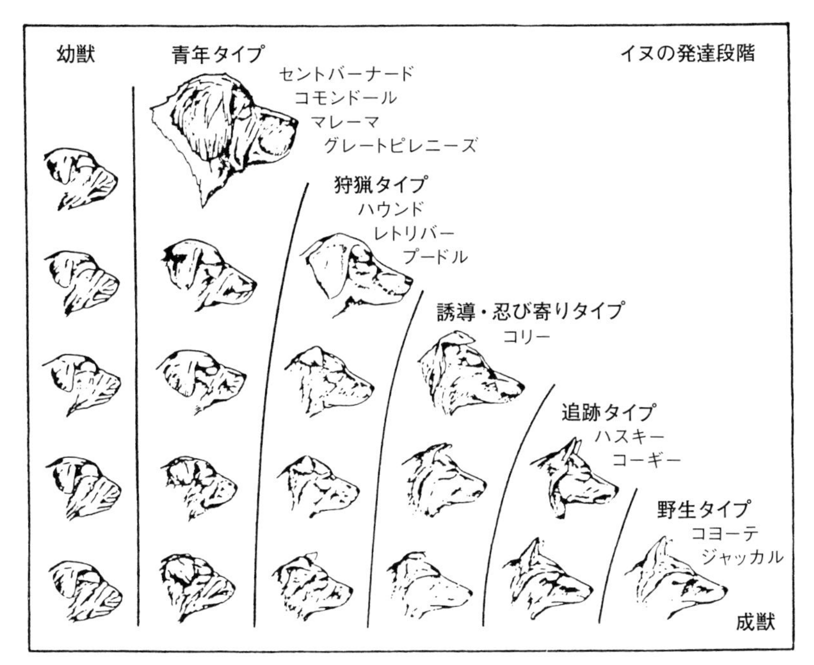

図 1-12 イヌにおけるネオテニーのモデル
水平方向には各タイプのイヌのライフステージを示してある．あるタイプの最終段階は，最下段に示す野生タイプの個体発生学的ステージのどこかに相当している．（Coppinger and Coppinger 1982）

オカミの遺伝子構成に，また，東南アジアの品種はインドオオカミの遺伝子構成に類似している（田名部 1996）．遺伝理論のなかった古代から，人々は複数のイヌをかけ合わせると新しい形質，人間にとって有利な性質をもったイヌが誕生することを経験的に知っていた．この選抜繁殖を用いて，400 以上の異なる品種が作出され，現在に至っている．

現代に生きる原始のイヌ

イヌの家畜化の歴史を考えるとき，オーストラリアのディンゴ（図 1-4）についてふれないわけにはいかない．今日オーストラリアでは，ディンゴはヒツジを殺す悪者としてヒトから圧力をかけられているイヌ属の野生動物であるが，生物学的には貴重な「先住民」である．オーストラリア大陸は，真の哺乳類が出現する前にアジアやアフリカの大陸から切り離され，カンガルーやワラビーなどの有袋類が生き残ってきたため，きわめて特殊な動物相がみられる．18世紀にヨーロッパ人が到着したときに生息していた有袋類を除く哺乳類は，先住民アボリジニーとディンゴ，ネズミ，コウモリだけであった（Corbett 1985）．ネズミは流木に乗って漂着，また，コウモリは自ら飛んでやってきたと考えられるが，ディンゴはどこからどうやってオーストラリアへきたのだろう．

ディンゴはインドオオカミや東南アジアの野生犬であるパリア犬と形態学的に類似しているため，東南アジアで馴化したインドオオカミから家畜化されたイヌの子孫を，先住民アボリジニーがアジアから渡ってくるときに家畜として連れてきたものが野生になったという説がある（Corbett 1985）．考古学的な証拠によれば，人類は4万年以上も前にオーストラリアに最初に到着している．このころには世界的な水位の低下があり，アジア大陸の哺乳類がオーストラリア大陸へ移動した可能性があるのだ．しかしこの説では，ほかの哺乳類がオーストラリアに存在しないことが説明できない．また，1万2000年前にオーストラリア本土から地理的に分かれたタスマニアからイヌが発掘されないことから推論して，ディンゴが最初にオーストラリアにやってきたのは早くても1万2000年前より後なのである（Clutton-Brock 1995）．さらに，ディンゴの化石の年代測定では，もっとも古いものでも3450年前であったことから（Milham and Thompson 1976），ディンゴはアボリジニーではなく，東南アジアからやってきた航海者が連れてきた可能性も否定できない．

これらのことから，ディンゴがいつオーストラリアへ入ってきたかに関しては，いまのところはっきりした結論が出ていない．しかし，形態学的あるいは分子系統学的にみると，ディンゴは家畜化された初期のイヌが，オーストラリアにおいて再度野生化したものであることはまずまちがいない．その年代としては約5000年前と推定されている（Corbert 1995）．おそらく非常に少数の動物がオーストラリアにもちこまれて以降，土着の有胎盤食肉類がまったく存在しない大陸において，それらは急速に広がり，野生動物相の一員として生活してきたのである．特殊な地理的条件のなかで，最近までほかのイヌ属と交わることなくその原始的なイヌの形質を保ってきた，いわば狩猟採取文化の生きた遺跡であろう．

1.4 つくられた品種――ヒトの要求と育種

変化する役割

家畜化されたイヌの最初の主要な役割は狩猟のパートナーであったが，いつも狩りに使用されていたわけではない．いまのわれわれのイヌとの生活から考えると，残飯の整理，子どもの遊び相手，侵入者に対する番犬として役立っていたことは容易に想像できる．また，電気のない暮らしにおいては，寒い夜の暖房がわりに，あるいはその毛皮が利用されていたことも考えられる．狩猟成績が不良のときには，非常用食料とされたかもしれない．実際，中国では食用に改良されたイヌの品種もいる．

いまから9000年から6000年前になると，人類の文明は発達し，農業あるいは畜産業が出現するとともに，飼イヌの新しい役割が付加された．すなわち，余剰作物と家畜を野獣や侵入者から守るという役割である．明らかなイヌの品種は，いまから4000-3000年前までは存在しなかったが，その大きさにはかなりの多様性がみられるようになった（Harcourt 1974; Clutton-Brock 1984）．最初のイヌが人類と一緒に世界中に拡散していくと，それぞれの地方の気候と人々の用途，狩猟の形態に応じて，急激に形態が変化したであろうことは容易に想像される．たとえば，北へ向かったイヌはエスキモー犬のような長毛種になり，南へ向かったものは短毛種になった．

エジプトの美術，絵画と陶器には，しばしばグレイハウンド（図1-13

図1-13 グレイハウンド（左）とマスチフ（右）

左）に似た脚の長いイヌが描かれている．この品種は，広い平原において獲物（アンテロープの類）を視覚でみつけて俊足で追いかけるタイプの猟犬であり，基本的なイヌの品種のひとつであると考えられている．もっとも現代では，グレイハウンドといえば，ドッグレース場で機械のウサギを追いかける競走犬の代名詞でもある．また，マスチフ（図1-13右）に似た大型犬が王宮を歩く姿のレリーフが，紀元前640年ごろのアッシュルバニバル宮殿から発掘されている．マスチフタイプのイヌは，巨大な体軀と太い四肢，皮膚のだぶつき，垂れ下がった頬，長くぶよぶよした顎が特徴で，突然変異で生じた末端肥大症（下垂体前葉ホルモン亢進症）の個体をもとに作出されたのではないかともいわれるが（マックローリン 1984），概して知能も高く，忠誠心に富み保護能力が高い．現代の大型犬の基礎になっている犬種である．

ヒトの要求の多様化

さらに文明が成熟し，ヒト社会が高度化してくると，ヒトの要求も変化してくる．裕福な階級が登場し，闘犬や競走などの遊びやスポーツとしての狩猟などにイヌが使用されるようになった．ほかの動物にイヌをけしかけるため，大型で勇敢，痛みに耐える品種がつくられた．現代のグレートデン，ボクサー，ニューファンドランド，セントバーナードなどがその系列である（図1-14）．さらに，主人を楽しませることが唯一の仕事である愛玩犬も作出されるようになった（図1-15）．愛玩犬は一般に小型のものが多いが，これらは大型犬とは対照的に，成長ホルモン分泌機能低下の突然変異個体を育種したものであるという（マックローリン 1984）．ギリシャ時代（紀元前数百年）には，マルチーズ型のイヌがいたことが明らかになっている．ペキニーズは西暦700年ごろの中国において作出されたようである．

ローマ時代までには，現代に存在する主要な品種のほとんどは形成されたらしく，その特徴と機能が記録されている．古代ローマ人は家庭犬，牧羊犬，狩猟犬，軍用犬，闘犬を有しており，その育成における初期の訓練の重要性を知っていた．1世紀のコルメラという作家は，特定の品種についてそのあるべき毛色や形態について記している（Foster and Heffner

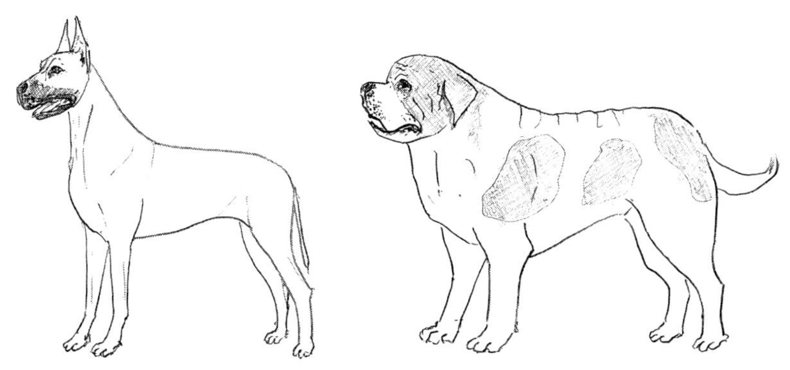

図 1-14 大型犬種
グレートデン（左）とセントバーナード（右）

図 1-15 愛玩犬
チワワ（左）とペキニーズ（右）

図 1-16 穴のなかの獲物を追い出す狩猟犬
ダックスフント（左）とエアデールテリア（右）

1968）．それによると，「牧羊犬はオオカミと区別するために明るい色でなければならない」とされている．現在，牧羊犬として用いられている品種は，一般に明るい色で白い毛が混じっている．

ヨーロッパにおいてイヌの品種が増加するのは，13-15 世紀の貴族の時代である．狩猟は貴族の権力と地位のシンボルとして，また，騎士の武術競技や訓練として重要視され，多くのタイプの狩猟が発達し儀式的になった．さまざまな狩猟対象動物に対し，それぞれの猟犬の種類が決められるようになった．グレイハウンドやボルゾイなど目で獲物をみつけて追いかけるタイプの猟犬は，サイトハウンドといわれる．持久力と優れた嗅覚も利用して獲物を追い詰めるセントハウンド（ブラッドハウンド，フォックスハウンド，ビーグルなど），地下に潜ってアナグマやアナウサギ，キツネなどを追い出し捕獲するダックスフントやテリアの類が作出された（図 1-16）．その後，銃の発明とともにヒトの要求はさらに新しい品種をつくりだした．獲物を探してその方向を教えるポインターやセッター，雑木のなかから獲物を追い出すスパニエル，獲物を回収する専門家であるレトリバーなど，特定の目的に向けて性質が育種された（図 1-17）．これらの狩猟犬は概して攻撃的でなく，訓練を受けたときの覚えもよい（ハート・ハート 1992）．

また，牧畜業の発達とともに番犬としてだけでなく，家畜の群れを追い集め移動させるという作業能力が要求された結果，ジャーマンシェパード，コリー，コーギー，ケルピーなどの家畜管理能力に優れた品種が形成された（図 1-18）．これらの品種は家畜を追い込む意欲と，その能力が高い．特殊な例では，コーギーはウシのかかとに噛みついてウシを追い込むが，蹴られないように活発で俊敏な性質をもち，また，ケルピーはヒツジの背を駆け抜ける能力をもっている．

このように，育種によってある特定の性質や気質をもったイヌが作出されることから，イヌの行動には遺伝が関与していることは明らかである．さまざまな行動特性の遺伝率が計算されている（Willis 1995）．もちろん高等哺乳類であるイヌの行動は，環境からも大きな影響を受けていることはまちがいない．イヌの行動については，第 3 章でくわしく述べることにしよう．

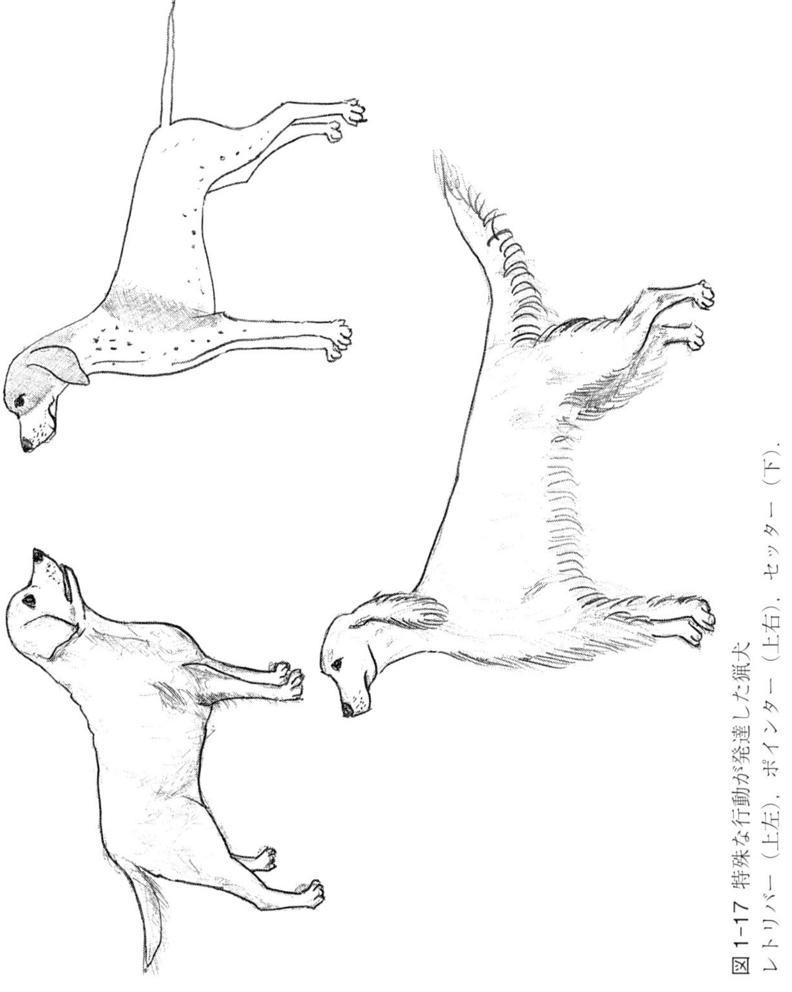

図 1-17 特殊な行動が発達した猟犬
レトリバー（上左），ポインター（上右），セッター（下）．

図 1-18 牧羊犬
ウエルッシュコーギー（左）とオーストラリアンケルピー（右）.

400 を超えるイヌの品種は，いくつかのグループに分類されている．アメリカケンネルクラブの分類が比較的よく用いられており，用途別に鳥猟犬，獣猟犬，使役犬，テリア，愛玩犬，非猟犬，ハーディングドッグの 7 グループに分けられている．日本では，さらに日本原産犬を加えて考える必要がある．用途による分類は，時代によって変化しうるので絶対的なものとはいえない．

イヌの起源と分化の実態が明らかになれば，多くの品種を遺伝学的な近縁関係の強さにより，系譜として整理することができる（野澤・西田 1981）．これまで形態学的な所見にもとづいていくつかの系譜が考えられてきたが，どれも祖系数種がパリアタイプのイヌから分化していったものとされていた（ズーナー 1983）．近年の遺伝子解析の結果から，斬新な系図が作成される日も近いであろう．

日本のイヌとニホンオオカミのこと

イヌの家畜化に関しては欧米における研究が多いので，これまで西洋のことを中心にイヌの歴史を振り返ってみたが，ここで日本のイヌのことにも目を転じてみよう．

わが国に独特の日本犬は，その多くが昭和のはじめに天然記念物に指定され，現在ではその形質が愛好家によって保存されている．秋田犬だけがやや大型で，甲斐犬，紀州犬，越の犬（絶滅），四国犬，北海道犬は中型，柴犬は小型犬の部類に入る．どれも立ち耳とくるっと巻いた尾が特徴的である（カバーのイラスト参照）．また，西南諸島には琉球犬がいて，沖縄県から天然記念物の指定を受けている．

日本にイヌがいたもっとも古い証拠は，神奈川県の横須賀にある夏島遺跡（9500–9400年前; 杉原・芦沢 1957）である．当時の日本は縄文文化であり，人々は狩猟採取生活をしていた．イヌは縄文人のよき狩猟パートナーであったにちがいない．日本には在来のニホンオオカミが存在したが，現在では絶滅したと考えられている．ニホンオオカミは，世界的にはハイイロオオカミ *Canis lupus* の亜種とされているが（Pocock 1935），わが国では別種（*C. hodophilax*）と考える研究者も多く（阿部 1936; 今泉 1970a, 1970b），その分類学的な位置づけははっきりしていない．イヌの祖先はオオカミであるという関係から考えると，日本固有のニホンオオカミが日本犬の祖先ではないかという思いが生じる（国内家畜化説）．ニホンオオカミは狂犬病やジステンパーなどの伝染病，あるいは狩猟の対象としてその個体数が減少し，1905年奈良県で捕獲されたものを最後に，その採取および存在の記録がなくなった．ニホンオオカミの剝製は現在，国立科学博物館と東京大学農学部に所蔵されていて見学可能だが，外見上ち

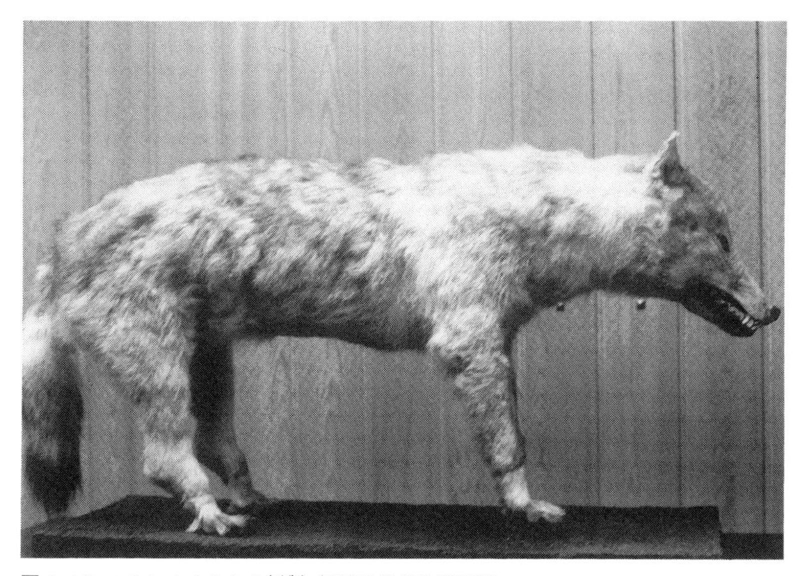

図 1-19 ニホンオオカミの剝製（東京大学農学部所蔵）

ょっとイヌのイメージからはかけ離れている（図1-19）．実際，ニホンオオカミは形態的に翼状骨間窩前縁中央が前方に湾入していること，聴胞が扁平なこと，頭骨の中心が中央にあることなど，多くの重要な形質がイヌと顕著に異なっている（今泉1970b; Endo *et al.* 1997）．また，これまで日本国内で出土したイヌの大部分はニホンオオカミに比して小さく，直接結びつけるには無理があるため，日本犬の主たる原種はニホンオオカミではないと考えられている（今泉1998）．

これに対し，日本犬のほとんどすべてはパリアタイプに属すること，また，パリア型犬はアフリカ，アジアにおいて広大な分布域をもっていることなどから，日本のイヌは縄文時代以降，朝鮮半島や南西諸島を経由して日本へやってきたという外部渡来説が有力である．この説は生化学的な研究により証明されている．日本犬の起源を求める研究のなかで，血球ヘモグロビン，血球ガングリオシドモノオキシゲナーゼなどの血液タンパク質に注目したものがある（田名部1996, 1998）．同じ機能をもつタンパク質に少し構造の異なる複数のタイプがあることをタンパク質の多型というが，イヌのヘモグロビンは電気泳動によりA, B, ABの3つのタイプに分類できる．これらのヘモグロビンタイプは，2種類のヘモグロビン遺伝子Hb^{A}またはHb^{B}によって支配されている．世界各地のオオカミの亜種や日本と日本周辺のイヌを対象にヘモグロビン遺伝子構成を調べてみると，ヨーロッパオオカミとインドオオカミではすべてがHb^{B}でありHb^{A}はまったくみられないのに対し，極東のチョウセンオオカミではHb^{A}が87.5%と優勢である．家畜化されたイヌにおいても，Hb^{A}はアジアの品種にのみ見出され，とくにモンゴル在来犬（99.8%）や韓国のイヌ（82.7%）において高い頻度で存在する．これらの結果から，東アジアのイヌはヨーロッパオオカミやインドオオカミよりもチョウセンオオカミとより近縁であることが考えられている．日本犬の調査では，全体ではHb^{A}が19.3%，Hb^{B}が80.7%でHb^{B}優勢であるが，三河犬，山陰柴犬，対馬犬など一部でHb^{A}の割合が高くなる（図1-20）．本州の日本犬の祖型は，南方から渡来したHb^{B}と朝鮮半島から渡来したHb^{A}の両タイプの混血によって生じたものと推測されている．縄文人の起源は南方から渡来したと考えられているから，当時のイヌも南方に由来する可能性がある．

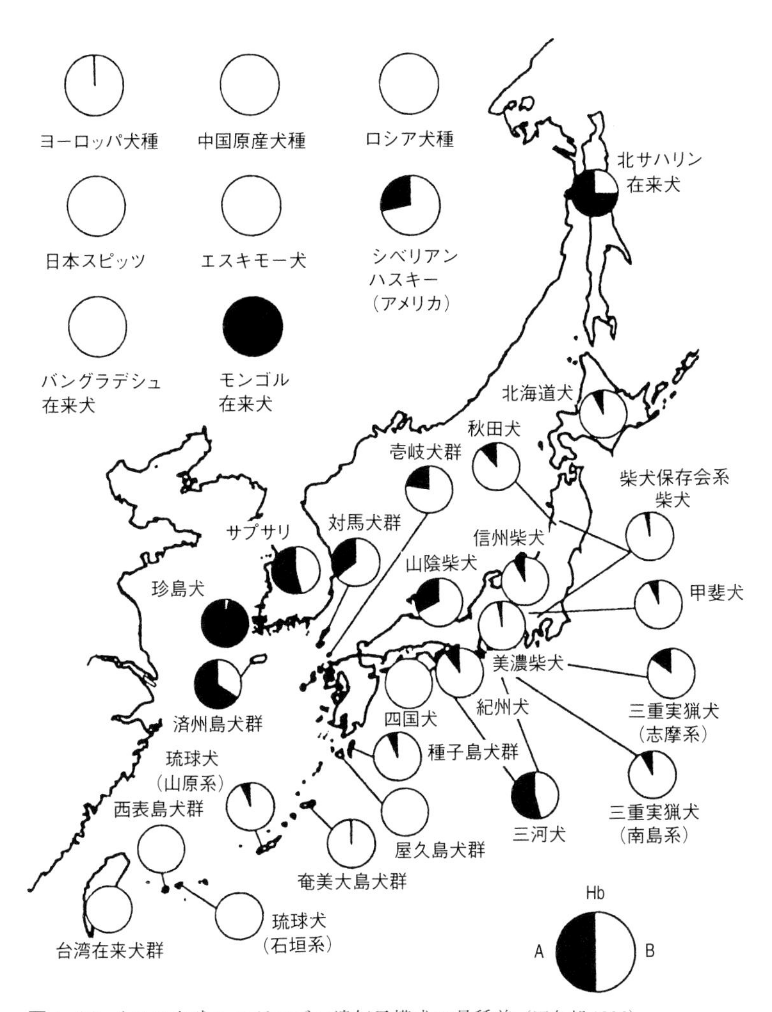

図 1-20 イヌの血球ヘモグロビン遺伝子構成の品種差（田名部 1996）

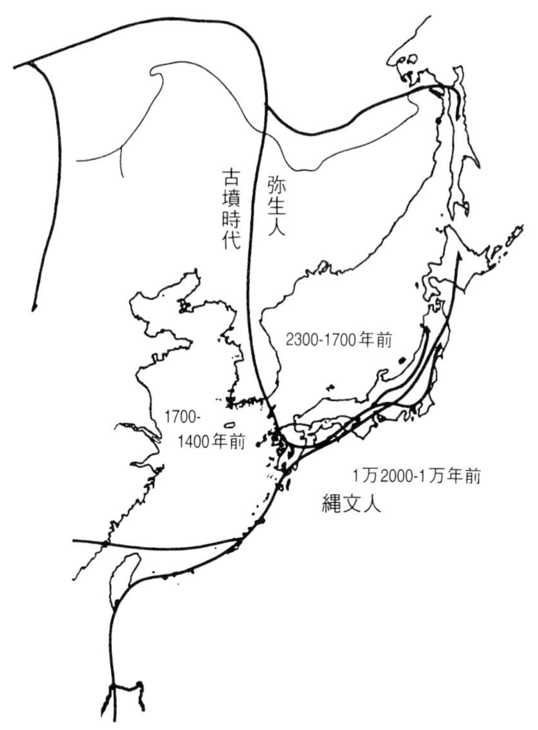

図 1-21 日本列島へのイヌの導入経路とヒトの移動
縄文人，弥生人，古墳時代人の移動のおよそのルートを示してある．（田名部 1996）

いまから 2300–1700 年前は弥生時代である．稲作が開始され，人々は定着して生活し，財産を蓄積することが始まった．この文化は弥生人とともに朝鮮半島を経て大陸から伝来しているので，このときイヌも一緒に渡ってきたことだろう（図 1-21）．さらに，古墳時代を経て有史時代になるわけであるが，弥生文化以降の遺跡から出土するイヌの骨は解体跡があったり，ばらばらになっているものが多いという所見から，当時の人々はイヌを食用にしていたらしい．6 世紀になって仏教が伝来したことによって，イヌを食用にすることは減ったようである．

わが国特有の品種のひとつ狆（ちん）は，飛鳥時代に大陸から渡来したものである．スパニエル系のイヌが，シルクロードを経由してヨーロッパから中国にもたらされたものが，日本にやってきたのである．同じイヌが中国ではペキニーズになった（野澤・西田 1981）．これらは日本の愛玩犬の元祖である．

1.5 現在のイヌの役割

先進国においては，高度な経済発展とともに，イヌは従来の家畜としての地位を変貌させられることを余儀なくされているようだ．イヌはペット産業という言葉に代表されるように，産業の一商品として投資や財産の対象にもなっている．社会の一時的な好況や人々の嗜好の流行によって，一部の特定品種が過剰に生産されたり，その後大量に捨てられ処分されることもよく耳にする．世界を見渡せば，食料難にあえぐ人々が何億人もいる傍ら，一方ではペット産業に莫大な金が流れ，動物性タンパク質が消費されている現状にはいささかの矛盾を感じるものの，わが国ではヒトとイヌの関係が明らかに変化している．

科学技術の発展に伴う自然環境の破壊に反動するように発展してきた自然保護や動物愛護の思想により，野生動物の狩猟は縮小し，残虐なゲームは廃止されている．ヨーロッパを中心に作出された多くの品種は，その本来の役割を失いかけている．しかしながら，社会構造の変化に伴い，新しい役割というものが付加されている．狩猟に生かされてきた優れた嗅覚と追跡能力，そして高い知能は，犯罪捜査や麻薬捜査あるいは捜索・救助活動に，また，忠誠心と保護能力は盲導犬・聴導犬として役立っている．さらに大部分の都市生活者にとって，イヌは大切なコンパニオンなのである．とくに都市生活における核家族化の進展と少子化傾向，さらに社会構造の複雑化からもたらされるストレスの多い生活は，すべて人々のむなしい心を満たし愛情を注ぐ対象としてのイヌの役割を強くしている．

このような新しいヒトとイヌの関係をうまく築き上げていくためにわれわれがなすべきことは，まず動物としてのイヌというものをよく理解することである．この観点から，本書では以下に，動物としてのイヌの特性をできるだけ科学的に，証明された事項をもとに記述していきたい．

第2章　狩人としてのイヌ

2.1 狩猟戦術

イヌのもっとも特徴的な性質のひとつは，食肉目に属する動物であることに由来する．ひとくちに「食肉目」といっても，その内容は形態学的，生態学的，行動学的に大きなバリエーションがある．食肉目 Order Carnivora の語源は「肉を食べるもの（eaters of flesh）」であるが，すべてのメンバーが肉ばかり食べているわけではない．ネコは食肉目の代表のような動物で，肉を食べる生活に特化しており，肉なしでは生存できない（Thorne 1995）．一方，同じ食肉目でもジャイアントパンダ *Ailuropoda melanoleuca* はおもに竹を食べるし，レッサーパンダ *Ailurus fulgens* も小動物や鳥を食べるが，基本的には草食性である（Thorne 1995）．イヌ属の動物は自然状態では主として肉を食べるが，われわれの飼っているイヌはご飯も食べれば，野菜も受け入れることができる．はたして本来のイヌの食性はどうなっているのであろうか．

前章で述べたように，イヌの祖先はオオカミである．われわれがオオカミという言葉からイメージするのは，大きな草食動物をたくみに襲い，鋭い牙で肉を引きちぎりながらむさぼる姿である．最初にオオカミがヒトと接触したときには，その狩猟能力を買われて家畜になったことから考えても，イヌの性質を考えるにあたっては，本来イヌがもっている狩猟能力や食性を分析していく必要があるだろう．「食べる」ことは，動物にとって子孫を残すこととともに，もっとも基本的な仕事であり，それだけにその種の生物学的特徴を表す．本章では，「食」という観点からイヌの生物学的な特性を探っていくことにしよう．

オオカミの狩猟行動

オオカミの食餌は大部分が動物性であり，植物性のものはほとんどないことが自然状態の生態観察から明らかになっている（Mech 1970）．最近のように，世界中どこにでも人類が侵出するようになると，野生のオオカミも人間のゴミから残飯を食べたという記録もあるが（ツィーメン 1995），基本的にオオカミは大型の獲物動物，とくに有蹄類が手に入らないと生存できない．野生のオオカミは，約 50 kg の体重を維持するために 1 日あたり 2.5–10 kg の獲物を摂取する必要がある．オオカミの獲物は，北カナダでは体重 100 kg のトナカイ，米国では 350 kg のヘラジカが中心である（Mech 1970）．これらの動物は広い地域に低い密度（0.35–1 頭/km^2）で分布しており，しかも敏しょうでオオカミ以上に脚が速く，かつ大きな角をもち十分闘争的である．オオカミはまず獲物の探索から開始しなければならない．イヌの嗅覚については後ほどくわしく述べるが，オオカミも探索にはその優れた嗅覚を十分発揮する．15 頭からなる野生オオカミの群れが 31 日間のうち移動に費やしたのは 9 日間であり，その移動距離は 446 km であったという（Mech 1970）．平均すると，1 日約 50 km を獲物の探索に費やしたことになる．休息や睡眠の時間を除くと，平均時速 6–8 km/h でなわばり内を巡回していることになる．

獲物を発見した場合，オオカミは標的に忍び寄って奇襲することが多い．もちろん獲物がオオカミに気づいて逃げたり，反撃してくることも多く，ヘラジカ狩りの成功率は 131 回試みて 6 頭であったという（ツィーメン 1995）．肉食動物が狩りの専門家なら，獲物動物のほうは走って逃げる専門家であり，オオカミの狩りも一筋縄にはいかない．オオカミは，獲物に追いつけない場合や獲物の反撃のため身に危険が及ぶ際には，エネルギー収支を考慮して追跡をあきらめることも多いので，犠牲になりやすい獲物は幼若な個体や病気の個体であることが多い．弱肉強食のシステムによる草食動物と肉食動物間の絶妙のバランスが，自然界のなかで保たれてきたのである（ツィーメン 1995）．

オオカミの特徴的な狩猟戦術は，群れで行う狩猟である．オオカミは高度に社会的な動物であり，厳格な群れ社会を形成している（第 3 章参照）．

たとえば，ある個体が獲物の頸部を狙った噛みつきにより引き倒し，押さえつける役を担うと，その間に群れの仲間は獲物の身体を引き裂いてゆく．獲物はショックと窒息によって息絶える．また，追い立てる役と待ち伏せをする役に分業することも観察されている．攻撃的な獲物の場合には群れで包囲して，交替で休みながら追い詰めていく戦略をとることもある．

野生のオオカミは，一度獲物をハントした後にはつぎの獲物を得るのはいつになるかわからない．いったん大型の動物を倒した際には，一度にたらふく食べて，つぎの食餌まで空腹で過ごすことになる．オオカミが一度に食べる量は，体重の約5分の1，最高で20 kgである．倒した獲物はその場でまとめて胃袋に入れるほか，幼若な個体や狩りに参加しなかったメンバーのために巣にもち帰る（ツィーメン 1995）．

これに対し，群れに属さない一匹狼とオオカミ以外の野生イヌ属動物，ジャッカルやコヨーテは，群れのオオカミよりも食性の幅が広い．ジャッカルとコヨーテは身体も小さく，強力で大きな群れを形成しないので，あまり大きな獲物を捕えることは物理的に困難である．コヨーテは大型の獲物として，死んだ有蹄類の腐肉をまれに食物として利用することがある．これらの動物も基本的には動物性の食餌であるが，その獲物はおもにネズミやウサギなどの小動物であることが多く，また，昆虫や腐肉を食べたり，果物や草などの植物性の食餌をとることも明らかになっている（Ewer 1973; Gier 1975; Golani and Keller 1975）．

イヌの狩猟と採食

では，オオカミを祖先にもつイヌの食性や狩猟の方法はどうだろうか．

イヌの場合，競合者がいないことと，自然状態では生存できないような変異もヒトに受け入れられて品種が形成されたという，長い家畜化の歴史を考慮する必要がある．また，イヌは品種による変化が著しい動物である．食性に影響を及ぼすような解剖学的な特質，つまり身体の大きさ，顎や歯の形態などにも著しいバリエーションが観察される．直接の祖先であるオオカミの特性を引き継いでいる品種もあれば，そうでない品種もある．いちがいにイヌの食性を述べることが困難な理由である．

本来のイヌの食性と狩猟行動を考察するにあたって，ディンゴや野イヌの行動を観察する方法がある．オーストラリアに生息するディンゴの社会は雄と雌のペアが基本単位だが，野外における観察ではその大部分が単独行動である（Corbett and Newsome 1975）．オーストラリアには大型の草食動物がいないこともあるが，体重 10–20 kg 程度のディンゴのおもな獲物は，ウサギとネズミの類であるほかに，ワラビーやトカゲ，バッタなどを摂取する．獲物が少なくなる乾期には家畜であるウシに手を出すため，害獣として駆逐され，現在ではディンゴの数は減少してしまった．

一方，野イヌの集団はその環境や構成メンバーにより，かなり食性が異なる．都市部の野イヌは当然ながらごみ箱をあさったり，人間から餌を与えられて生活している（Beck 1973, 1975）．自然環境が豊かで餌になる野生動物が存在する場合，野イヌはオオカミのように群れで狩猟を行うことがある．米国ではシカを狩る野イヌの群れが報告されている（Hawkins *et al.* 1970; Lowry and MacArthur 1978）．しかし，大型獲物の狩猟技術の巧拙は，グループを構成するイヌの狩りの経験に左右されることが大きく，野生動物の狩りに成功しない野イヌの群れも多く観察されている（Corbett *et al.* 1971; Olson 1974）．ただし，ネズミのような小動物の狩りには経験が必要ない．

イヌは動くものに誘発される本能的な衝動によって，追跡，跳躍，押さえつけ，咬みつき，振り回しなどの一連の動作で獲物を仕とめる（トルムラー 1996）．イヌの行動の詳細については第 3 章に譲るが，われわれ人類の狩猟パートナーとして，最初にイヌが家畜化され改良されてきた歴史を考えると，今日あるイヌの多くの行動は，オオカミの狩猟行動に由来する部分があることが予想できるだろう．もっとも長い改良の歴史の結果，狩猟の得意な品種も出てきたし，他方では，自然環境下では自分で獲物を捕えることが不可能な品種も作出されてきた．これは，イヌの品種のバリエーションの大きさを考えれば当然のことである．

家畜化はイヌの摂食パターンにも影響を及ぼした．狩りが成功した際にオオカミが一度にまとめて食べるのに対し，食料が十分与えられる豊かな環境に生活し始めたイヌは，昼間に少量ずつ頻繁に食べるパターンを示すようになった（Mugford and Thorne 1980）．バセンジーは比較的古いタイプのイヌであり，オオカミと近縁であるにもかかわらず，1 日に複数回摂食するパターンを示す（Mugford 1977）．これらは，飼主である人間がイヌに食餌をコンスタントに与えてきたために生じた変化である．もちろんまとめ食いはイヌにもよくみられる行動で，とくに胸の深いドーベルマンピンシェル，セッター，ジャーマンシェパードなどの大型犬では，まとめ食いの後の胃拡張，胃捻転を起こしやすい（Willard 1995）．また，肥満傾向がみられるのも家畜化されたイヌの特徴である．正常な動物では，食べて腹部が膨満することによる刺激，あるいは血糖値が上昇することによる満腹中枢への刺激が，過度の食欲を制御している．オオカミでは体重の自己管理能力が十分機能しているが，イヌでは十分な制御が得られない場合がある．この能力は品種によって異なり，同じ自由摂食をしても，ケアンテリアとウエストハイランドホワイトテリアは肥満にならなかったが，ビーグルでは肥満個体が出現したという報告がある（Mugford 1977）．

イヌが食餌を食べている最中に不用意に手を出したり，食べているものを取り上げようとした場合には，それが飼主であってもイヌはうなったり，咬みつこうと仕かけてくることがある．この攻撃性はどん欲な食欲に起因するのではなく，むしろ社会的支配関係に起因している．イヌの攻撃性に関しては，第3章および第4章で改めて解説することにしたい．

われわれと生活をともにしている現代のイヌの場合，その食餌内容の幅は非常に大きく，とくに個々のイヌの食餌は飼主に依存するところがきわめて大であるが，ひとことでいえば，イヌはなんでも食べる雑食性動物ということができよう．もちろんこのことが，オオカミはイヌの祖先でないとする理由にはあたらない．つぎに狩人としてのイヌの生物学的特質を確かめるために，「食」に関係する器官の特性を個々にみていくことにしよう．

2.2 超感覚

嗅ぐ

イヌの嗅覚がヒトに比べて著しく発達していることはかなり有名である．実際，この優れた嗅覚を利用して警察犬，麻薬犬，捜索犬などが活躍しているのである．イヌはいろいろな物質に対して，ヒトより1000倍から1億倍も敏感である（Moulton *et al.* 1960）．すなわち，ものによってはヒトが嗅ぎ分けられる物質の限界濃度をさらに1億倍に希釈しても，まだその匂いを感じることができるのである．イヌの嗅覚がこんなに鋭い秘密は，どこにあるのだろう．

まずイヌの鼻の構造と仕組みをみることにしよう．哺乳類の鼻腔は一般に鼻中隔により左右に仕切られ，さらにその内部は巻紙状に丸まった背鼻甲介，中鼻甲介，腹鼻甲介により複雑に区切られ，背鼻道，中鼻道，腹鼻道の3つの鼻道を有している（図2-1; ディスほか1998）．鼻腔は呼吸のための空気の通り道でもあるのだが，呼吸のための空気はおもに腹鼻道を通る．

多くのイヌでは，鼻は顔の一番前に突き出しており，未知のものに出会ったときや様子を探るときには，最初に鼻を動かしてくんくんと匂いを嗅ぐ動作がみられる．匂いを嗅いだときに鼻腔に吸い込まれた空気は，肺のほうへは送られず，背鼻道へ到達する．鼻の骨と鼻甲介の上には粘膜が直接覆っているが，とくに背鼻道には嗅覚を担当する嗅粘膜（鼻粘膜嗅部）が存在しており，背鼻道にトラップされた匂い分子は嗅粘膜表面の粘液に溶けて濃縮され，感覚上皮である嗅細胞の樹状突起先端の線毛にある匂いレセプターと結合する（Adams and Dellmann 1998）．嗅細胞はニューロンであり，嗅覚情報を軸索を通して嗅球へと伝達することになる．この嗅細胞の数は，ヒトでは約500万個であるのに対し，イヌでは2億2000万個も存在する．また，嗅覚上皮の表面積も，ヒトの3 cm^2に対し，イヌでは18-150 cm^2もある（Dodd and Squirrell 1980; Albone 1984）．イヌの嗅覚の鋭さは，この嗅細胞の数と上皮の表面積に関連しているのだ．

大脳には嗅覚の中枢である嗅脳という部分がある．ヒトの嗅脳は退化的な存在であるのに対し，家畜の嗅脳は比較的よく発達しており，大脳半球の前端を越えて突出した嗅球という部分が目につく（加藤1979）．なかでもイヌの嗅脳，嗅球は非常に大きく，イヌという動物にとって嗅覚がどれだけ重要な感覚であるかを表している．

嗅覚は，狩人としてのイヌにとっては獲物の存在を感知して，追跡するために非常に重要な感覚器官である．有機物質を代表して揮発性脂肪酸

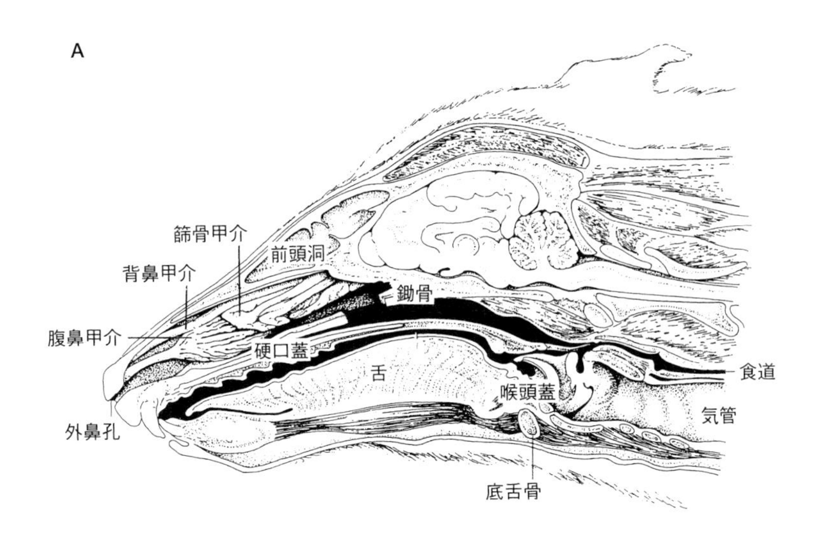

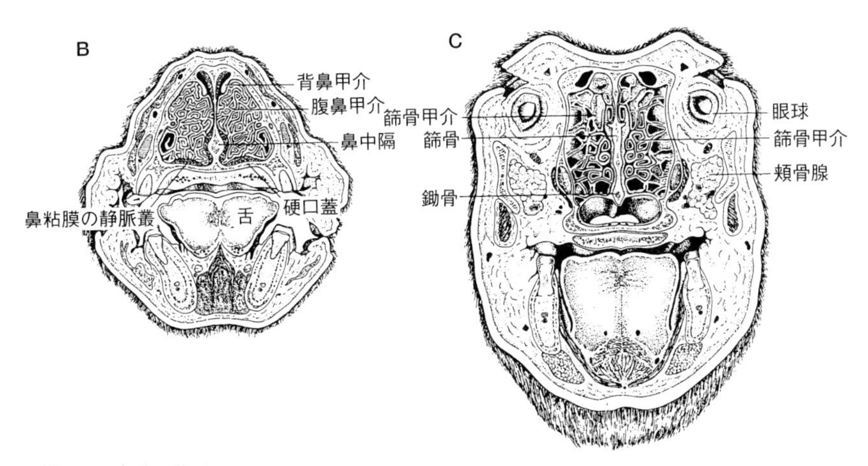

図 2-1 鼻腔の構造

A：頭部の傍正中断面，鼻中隔は除去済み．B：上顎第二前臼歯部における横断面．
C：眼球部における横断面．（ディスほか 1998）

（ギ酸や酢酸など）を感知する能力を調べた実験によると，イヌの感知閾値はヒトの1000分の1以上と敏感であり（Davis 1973），炭素の数が多い脂肪酸に対してはより感度が高くなる（Moulton *et al.* 1960）．また，イヌは通常1週間以上経過しても匂いを感知することができ，とくに室内に残った匂いであれば6週間後でも追跡可能である（King *et al.* 1964）．狩人の性質を引き継いだ猟犬では，とくに嗅覚のよしあしがそのイヌの性能と結びついてくる．イヌの嗅覚を客観的に評価する方法としては脳波測定がある．特定の匂いを嗅いで反応したときに生じる脳の電気的な変化を脳波として拾い出すわけである．この方法を用いて性能のよくない猟犬の嗅覚を評価したところ，40%のイヌは嗅覚障害であったという（フォーグル 1996a）．そのほかイヌは匂いによるコミュニケーションを利用しており，尿や糞，また，汗腺や肛門周囲の分泌腺から出てくる匂い分子を個体識別や，なわばりに利用している（第3章参照）．

動物の嗅覚受容器のひとつとして，鋤鼻器（じょびき）という構造物の存在が知られている．鋤鼻器は液体を満たした細い袋であり，上顎切歯直後から上方の鼻腔内へ抜けて鼻口蓋管につながっている（図2-2）．鋤鼻器は性ホルモ

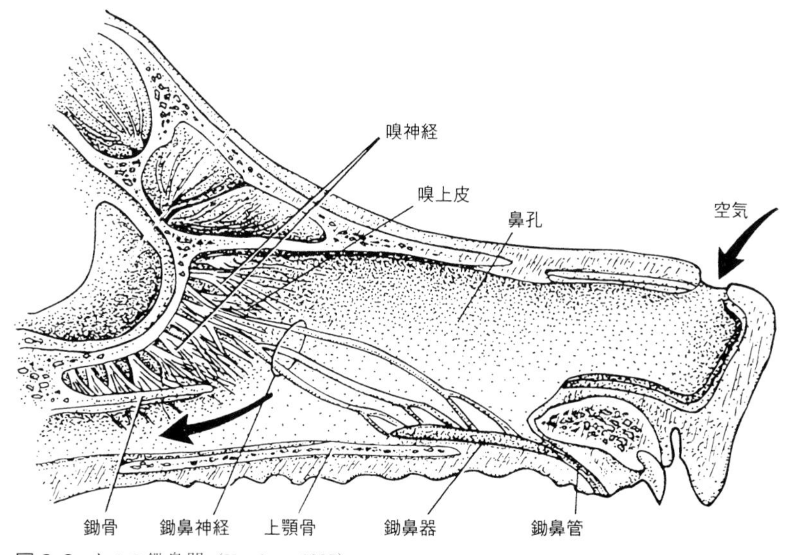

図2-2 イヌの鋤鼻器（Kardong 1995）

ンとして働く揮発性物質を感知する器官であり，発情雌の尿中に存在するわずかなホルモン代謝産物などを感じ取り，動物の性行動の発現を誘発する（Hart 1983）．ウマやネコでは，フレーメンという上唇をむき出して笑うような表情をつくることが知られているが，これは鋤鼻器で情報を感知する際の行動のひとつである．イヌにも鋤鼻器はあるが，嚢のなかに化学受容器が見出されておらず，またフレーメンもしないので，イヌの鋤鼻器のほんとうの機能はよくわかっていない（ブラッドシャウ 1997）．

聴く

効率よく狩りを行うためには，聴力も非常に重要な感覚である．音は匂いのように時間を超えて情報を伝えることはできないが，いまどこに獲物が潜んでいるのか，わずかな音源を頼りに狩猟の成功率を高めるカギとなる感覚である．

外部から耳介を通して入ってきた音の振動は，中耳にある鼓膜に伝達され，耳小骨を振動させることで中耳のなかの液体（蝸牛外リンパ）にまで運ばれる（図 2-3; ディスほか 1998）．骨性の蝸牛内部には聴覚のラセン器（コルチ器）を含む膜性の蝸牛管が入っている．ラセン器には感覚細胞である有毛細胞が分布し，内耳神経の蝸牛根の神経末端と密接しあって，物理的振動を電気的信号に変換して中枢へ伝達している（Foss and Flottorp 1998）．音は空気の振動であって，1 秒間に何回振動するか（Hz ヘルツ）ということで音の高低が決まってくる．イヌの可聴周波数範囲は 40–4 万 7000 Hz で，ヒト（20 Hz から 2 万 Hz）に比べるとより高音を聴き取ることができる（Fay 1988）．この性質を利用したのが犬笛である．犬笛の音は通常ヒトには聴こえないが，イヌを呼び寄せるには有効である．しかし，低音域ではヒトのほうがわずかに可聴周波数範囲が広い．聴き取り可能な音の大きさについても，イヌでは高音域でヒトよりも優れている．イヌの可聴最低音圧は高音域で −2 dBSPL から −4 dBSPL であるのに対し，ヒトでは 7.3 dBSPL でないと聴き取れない（Fay 1988）．高音域におけるイヌの聴力がヒトよりも優れているのは，ネズミなどの小さな獲物が発する鳴き声が，概して高音であることに由来するようだ．

イヌの聴力を客観的に評価する方法としては，音に対する動物の反応を

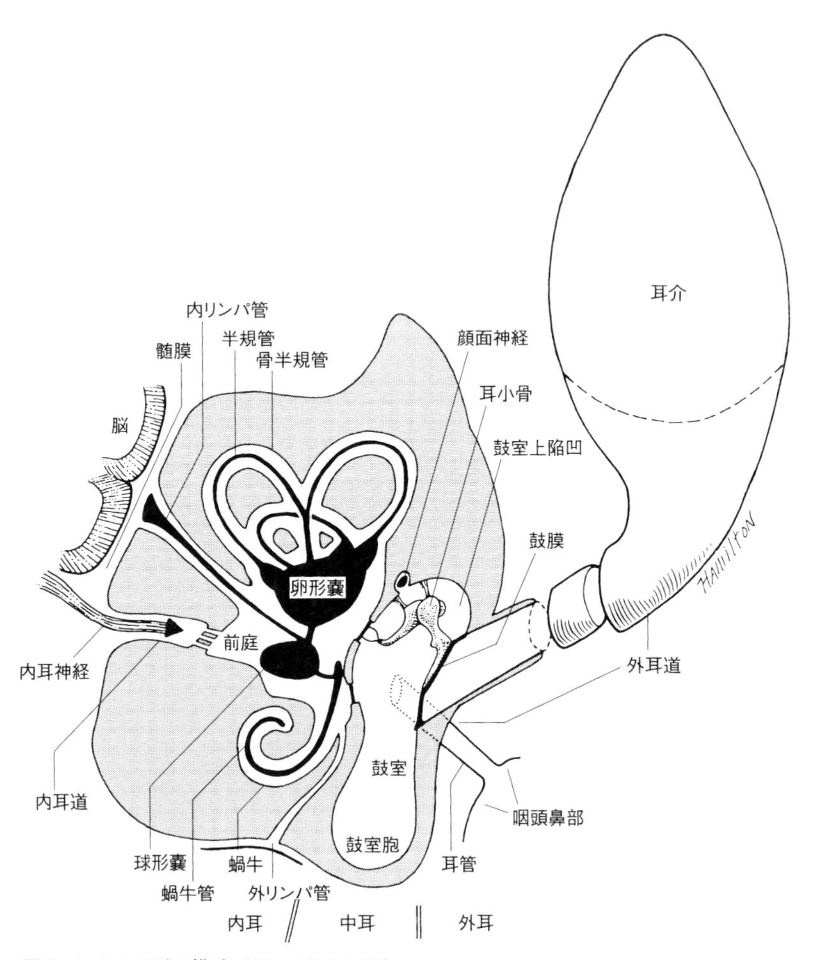

図 2-3 イヌの耳の構造（ディスほか 1998）

観察する行動学的な検査法と，音に対する脳波や聴性脳幹誘発電位の測定などを利用した電気生理学的な検査法がある．後者では，より客観的な評価ができるものの，反応が出現したからといってほんとうに動物が音を知覚しているかどうかについてはわからない．

一般に動物の耳介は，耳介筋により自由にすばやく動かすことができ，周囲の音を拾い，音源を探し出すのに適している（ケール・ビューチャンプ 1990）．野生のイヌ属動物の耳介はみな立っており，より機能的だが，イヌでは，品種によっては耳介が垂れて耳道にかぶさっているものも多い．家畜化による感覚能力の低下現象のひとつである（Hemmer 1990）．これらの品種では，獲物の発する音を聴き取ったり，危険を察知するための情報を得る能力が，野生動物に比べて劣っているのである．また，周波数に対する反応に影響を与える鼓膜の表面積は，身体の大きさに比例するものの，頭の大きさの違いは聴力の差には関係せず，チワワ，ダックスフント，プードル，ポインター，セントバーナードの聴力はほぼ同じである（Heffner 1983）．

見つける

哺乳類の歴史を考えてみると，森のなかから草原へ出て直立歩行をしたのが霊長類だとすると，森のなかで狩りをする方向に進化したのが食肉類である．ヒトは太陽の光の下でものをよくみて生活するのに対して，イヌは暗いところで匂いを嗅いで獲物をみつけて生活するように適応してきた．したがって，日中の明るさにおいては，イヌはヒトのようにものがみえるわけではない．率直にいって，イヌが太陽の光の下で獲物をみつける能力については，そんなにすばらしいデータはない．

イヌの眼の構造を図 2-4 に示す．角膜と前眼房を通して入ってきた光は，水晶体で屈折した後，硝子体を通って網膜上に像を結ぶ．網膜は感覚部であって，光の刺激により興奮する特殊な細胞が存在している．光受容器には，低照度の光を感じ取ることのできる桿状体（かんじょうたい）と，明るいところでものをみるときに色の識別も担当している錐状体（すいじょうたい）の 2 種類がある（Dellmann 1998）．イヌも含めて家畜では（鳥類を除く），錐状体細胞の数はきわめて少なく，視細胞のほとんどは桿状体である（コルター・シュミット 1990）．

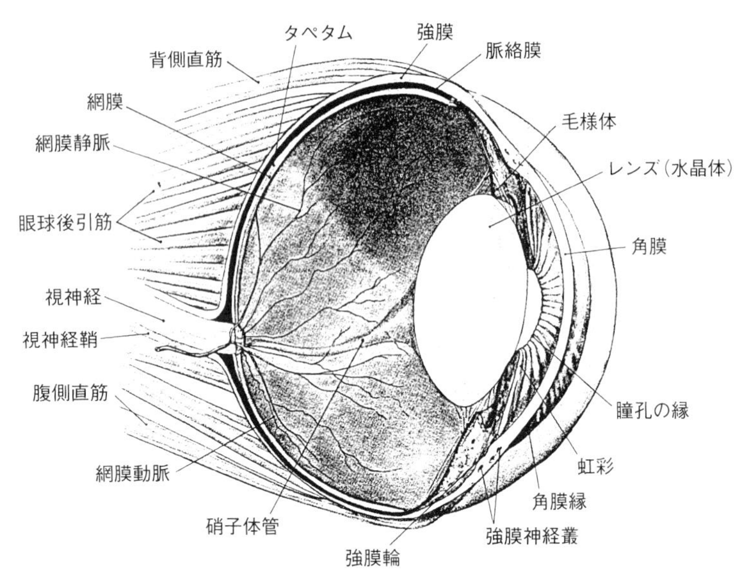

図 2-4　イヌの眼の構造（Pollock 1979）

このことは，イヌではヒトに比べて色覚が劣っていることを示唆している．

水晶体のレンズによって結ばれた像の焦点となる網膜の部分は網膜中心野とよばれているが，この部分の神経細胞は1個あたり担当する光受容器の数が少ないのが特徴である．つまり，網膜中心野では対象物の細部とかたちを正確に見分ける能力が非常に高いといえる．ヒトでは，網膜中心野はとくに中心窩とよばれ，錐状体のみが存在しており，視力の高い部分となっている．イヌでも，数少ない錐状体はほとんどがこの網膜中心野に分布している．錐状体はとくに赤い色に対して敏感なので，錐状体の少ないイヌにとって赤い色はみえにくく，青と緑，およびその組合せによってものをみていることになる（ブラッドシャウ 1997）．もちろんよほど複雑な色でなければ，明るさの程度によってある程度の識別をすることは可能で，イヌを訓練することにより色を識別できるようになったという報告もある（Rosengren 1969）．

一方，桿状体が多いイヌは暗い光でもものをみることができる．夜，車に乗っていると，ヘッドライトに照らされて道端のイヌの眼がきらりと光ることがある．また，フラッシュを使って写真を撮ると，イヌの眼はオレンジ色に光って写る．これはイヌの網膜を覆う脈絡膜のなかに，タペタム（輝板）とよばれる光反射層が存在するためである（Weale 1974）．タペタムはイヌのほかネコ，ウマ，ウシなどの動物にもみられ，不十分な光を集め，視力を増強する働きをしている．しかし，夜間の視力を補強するためのタペタムも，イヌでは昼間はかえって光を散乱してしまい，ものをみつけるのを邪魔している（Pasternak and Merigan 1980）．

捕食動物（食肉類）は，獲物になる動物に比べると，概して眼の調整能力が優れている（コルター・シュミット 1990）．嗅覚や聴覚によって獲物を追跡し，発見した後は視覚に依存して相手を襲い倒す必要があるからだ．眼球を動かすための筋肉はよく発達しており，視野に飛び込んだ興味深い物体をすぐに追うために，正確で機敏な眼球の動きが可能である．イヌの眼は静止しているものより，むしろ動くものに対して敏感である（Walls 1963）．眼には水晶体という両面凸レンズがついており，このレンズは毛様小体により側方から毛様体に保定されている（Pollock 1979）．水晶体レンズの湾曲度は，毛様体筋の収縮と水晶体自身の弾性により変化させることが可能であり，これによって網膜面の映像のピントが調整されることになる．イヌの毛様体筋は厚く発達しており，ピントの調整能力が比較的優れている（コルター・シュミット 1990）．ただし，ヒトの眼が 14 ジオプトリー（屈折率の単位）の調節能力をもち，7 cm まで対象物に近づいてピントを合わせられるのに対し，イヌの眼は一般に 2–3 ジオプトリーが限界であり，約 50–33 cm 以内のものはぼやけてはっきりみえない（Miller and Murphy 1995）．

動物の視野は，左右の眼が平面的な顔についているか，そうでないかによって変化する（Hughes 1977）．ヒトをはじめネコやイヌでは，両方の眼がともに前方を向いている．図 2–5A は中頭種のイヌの視野を示しているが，片眼の視野は約 150 度，両眼視できる範囲は約 60 度である．両眼視できる部分は像を融合させる力が強く，距離感も正確になる．これに対して，一般に捕食される草食動物では眼が頭の側面に位置しており，両眼視力が得られる範囲は狭くなるが，全景的な視野を有している（図 2–5B）．もちろんイヌの品種差はたいへん大きく，眼球の位置と視野に関しても大

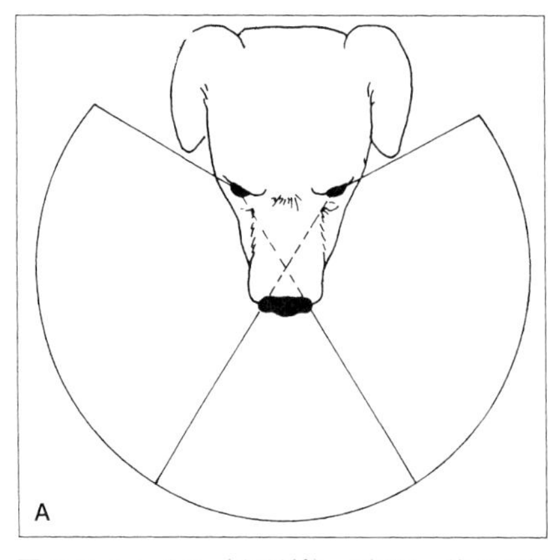

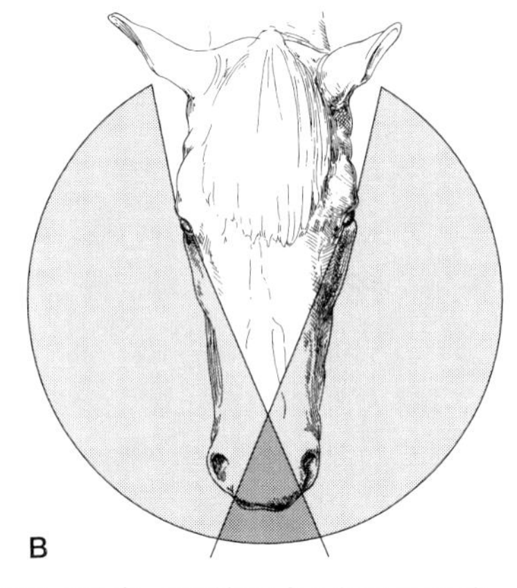

図 2-5 A：イヌ（中頭種）の視野．片目の視野は 150 度，両眼視できる視野は 60 度である．（Miller and Murphy 1995）B：ウマの視野はイヌよりもずっと広い．両眼視できる部分は広くはないが，後方でのものの動きも捕えることができる．（コルター・シュミット 1990）

きな変異が認められる．短頭種の眼は，中頭種に比べると側面に位置することが多い（Miller and Murphy 1995）．

触れる

周囲の環境を探索するためのもうひとつの大切な道具は，触覚である．ヒトと違ってイヌは全身毛で覆われているが，それぞれの毛の根元には感覚受容器がついていて，毛にかかる微妙な圧力を感知しているのである．イヌの触覚は，とくに鼻口部でもっとも敏感である．よくみると，イヌの顔面には普通の毛のほかに，眉毛にあたる部分，口の周り，顎の下，頬にやや長めの硬い毛が生えている．この毛は感覚毛とよばれており，その根元には感覚神経がとくに密に分布している．イヌは感覚毛を利用して，暗やみのなかや狭い穴のなかで頭をぶつけないように活動したり，あるいは自分の周りの空気の流れの変化を感じ取っているのである（ブラッドシャウ 1997）．

皮膚にはさまざまな太さの求心性神経線維が豊富に分布しており，真皮と表皮には組織学的に異なる数種の受容器構造物がある（イッゴー 1990）．受容器の種類としては，機械的な刺激を感じる受容器，温度の変化を感じ取る受容器のほかに，激しい刺激のみに反応する侵害受容器がある．通常の触覚，つまり毛にかかる圧力を感じ取るのは機械受容器であるが，これはさらに急速順応性と緩徐反応性の2種類に分類されている．急速順応性受容器は皮膚の動き，あるいはそれに伴う毛の動きにもっとも敏感な反応を示し，反応頻度は動きの速さに比例するが，動きがないときには反応しない．パチニ小体とよばれる受容器が代表的である（Fletcher 1998）．イヌの趾の裏にはパッド（肉球）とよばれる軟らかいクッション様の皮膚があるが，ここにもパチニ小体が存在して，イヌの歩行に伴う地面の振動を感知している．しかし，このパチニ小体は，体重により生じるパッドの変形に対してはシグナルを発しない．一方，緩徐反応性受容器は，皮膚や毛が新しい位置に保持されると，数分間にわたりインパルス放電を持続する．顔面の感覚毛には急速順応性と緩徐反応性の両方の受容器が存在し，振幅や方向，位置の変化を感知している（Burgess and Perl 1973）．

イヌの鼻には赤外線レセプターが存在することが知られている（Ashton and Eayrs 1970）．イヌはこれにより温度を感じ取り，まだ眼がみえない新生子は母親のいる方向を知る．また，赤外線レセプターは建築物に閉じ込められたヒトの居場所を探す能力にも活用されることがある．

これはイヌに限ったことではないが，皮膚や毛を触れ合うことが哺乳類の精神の安定には必要不可欠である．母親と新生子の触れ合い，飼主と子イヌの触れ合いは，その後のイヌの性格形成に大いに関与することが明らかになっている（第3章参照）．飼主になでてもらうことや，仲間に毛繕いされるという動作によって，イヌは安らぎを感じ取る．実際，飼主になでられているイヌでは心拍数の減少，血圧の下降，表面温度の低下といった現象が観察されている（フォーグル 1996a）．つまり，触覚は環境の変化を感じ取るだけの感覚ではなく，知覚神経を通じて母親や仲間の存在，また，そのぬくもりを感じることによるコミュニケーション，あるいは精神の発達にも関係する重要な感覚なのである．

超感覚的知覚

イヌの超感覚的知覚（extra sensory perception; ESP）または超能力については，かなり以前からいろいろな現象が観察されている．もちろんイヌ以外の動物でも，ヒトには計り知れない未知の能力は数多くあるが，イヌはヒトと密接につきあっている分だけ，その超能力に気づかれるエピソードが多いのであろう．

有名なのは，イヌが遠く離れたところからでも，もとの家へ帰ってくる能力である．この能力については，これまでにもいくつかの事例が紹介されている（平岩 1989; フォックス 1994）．もちろん物語のなかにはある程度の脚色があるだろうが，それを差し引いても，帰巣本能というべき能力がイヌに備わっているようである．理由として，動物が地球磁場の微妙な差や変化を感じ取っているためという説をはじめ（モリス 1987），いろいろな説が提唱されているものの，実際のところ客観的なデータはまったくない．

もうひとつのよく知られたイヌの能力は，地震予知能力である．大きな地震の発生に先だって，その行動に変化がみられるという記録は多い．なにを感じ取っているのかはっきりしたことは明らかではないが，動物は地震前の大気中の静電気の変調を感知するのではないかと考えられている（Tributsh 1982）．最近では，1995 年 1 月の阪神大震災の際にみられた動物の異常行動が報告されている（弘原海 1996）．動物の地震予知能力を科学的に解明するために，電磁波または帯電エアロゾルを負荷した場合の脳内におけるノルアドレナリン，セロトニン，GABA（ガンマーアミノ酪酸）の分泌について，実験動物（ラット）を用いて実験を行ったところ，電磁波負荷ではノルアドレナリン神経の興奮，また，セロトニンとGABA の興奮または抑制が，帯電エアロゾル負荷ではノルアドレナリンと GABA の興奮およびセロトニンの抑制が認められた（大谷ほか 1998）．イヌを用いた実験はないが，おそらく地震に先行して脳内で同様の反応が生じ，これがイヌの異常な行動を引き起こすものと推測される．さらにくわしい研究が待たれる分野である．

イヌに特異的な能力として，ヒトの感情を読み取る能力が知られている．これも多くの人々に経験されているところだが，イヌを怖がるヒトに対してはイヌが吠えることが多いし，イヌ好きのヒトにはイヌが寄ってくる．これは，一般的にはイヌがヒトの行動をよく観察していて，ヒトの微妙な感情の動きがその態度に現れてくるのを察知しているのだと考えられている（Becker *et al.* 1957）．しかし，イヌはその鋭い嗅覚で，ヒトの情緒の変化に伴う微妙な匂い物質の放出を嗅ぎ分けることができるという仮説も立てられている（Montagner 1988）．

いずれにしても，イヌのもつ超感覚は，いまのところ完全には解明されていない．ヒトがイヌのことをもっと理解したり，あるいは役に立つ家畜にしようとするならば，これらの能力についても研究する価値は十分あるだろう．

2.3 追いかける

スピード

人類はオオカミを改良してイヌをつくりあげてきた．イヌの祖先であるオオカミは獲物を追って走る必要があるので，うまく獲物を仕とめるためには，その走力にかなりのスピードが要求される．一方，家畜化されたイヌでは，自分で獲物をとる必要がなく，また，いろいろな特徴を求めて育種改良が行われた結果，スピードが要求されない方向に改良されたものも多い．多くのトイ種は小型で四肢も短く，構造的に速く走ることは不可能である．しかし，他方では脚の速さが求められた品種がある．もっとも古いタイプの品種のひとつ，グレイハウンドに代表されるサイトハウンドである．近年ではウマにおけるサラブレッドと同様，競走用の家畜として改良されている．日本ではみることができないが，欧米ではグレイハウンドレースが賭事の対象となっている．ここでは，生きた獲物のかわりに機械じかけのウサギを追って，何頭かのイヌがコースを走り，その速さを競う．グレイハウンドはトップスピードなら 65 km/h，通常のレースでは約 60 km/h の速度で 30 秒程度走ることができる（ウォルター 1991）．

グレイハウンドのスピードの裏には，解剖学的ないくつかの特徴が関与している．まず外貌は，すらりと長い四肢がとてもめだっている．グレイハウンドに限らず食肉目の動物は，われわれが走るときには踵を地面に着けることがないのと同様，ヒトの指にあたる部分で歩いたり走ったりすることにより（趾行性（しこうせい）移動），スピードを得ている（図 2-6; Kent 1978）．

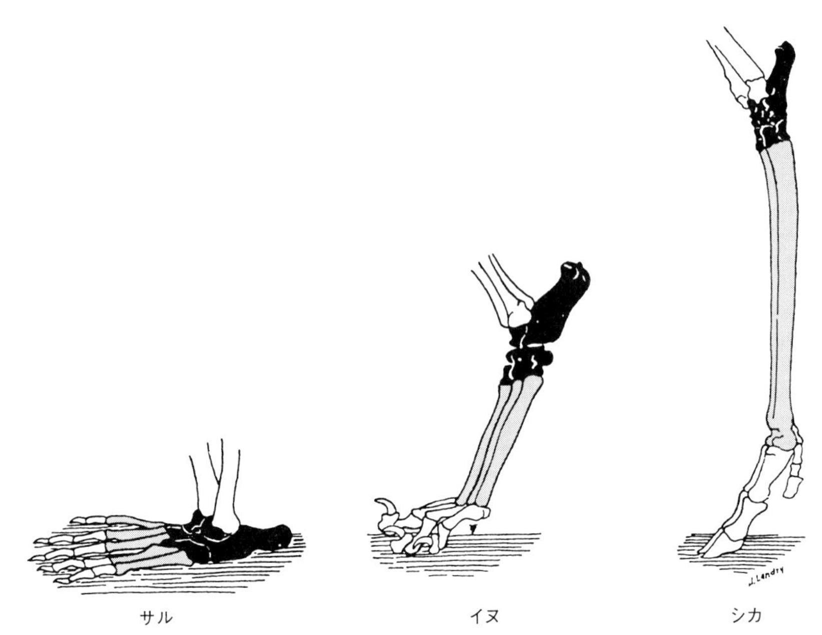

図2-6 蹠行性，趾行性および蹄行性移動の比較
踵骨を黒く示してある．（Kent 1978）

また，ヒトのような鎖骨がないので，前肢-肩甲骨の動きは前後方向にスムーズである（加藤 1979）．一般に速く走れる動物では，四肢，とくに前腕と下腿がすらりとしているが，これは走るときに，上腕と大腿の筋肉で前腕と下腿以下の部分を引き上げ，振り子のように前後に振って運動するためには，非常に効率がよい構造である（Kent 1978）．グレイハウンドの長い脚には，体重を支えるだけでなく，身体を前進させる推進力を得るための強力な筋肉が付着している．さらに，背中の筋肉と柔軟な背骨は，ギャロップする際に効率よく前肢と後肢を進めるために機能している．グレイハウンドでは，骨格筋の総量は体重の約 57% を占めている（ウォルター 1991）．

動物の骨格筋を構成する筋線維は，大きく遅筋線維と速筋線維の 2 種類に分けられる（Gollhick *et al.* 1972）．遅筋線維は収縮速度が遅く，おもに有酸素性エネルギー供給機構に依存しており，疲労しにくいという特徴がある．逆に速筋線維は収縮速度は速いが，おもに無酸素性エネルギー供給機構に依存しており，疲労しやすいという特徴がある．ヒトでは，短距離ランナーが走るのに必要な筋のほとんどは速筋線維，長距離ランナーではほとんどが遅筋線維，また，一般人では両線維が半分ずつであり，これら筋線維の組成差が個々の運動能力を決定している（Saltin *et al.* 1977）．グレイハウンドでは，骨格筋における速筋線維の比率は約75%であり（Snow 1985），どちらかといえば短距離型ではあるが，一流の短距離選手というほどでもない．

陸上の哺乳類のなかでもっとも速く走ることができるのは，ネコ科の野生動物であるチーターで，最速90 km/h以上で走ることができる．獲物になるほうの動物も概して逃げ足が速く，たとえばウマ（蹄行性移動（ていこうせい））は70 km/h以上で走ることができる（図2-6; Derman and Noakes 1994）．イヌ属の動物はある程度のスピードは出せるが，けっして速く走って獲物を捕えようとしてきたのではないようである．イヌ属の動物は，むしろ持久力にその特徴があるのではないだろうか．

持久力

持久力には，先にも述べた筋線維のうち，有酸素性エネルギー供給機構に依存する遅筋線維の働きが大きく関係する．イヌが活動する際，持久力を発揮するためには，筋肉において大量のエネルギーが必要である．筋収縮のための直接のエネルギー源は，3個のリン酸を含むアデノシン3リン酸（ATP）である．このATPは筋収縮ばかりでなく，すべての生物のすべての細胞にとって，その維持と活動に必要不可欠な基本的物質である（レーニンジャーほか1993）．リン酸結合が外れてアデノシン2リン酸（ADP）になるとき，エネルギーが放出される．筋細胞にもある程度のATPがつねに貯蔵されているが，その量は少なく，持続的な骨格筋の活動のためにはATPを再合成する必要がある．この再合成経路には，無酸素的経路（非乳酸性および乳酸性）と有酸素的経路の2つがある．それぞれの経路の詳細については生化学の成書に譲るが，細胞内ミトコンドリアにおいて行われる有酸素経路では，TCAサイクルを通して非常に効率よくATPが再合成されている．無酸素的経路では，グルコース1分子からわずか2分子のATPが生成されるだけであるのに対し，有酸素的経路では，同じグルコース1分子から38分子のATPが生成される（ムレイほか1993）．

ヒトにおいては，短距離走などの短時間にパワーを必要とする運動では無酸素的経路が，また，マラソンなどの長時間にわたってパワーを必要とする運動では有酸素経路が，それぞれ筋肉へのエネルギー供給の主役であることが明らかになっている（ムレイほか1993）．つまり，スタミナとは有酸素的エネルギー供給をどれだけ働かせることができるかということであり，運動時に必要な酸素をどれだけ十分に摂取できるかということになる．したがって，運動中の最大酸素摂取量は持久力の指標となる．ヒトでは，優れたスポーツ選手の最大酸素摂取量は69-85 ml/kg/minであるのに対し（山地1985），グレイハウンドでは100 ml/kg/min以上という報告がある（Derman and Noakes 1994）．グレイハウンドはそのスピードもさることながら，持久力においてはヒトよりも優れた運動選手なのである．

運動中に骨格筋に対して酸素を最大限に供給するという意味で，心臓血管系および呼吸器の働きも動物のスタミナに影響する．一般に体重あたりの心臓重量比率はほぼ一定であり，動物の身体が大きいほど心臓も大きくなる．ところが，競走用の家畜では，体重あたりの心臓の割合が非常に大きくなっている（表2-1; Altman 1959）．心臓重量の体重比（%）は，グレイハウンドでは1.26で，雑種犬0.65の約2倍，競走馬と比べてもサラ

表2-1 動物の心臓重量の比較（Altman 1959）

種	品種	体重(kg)	心臓重量(g)	心臓重量の体重比(%)
イヌ	グレイハウンド	24.5	309	1.26
	雑種	14.8	95	0.65
ウマ	サラブレッド	485	4688	0.97
	ペルシュロン	771	4700	0.61
ヒト		65.8	270	0.41
ゾウ	アフリカゾウ	6654	26000	0.39
ウシ	ホルスタイン	552	1905	0.35

ブレッドの0.97を大きく上回っている．また，訓練されたグレイハウンドと非訓練の雑種犬の心臓機能を比較すると，最大酸素摂取量はグレイハウンドのほうが2倍以上も大きい（デトワイラー 1990）．これは1回の心拍出量が大きいこと，血液量が多いこと，静止時血圧が高いことなどに由来している．

酸素を取り込む器官として，呼吸器系の働きも重要である．鼻から取り込まれた酸素は，咽喉頭，気管，気管支を通じて肺胞へと送られる．グレイハウンドの深く大きい胸は，大型のポンプである心臓だけでなく，酸素供給源としての大きな呼吸器を収納しているのである．酸素は肺胞において間質液へと拡散し，引き続いて血漿，赤血球，ヘモグロビンへと順次拡散してゆく（リース 1990）．大部分の酸素は赤血球色素であるヘモグロビンと結合し，酸素分圧の低い末梢に運ばれて，細胞液へ拡散し利用される．グレイハウンドと雑種犬を比べてみると，酸素を運搬する役割を担う赤血球の単位容積あたりの数ではほとんど差がないものの，ヘマトクリット値およびヘモグロビン濃度の値が雑種犬に比べて有意に高く，その酸素運搬能力の高さを示唆している（表2-2; Sullivan *et al.* 1994）．

イヌの呼吸で特徴的なのは，浅速呼吸（パンティング）である．暑いときや走った後に，イヌが舌を出してハアハアとあえぐような呼吸をしているのをみたことがあるだろう．イヌの呼吸中枢は普通の刺激，すなわち炭酸ガス濃度の高まりや迷走神経刺激のほかにも，身体の核心温度の上昇に対しても反応する（リース 1990）．イヌの体温（直腸温）は通常38.0-39.5度とヒトよりも高いが，体温を維持するための熱は主として筋肉の運動や肝臓で生産されている．運動のために骨格筋を動かすと，熱産生量

表2-2 グレイハウンドと雑種犬の血液性状の比較（Sullivan *et al.* 1994）

項目	グレイハウンド	雑種
検体数	36	22
赤血球数（×10000/μl）	666±40	710±40
ヘモグロビン濃度（g/dl）	19.86±1.56	17.53±1.31
ヘマトクリット値（%）	53.6±3.8	46.6±4.1
平均赤血球容積（μl）	81.2±8.2	65.6±2.9
平均ヘモグロビン量（pg/cell）	30.03±3.09	24.68±1.2
平均ヘモグロビン濃度（%）	37.10±1.51	37.69±2.00

はいっそう増加し，熱を外に逃がさないことには，動物はオーバーヒートしてしまう．動物は体内に熱をためないように，いろいろな方法で熱を放散しているのである．

われわれ自身のことを考えるとわかりやすいが，ヒトの重要な熱放散機構は発汗による蒸散である．身体から1gの水を蒸発させることにより，600 cal が消費される（アンダーソン 1990）．ところが，イヌの場合には汗があまり出ない．蒸発熱放散に重要なアポクリン汗腺は，イヌも含めて家畜ではほとんど大部分の皮膚に存在するが，イヌでは趾の裏の肉球を除いては発達が悪く，汗腺機能が低い（加藤 1979; Monteiro-Riviere 1998）．汗だけでは冷却が足りないので，舌を出してハアハアとやるのである．浅く速い呼吸では1回あたりの換気量は少ないが，呼吸数を多くすることで呼吸器粘膜からの水分蒸発が増加し，冷却効率が増す．

イヌにはスピードよりもスタミナが要求されることが多い．牧羊犬は家畜の群れを追って，1日に 100 km 以上もの距離を数週間にわたって移動するし，狩猟犬も1日 100 km 駆け回ることはまれではない．ベルトコンベアを用いた持続運動実験により，ポインター雑種の持久力がグレイハウンドよりも優れていることが実証されている（ウォルター 1991）．もっともスタミナが必要な犬種のひとつは競技用のソリイヌである．アルプスで冬季に行われる競技は，7 km から 20 km の距離を 25 分から1時間かけて競走する中距離競走である．また，アラスカ縦断レースはさらに過酷で，氷点下 40 度以下のなかを，自分の体重の2倍以上もある荷物を1日8時間以上引きながら，1800 km もの距離を2週間ほどひたすら走り続けるのである．ソリを引く激しい運動により，イヌの直腸温は 40 度を超えるが，体重が 25 kg を超えるイヌでは熱放散が効率よく行われず，熱疲労を起こしやすい（Coppinger and Schneider 1995）．逆に 15 kg より小さいイヌでは，ストライドが小さく運動能力が劣っているほか，安息時の熱維持が困難であり，ソリイヌには不適とされている．これらの条件をうまく満たす品種がアラスカンハスキーであり，現在もっともよくレースに使用されている（Coppinger and Schneider 1995）．一方，マラミュート，サモエドなどは極寒の地で改良された品種で，レース用には大きすぎるが，耐寒性や持久力に富み，現地の人々の生活に役立っている．

2.4 雑食動物としてのイヌ

狩人としてのオオカミが，めでたく獲物を発見し，追いつき，そして仕とめた後にはいよいよ食事の時間がやってくる．オオカミを祖先としているということ，そして食肉目に属するということから，イヌは肉食の動物だと思われることが多いが，本章の最初に述べたように，じつはなんでも利用できる雑食動物である．ここでは，イヌが雑食であることについて，消化と吸収の特性をみていくことにしよう．

咬む

オオカミをみたとき，口と歯の非常に大きいことに驚き，これに咬まれたらかなり痛いだろうという変な印象をもった記憶がある．後で雑種犬の口のなかを見直したが，こんなのに咬まれても大したことはないだろうという感じがした．もちろん小さいイヌでも咬まれたら痛いし，場合によっては大けがをする．

イヌの歯は家畜化の影響で，オオカミに比べるとずいぶん小さくなっている．顎骨そのものが短くなり，歯も小型化している（Hemmer 1990）．しかし，歯の数や基本的な構造は変化がない．成犬の歯は普通上顎に 20 本（切歯 6，犬歯 2，前臼歯 8，後臼歯 4），下顎に 22 本（切歯 6，犬歯 2，前臼歯 8，後臼歯 6）の計 42 本が並んでいる（図 2-7; ディスほか 1998）．切歯はわずかに湾曲しており，ものをくわえたり引き裂いたりするのに用いられる．犬歯は大きく，顎が閉まると下顎の犬歯が上顎の犬歯の前にくる．犬歯も切歯と同様，肉を切り裂いたり保定するために用いられる．前臼歯と後臼歯の咬合面にはいくつかのでこぼこがあって，ものを咬み砕くのに適した構造をしている．前臼歯には鋭さが残っているが，後臼歯の隆起は鈍であり，むしろ草食動物の臼歯のように食物をすりつぶす働きをしている．この構造も，イヌが肉ばかりでなく，植物性のものを食べながら進化してきた証拠のひとつである（マスケル・ジョンソン 1997）．同じ食肉目でもネコの歯は臼歯が少なく，より肉食に偏った動物の様相を呈している．イヌに特徴的なのは上顎の第四前臼歯と下顎の第一後臼歯で，歯の一部が鋭く平たくなっており，上下の咬合により剪断機のように生肉を切

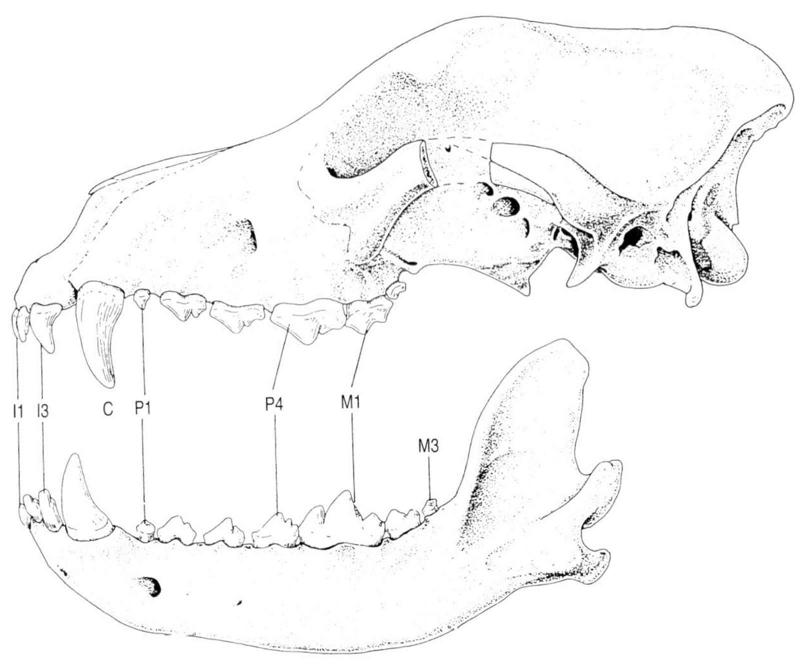

図 2-7 イヌの永久歯の外側観
I：切歯．C：犬歯．P：前臼歯．M：後臼歯．通常の歯式は上顎側 I3-C1-P4-M2，下顎側 I3-C1-P4-M3 で 42 本である．（ディスほか 1998）

り裂くため，裂肉歯とよばれる（加藤 1979）．

ヒトの歯が成長に伴って生えかわるように，イヌでも乳歯から永久歯に生えかわる（Hooft *et al.* 1979）．乳歯は通常，生後 3 週間から萌出し始め，8 週間ごろまでに切歯，犬歯，前臼歯が生えそろう．つぎに 4-7 カ月齢にかけて，永久歯が生えて乳歯は脱落する．また，後臼歯もすべて生えそろう．

歯が機能する，すなわち獲物を切り裂き，肉を咬み切り，骨を砕くためには，歯だけではなく，それを助ける強力な筋肉の働きが必要となる．イヌの咬筋，側頭筋はほかの家畜に比べると非常に発達しており，大きいのが特徴である（加藤 1979）．しかし，ヒトにより改良され始めた段階で，強靱な歯を必要としなくなった品種もある．チン，ブルドッグ，ペキニーズなどの品種では，あまりに頭骨が短くなってしまったので臼歯が入りきらずに，歯の数が少なくなってしまった．また，野生の獲物を咬み砕くこともないので，多くのトイ種では顔面の筋肉も発達していない．

味わう

イヌが食物を口に入れる際，それが見慣れないものである場合には，かなり長い間くんくんと匂いを嗅いで調べている．イヌの嗅覚は非常に発達しているため，イヌが食物を選択する際にも，嗅覚がきわめて重要な役割を果たしているのである．嗅覚が正常なイヌでは，いくつかの異なる食餌，たとえば牛肉，豚肉，鶏肉，羊肉などの種類に対して，それぞれの匂いによって好みの順位をつけるが，嗅覚に障害のあるイヌではこの順位づけができない（Houpt *et al.* 1978）．また同じ肉でも，調理されたものよりも缶詰，さらに生肉のほうを好む傾向があるようだ（Lohse 1974）．イヌが食物の匂いを嗅いで，意を決して口に入れた後の行動をみたことがあるだろうか．よほど硬いものや大きなものを除けば，ほとんど丸のみに近い状態である．つまり，ほとんど味わっている様子がないのである．信じられないような大きなもの，たとえばテニスボールや料理用ナイフなどを飲み込んで，動物病院に運び込まれるイヌもいる．はたしてイヌには味がわかるのだろうか．グルメなイヌは存在するのだろうか．

われわれヒトの味覚には甘味，酸味，苦味，塩味，うまみという5つの感覚が存在している．味を感じるのは舌であり，そこには味覚受容器が存在している（図2-8，図2-9）．この受容器は味蕾とよばれ，舌の茸状乳頭と有郭乳頭に集中している（ケール・ビューチャンプ 1990）．ヒトの味蕾の数は約9000と記録されているのに対し（Cole 1941），イヌでは1700程度とかなり少ない（Holliday 1940）．また，ヒトの味蕾が舌全体に存在するのに対し，イヌでは舌の前半にもっとも多く分布している（Olmsted 1922）．

味蕾を支配するのは，舌前方では顔面神経，後半では舌咽神経であることを利用して，動物の味覚についてはこれまで電気生理学的な研究が行われてきた．いろいろな物質の溶液を味蕾に反応させて，神経が興奮するかどうかをみていく方法である．この方法を用いた研究によると，イヌの味蕾は各種物質に対する反応性によって，4つに分けられることが明らかと

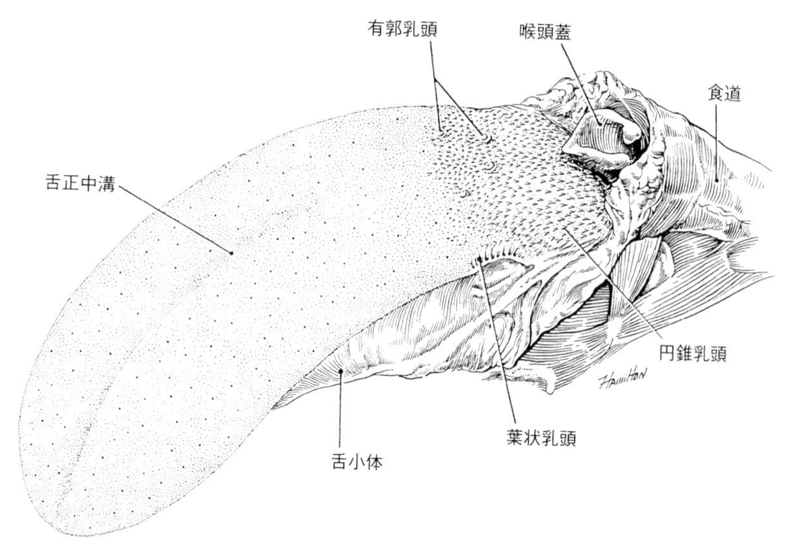

図 2-8 イヌの舌の構造
舌根には円錐乳頭，葉状乳頭，有郭乳頭が観察される．(Chibuzo 1979)

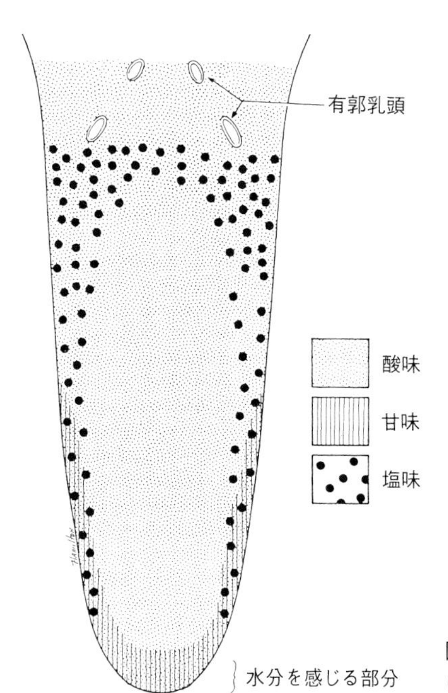

図 2-9 イヌの舌の味覚受容器の分布
(Chibuzo 1979)

なった（Boudreau 1989）．もっとも豊富な味蕾は甘味を感じるもの，つまり糖類に反応する味蕾であった．果糖やショ糖などの天然物のほか，サッカリンなどの合成物に対しても反応した．また，タンパク質の構成成分であるアミノ酸の多くは甘味レセプターを興奮させ，逆に苦味物質とL-トリプトファンは抑制反応を引き起こした．2番目に多い受容器は酸味を感じるものである．酸味受容器は舌全体に分布している．3番目のグループは，核酸の構成成分であるヌクレオチドに反応した．また，4番目はフラニールやメチルマルトールといった糖以外の物質に反応する受容器のグループであった．これらの物質は糖ではないが，果物の甘さと同じ味をもたらす．イヌ属の動物が果物を好んで食料にしていることと関係があるのだろう（Thorne 1995）．

イヌの場合，甘味と塩味は味蕾をもつ茸状乳頭の存在する舌の吻側3分の2の部位で受容されるが，酸味は舌全体で受容されている．舌の尾側3分の1には，有郭乳頭と葉状乳頭が混在しているが，ここは酸味だけに応答する（図2-9）．

鼻がつまって匂いがわからないときには，同じものを食べてもいつもと違った味がするように，味覚と嗅覚は協力して，ひとつの味をわれわれにもたらしている．イヌでは，味覚受容器は数も質もヒトに比べて低いが，かわりに発達した嗅覚が食物に対して多くの情報をもたらしているのである．

好き嫌い（嗜好性）

飼イヌのためにせっかくめずらしい食物や栄養化の高い食物を与えても，匂いを嗅いだだけで口にもされなかったということがよくある．イヌの食物の好き嫌いは，生まれつきの要因と後天的な環境要因によって決定されるようだ．イヌも含めて多くの動物は，甘み受容器のないネコ科動物を除けば，生まれつき甘い味を好み（Soulairac 1967），苦味を避ける傾向にある（Denton 1967; Rozin 1976）．自然界においては，甘味は高濃度の炭水化物と関連しており，苦味は多くの有毒物質と関連していることが多いという栄養学的な理由から，動物は先天的な嗜好性を示すのである（LeMagnen 1967）．

学習の効果は食べものの選択に大きな影響を与える．イヌの味蕾は胎子の段階から発達しており（Bradley 1972），イヌは出生するかなり以前から，羊水に含まれる物質を味わっている．羊水中にリンゴ溶液を加えたラットの実験では，生まれてきたラットはリンゴ風味を好むようになったという報告がある（Smotherman 1982）．イヌでも同様の実験が行われている．レモン風味に暴露された胎子は出生後，同じ匂いがする乳首を選択した（Pederson and Blass 1982）．

出生後まず口にするのは母乳であるが，母乳の風味と質は母親の食物により大きく左右される（Thorne 1995）．ある添加物を母ブタの泌乳期に与えることで，特定の風味をもった乳を子ブタに与えたところ，これらの子ブタは成長してからその添加物を好むようになった（Campbell 1976）．イヌでは同様の研究は行われていないが，おそらく母乳の風味は子イヌの嗜好性に影響を及ぼしているにちがいない．

つぎに子イヌが口にするのは，離乳食として母イヌが吐き戻した食物である．食物は母イヌの胃内である程度消化されているが，子イヌはそれが安全に口にすることができるものと学習し，その味と匂いを記憶するのである．出生直後のイヌの味覚は成犬ほど発達していないが（Ferrel 1984），記憶するに十分な味覚はもっている．子イヌが成長するに従って，いろいろな食べものを経験することになる．嗜好性にもっとも影響を及ぼす時期は生後３週間半ごろである（Ferrel 1984）．

「めずらしさ」という要素もイヌの嗜好性に関係している．特定の餌ばかりを与え続けている場合，まったく別の餌を与えると，一時的に変更した新しいものを好む傾向（ネオフィリア neophilia）が子イヌにも成犬にもみられる（Mugford 1977; Griffin *et al.* 1984）．もっとも，新しい餌に挑戦する場合でも，それまで経験した範疇のものには手を出しやすい（Thorne 1982）．逆に，新しい食物に対する恐怖（ネオフォビア neophobia）や拒絶を示す場合も知られている．ネオフォビアは同じ種類の餌ばかり食べ続けて，異なる餌を食べた経験が少ない個体によくみられるが，新しい餌に対する許容度はイヌの品種によってかなり異なっている．小型犬種では，感受性が高く新しい餌には手を出さないことが多いが，キャバリアキングチャールズスパニエルやラブラドールレトリバーでは，特定の食べものに対する選択性はほとんどみられない（Thorne 1995）．

有毒物質を摂取した後の気分の悪さや体調の不良も学習される．食餌の味や匂いが，体調の悪さに結びついて記憶されるのである．しかしながら，家畜化されたイヌでは，有毒物質の回避能力が野生動物に比べると劣っている．吐剤として塩化リチウムを添加された餌を食べて嘔吐を経験したコヨーテは，長期間にわたってその餌を拒否した（Forthman Quick *et al.* 1985）．ネコでも 40-80 日間は吐剤が含まれたときの餌を好まなかったのに対し（Mugford 1977），イヌでは吐いた直後にまた吐物を食べたり，1 日も経たずにその餌を食べてしまう個体が多数いた（Rathore 1984）．

消化する——消化管の解剖と生理

口に入れられた食物は消化管を食道，胃，小腸，大腸の順に通過し，吸収可能な栄養素にまで分解消化されてゆく．この消化の過程にも，イヌが純粋な肉食動物ではなく，雑食性の動物であることを示す証拠がいくつもある．

まず，食べものは口のなかで分泌される唾液と混ざる．イヌの主要な唾液腺は耳下腺（じかせん），顎下腺（がっかせん），舌下腺（ぜっかせん）である（図 2-10）．唾液の基本的な機能は咀嚼（そしゃく）と嚥下（えんげ）の促進であるが，イヌは丸のみが得意でゆっくり咀嚼することがないので，消化における唾液の役割はあまり重要ではない．しかし，有名なパブロフのイヌの実験が示すように，食物を口に入れると唾液が分泌される．イヌも含めて食肉類の動物の唾液にはアミラーゼが存在しない（アルゼンジオ 1990a）．唾液中にはデンプンの消化を助けるアミラーゼが含まれているから，ご飯はよく噛んで食べなさい，というのはヒトのはなしである．草食動物の唾液にもアミラーゼは存在しない．動物の食性や食に関する行動が唾液中のアミラーゼを必要としていないのである（アルゼンジオ 1990a）．

イヌの耳下腺は強い副交感神経性の刺激があると，ヒト耳下腺の分泌速度の 10 倍の速さで唾液を分泌する能力がある．イヌは皮膚の汗腺分泌の発達が悪いため，蒸発による冷却の目的で唾液をたくさん分泌するのである（アルゼンジオ 1990a）．

つぎに食塊は食道を通って胃へ運ばれる．イヌの食道は，全長にわたり

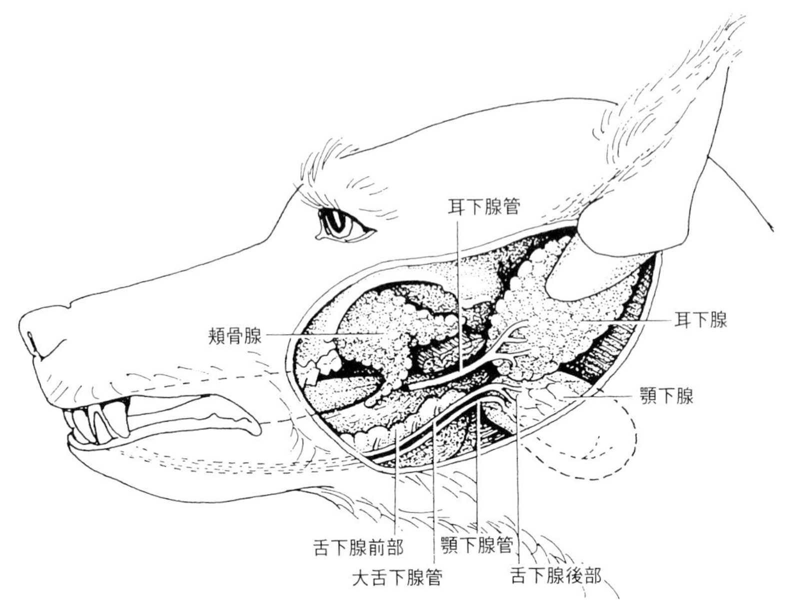

図 2-10 イヌの唾液腺の分布（ディスほか 1998）

横紋筋線維が縦走筋と輪走筋を構成している（Frappier 1998）．嚥下に伴って，食道横紋筋は蠕動収縮し，食塊を 5.0 cm/sec の速さで移動させる（アルゼンジオ 1990b）．胃の入り口には噴門括約筋があり，通常は収縮して胃からの逆流を防いでいるが，食物の通過により弛緩する．イヌの胃はほかの家畜と比較すると，身体の大きさに比して非常に大きい．とくに胃の近位部（体部）は著しく拡張することができ，食物の貯蔵に役立っている．イヌ属の動物が，食べられるときにまとめ食いができる理由である．

胃は飲み込まれた食塊の貯蔵のほか，食物の混和とタンパク質消化を開始するという機能をもっている．胃の内部は腺構造をもった粘膜に覆われており，胃液が分泌される（Frappier 1998）．主細胞からはペプシノーゲンが分泌されるが，これは壁細胞から分泌される塩酸により，タンパク質分解酵素であるペプシンに転換される．ペプシンはコラーゲン線維の消化に対して活性が高く，動物性タンパク質の消化に重要な機能を果たしている．胃の収縮により食物は胃液と混和され，消化が進む．胃内容の搬送速度は胃の容積と内容物の状態に依存しており，食塊が消化され液状になると，急速に胃から去ってゆく．胃内容物の半減時間は，2 mm×20 mm の肉塊の場合には約 11 時間であるのに対し，液状の肉の場合にはわずか 1.8 時間であったことが報告されている（アルゼンジオ 1990a）．

胃腸に炎症があると，迷走神経経由で毛様体の嘔吐中枢が刺激され，嘔吐が起こる．迷走神経の刺激以外にも，第四脳室底部にある化学受容器引きがね帯（chemoreceptor trigger zone; CRTZ）の刺激も嘔吐を引き起こす．この CRTZ はいろいろな化学物質に反応して，嘔吐中枢を刺激する（Davis 1986）．イヌは嘔吐中枢がよく発達しており，比較的よく嘔吐する．

胃で消化された食塊は，さらに十二指腸から始まる小腸へ送られる（図 2-11）．小腸は重要な消化の場であり，炭水化物，タンパク質，脂肪はすべて消化され吸収される．腸管の長さは動物によって大きな違いがあり，食性がかなり影響している．イヌも含めて食肉類の動物では，腸管の長さは草食動物と比べるとずっと短く，構造も単純である（図 2-12，表 2-3）．草食動物の腸管が長いのは，これらの動物では腸内微生物による発酵とい

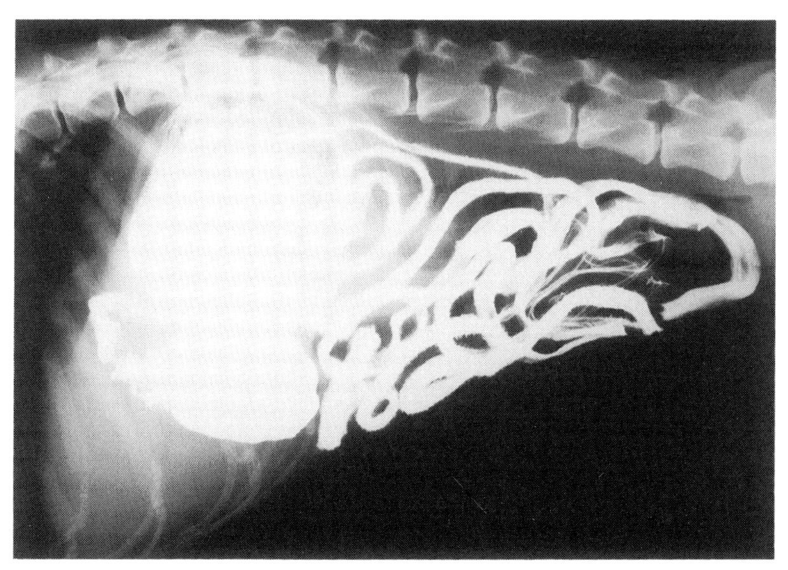

図 2-11　イヌの胃・小腸のバリウム造影 X 線写真

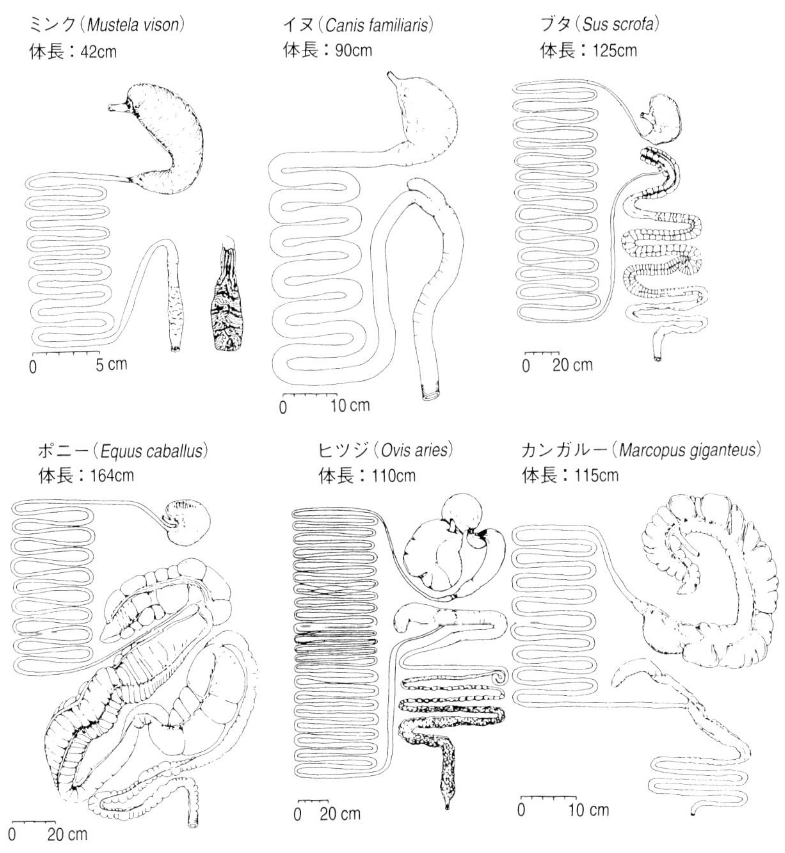

図 2-12 ミンク，イヌ，ブタ，ポニー，ヒツジ，カンガルーにおける消化管長の比較（アルゼンジオ 1990a）

う過程が消化にとって非常に重要だからであり，一方，肉食動物では，消化は自分の酵素に依存しているので，長い腸管は必要ない．腸管の長い動物と比べると，食物の滞留時間も非常に短い（Warner 1981）．同じ食肉類のなかでも，腸の構造にはかなりバリエーションがある．イヌの腸管は，ネコやミンクなどの肉食に偏った動物に比べると，回腸と盲腸の間に弁があること，小さな盲腸があることなどは草食動物的でもあり，イヌの雑食性を表している（図 2-12; アルゼンジオ 1990a）．

膵臓から分泌される消化酵素は，食べものをよく噛まないイヌの消化機

表 2-3 動物の腸管の長さの比較（アルゼンジオ 1990a より改変）

動物種	腸管の部分	腸管全体に対する長さの割合（%）	長さ（m）	体長：小腸長
イヌ	小腸	85	4.14	1：6
	盲腸	2	0.08	
	結腸	13	0.60	
	計	100		
ネコ	小腸	83	1.72	1：4
	大腸	17	0.35	
	計	100		
ブタ	小腸	78	18.29	1：14
	盲腸	1	0.23	
	結腸	21	4.99	
	計	100		
ウマ	小腸	75	22.44	1：12
	盲腸	4	1.00	
	結腸	21	6.47	
	計	100		
ウシ	小腸	81	46.00	1：20
	盲腸	2	0.88	
	結腸	17	10.18	
	計	100		
ヒツジ	小腸	80	26.20	1：27
	盲腸	1	0.36	
	結腸	19	6.17	
	計	100		
ウサギ	小腸	61	3.56	1：10
	盲腸	11	0.61	
	結腸	28	1.65	
	計	100		

能にとっては非常に重要である．イヌの膵液の基礎流量はきわめて低いが，いったん分泌されると急激な流量の増加を示し，毎分 2-3 ml に達する（アルゼンジオ 1990c）．膵液は，胃で分泌された大量の塩酸を重炭酸により中和するとともに，トリプシン，リパーゼ，アミラーゼの働きにより，それぞれタンパク質，脂肪，炭水化物を消化する．イヌの膵アミラーゼ活性は，同じ食肉目のネコよりもずっと高い（Meyer and Kienzle 1991）．これは，肉食に偏り炭水化物の摂取が少ないネコに比べると，炭水化物を利用する機会が多いイヌの特徴であるといえる．ジャーマンシェパード，

ハスキーなど野生種に近い品種ではアミラーゼ活性が弱く，消化不良や下痢を起こしやすい（ウォルター 1991）．

一方，胆汁は胆汁酸塩を含み，脂肪の消化と吸収に働く消化液であり，膵液とともに十二指腸へ分泌されている．多くの動物では，胆汁は持続的に分泌されているが，イヌでは胆嚢内で貯蔵・濃縮され食餌に対応した胆嚢収縮により，一過性に濃縮された胆汁酸塩が分泌されている．食いだめを行うイヌの生活に適した消化の仕組みである（アルゼンジオ 1990c）．

食物は，小腸で大部分の栄養素が消化吸収された後には大腸へ送られる．最小単位にまで消化された栄養素の吸収と代謝については，細胞レベル以下の機序が中心であり，多くの生物に共通してみられる現象が多い．

食物繊維の利用

イヌの大腸は草食動物に比べると短く，塩類と水分の吸収がおもな機能である．大腸内での残留時間も概して短い．ウマやウシなどの草食動物では，盲腸以下の大腸が太長く，食物繊維などの有機物を消化している．食物繊維は主として植物の細胞壁成分，リグニン，セルロース，ヘミセルロース，ペクチンなどからなり，哺乳類の消化管の消化酵素によっては加水分解されない（Trowell *et al.* 1976）．草食動物はその消化管内に微生物を共生させており，この働きによって大量の植物性繊維がエネルギーに変換され，家畜としての地位を確立しているのである．ウマでは，大腸内消化は消化全体の 25% を占める重要なものとなっている（Drochner and Meyer 1991）．

大腸の発達していないイヌでは，まったく大腸内消化が行われないかというと，そうではない．雑食動物であるイヌの大腸内には，*Sterptococcus, Lactobacilli, Bacteroids, Clostridium* などの嫌気性菌が常在して，食物繊維と未消化の有機物を消化しているのである（マスケル・ジョンソン 1997）．腸内細菌は有機物を酢酸，酪酸，プロピオン酸などの短鎖脂肪酸に変換し，これらの物質は吸収されてエネルギー源となる．ただし，イヌでは大腸内消化の割合は約 8% である（Drochner and Meyer 1991）．

同じく雑食動物であるヒトでは，食物繊維の健康に対する有用性，たとえば結腸がんの予防効果などが明らかとなっており，食物繊維を添加した食品が市場に出回っている．食物繊維の生理学的効果のひとつとして，食物の消化管通過時間の短縮効果があげられる（Fahey *et al.* 1990）．これによって，ヒトでは有害な食物あるいは腸内細菌代謝産物が腸管粘膜と接触する時間が短縮され，結果的に変異原物質の濃度が低下したり，その生成と吸収が抑制されている（Greenwald *et al.* 1978; Kripke *et al.* 1987）．あるいは脂肪や糖類の吸収が妨げられることで，高脂血症や糖尿病のコントロールに有用である（Edwards and Read 1989）．

雑食動物でありながら，ヒトに比べてもかなり腸の短いイヌでは，もともと腸内容の通過時間が短く，強力な消化酵素の働きによって食物の消化と吸収を行っている．イヌでは，食物繊維は必要な栄養素なのだろうか．健康なイヌでは，食物中の繊維分はいろいろな栄養素の消化と吸収に対して，抑制的な効果があるが，便秘や糖尿病，大腸疾患などに対する効果もある程度認められており（Gross *et al.* 2000），ほんとうの必要性についてはわからないのが現状である．イヌが道端の草を食べて嘔吐したところをみたことがあるだろう．イヌにとって，草を食べることはごく普通のことである．草は嘔吐剤として働き，毛玉や有毒物質の吐き戻しを容易にしているようだが，なぜ草を食べるかについてもわかっていない．

2.5 イヌの栄養学

本章でこれまでみてきたように，イヌは食肉目に属するものの，その食性，消化管の構造と機能などが，われわれと類似した雑食動物として発達している．おそらくこのことは，イヌがヒトのすぐ近くで暮らすことを可能にした大きな要因のひとつとなっているのであろう．ヒトに飼われるようになって以来，イヌは自分で獲物を探す必要がなくなり，飼主に与えられる餌だけで生きている個体が多い．しかし，それで十分な栄養は供給されるのだろうか．

ヒトの栄養所要量が決められているように，イヌについてもその栄養所要量が National Research Council（NRC 1985）により計算されている（表 2-4）．100% 代謝可能な半精製品を用いた研究の成果である．生体の維持に必要な栄養素は炭水化物，タンパク質，脂肪，ミネラル，微量元素

表 2-4 イヌの栄養要求量（乾物あたり）（NRC 1985）

摂取エネルギー（kcal ME/kg）	3500-4000	ビタミン（IU/mg）	
タンパク質（g/kg）	200	A	3710
脂肪分（g/kg）	50	D	404
ミネラル（mg/kg）		E	22
カルシウム	7	B1	1
リン	5	B2	2.5
マグネシウム	0.4	B6	1.1
塩化ナトリウム	9	ビオチン	0.1
カリウム	4.4		
鉄	32		
銅	2.9		
マンガン	5.1		
ヨウ素	0.59		
セレン	0.11		

表 2-5 イヌの品種別維持エネルギー必要量（成犬）（ウォルター 1991）

品種	体重（kg）	維持必要量（kcal ME/食餌/日）
チワワ	1	100
ヨークシャテリア	3	263
ダックスフント	5	412
チン	7	554
ベトリントンテリア	9	691
ビーグル	10	758
ブリタニスパニエル	15	1084
チャウチャウ	20	1396
ダルメシアン	25	1699
ボスロンシープドッグ	30	1995
ボクサー	35	2284
グレイハウンド	40	2569
ボルドー	45	2850
ピレネー	50	3127
ニューファウンドランド	60	3671
セントバーナード	65	3939

およびビタミン類で，その代謝や機能は，ヒトも含めたほかの動物についても共通の項目が多い．とくにイヌは，雑食に適した消化・吸収・代謝のシステムをもっているので，必要な栄養素の種類についてもヒトとほとんど同じである．

NRCの栄養所要量は国際基準として権威あるものだが，イヌの品種や年齢，または用途などの生理学的状態の変化に対する基準については記述されていない．ひとくちにイヌといっても，身体の大きさ，骨格や筋肉の量は品種により非常に大きなばらつきがあることから，活動に必要な栄養所要量にも大きな幅がある．表2-5は，いろいろな品種の成犬について，必要な維持エネルギー量を示したものである．品種により必要カロリーにも大きな幅があるが，おおむね132 kcal/(体重)$^{0.75}$で計算できる（ウォルター 1991）．また，品種により体重以外にも，その活動内容が異なる．短距離レースに出場するグレイハウンドと，ソリの長距離レースに出場するハスキーでは，自ずから必要な栄養量は変わってくるだろう．同じ品種でも新生子と成長期，成犬といったライフステージでの違い，さらに雄や雌，繁殖期，妊娠期とそのほかの季節では，必要な栄養素量がまったく異なるのである．

母乳と子イヌの栄養

生後，イヌが最初に口にするのは母乳である．子イヌは生後約2週間，ほとんど眠ることと母乳を飲むことだけしか行っておらず，生後8週ごろ

表2-6 各種動物の母乳成分の比較（Baines 1981）

	イヌ	ウシ	ヤギ	ネコ
水分（%）	77.2	87.6	87.0	81.5
乾燥重量（%）	22.8	12.4	13.0	18.5
タンパク質（%）	8.1	3.3	3.3	8.1
脂肪（%）	9.8	3.8	4.5	5.1
灰分（%）	4.9	5.3	6.2	3.5
ラクトース（%）	3.5	4.7	4.0	6.9
カルシウム（%）	0.28	0.12	0.13	0.04
リン（%）	0.22	0.10	0.11	0.07
エネルギー*（kJ/100g）	565	276	293	443

*：エネルギーはタンパク質16.72 kJ/g，ラクトース16.72 kJ/gとして計算してある．

に離乳するまでの間は，母乳に依存して成長する．母乳が摂取できない場合，かわりのものを与えることがあるが，このときてっとり早いという理由から牛乳を飲ませると，子イヌはうまく育たない．ウシやヤギの乳は，イヌの母乳に比べてタンパク質，脂肪，カルシウムなどの含量が少なすぎるからである（表2-6; Baines 1981）．なかでもカルシウム不足は，子イヌの骨の発育に深刻な影響を及ぼす．新生子だけでなく成長期の若い動物でも，新たに形成された軟骨および類骨を石灰化するために多量のカルシウムを必要とする．カルシウム含量の不十分な食餌（肉中心）を長期間続けていると，循環カルシウムが低下する結果，上皮小体はバランスをとろうとして骨の破壊を招き，最終的には体重を支えきれないような骨の軟弱化が生じる（栄養性二次性上皮小体機能亢進症; Hedhammar *et al.* 1980）．また，鉄分の不足による貧血も，人工栄養の子イヌによくみられる（Chansow and Czarnecki-Maulden 1987）．

母乳には子イヌに高栄養の食物を供給する役割のほかに，免疫力を付加するという機能がある．とくに分娩後すぐに分泌される初乳には，免疫グロブリンの含量が多く，母親がこれまで経験した感染症に対する抗体が子

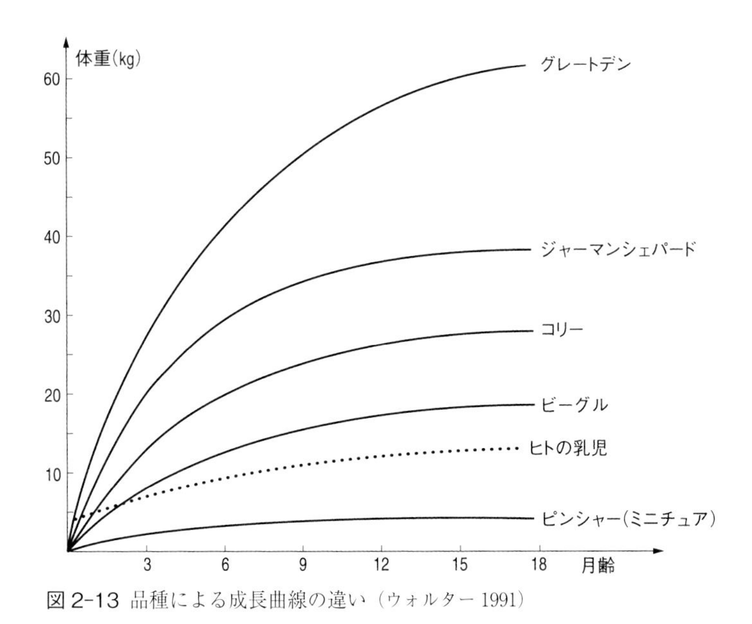

図2-13 品種による成長曲線の違い（ウォルター 1991）

イヌに移行する．出生直後の子イヌは免疫力が弱く，外来の感染因子に対する抵抗力が低いため，初乳を通じて母親から譲り受ける移行抗体は生体防御に非常に重要な役割を果たす．子イヌの腸管は，出生後2日間くらいは大量の未消化タンパク質を吸収する能力があり，移行抗体を効率よく吸収できる（Brambell 1970）．子イヌは徐々に免疫力を発達させ，生後8週間ごろになると，ワクチン接種に対しても十分な抗体反応を示すことが可能となる．

イヌの成長の速さは，品種によりかなり異なっている（図2-13）．大型犬の成長曲線は非常に鋭く，つまり栄養要求量が大きいことを示している．一方，小型犬は成長曲線は緩やかであるが，成長が速い傾向がある．ミニチュアピンシャーが6カ月で成熟体重に達するのに対し，ジャーマンシェパードでは12カ月，グレートデンでは15カ月を要する（ウォルター 1991; レグランデ-デフレチン・マンデイ 1997）．

働くイヌの食餌

スピードに必要な速筋線維と持久力に必要な遅筋線維のエネルギー供給源は，それぞれ無酸素性と有酸素性であることは先に述べたとおりである．それぞれのエネルギー供給には，異なる栄養素が関連している（図2-14）．

イヌにおいて短距離のスピードが要求されることは，グレイハウンドレースを除けばそれほど多くはないが，この場合の主要なエネルギー供給源は，筋肉に蓄積されているATPとリン酸クレアチニン，および筋肉グリコーゲンの無酸素的な解糖作用である．エネルギーを大量に放出するために，筋肉のグリコーゲンをできるだけ多くすればよいかというとそうではない．解糖作用の代謝産物として産生される乳酸は，筋肉にアシドーシスを起こし，筋の変性や細胞の壊死を引き起こし，疲労のもととなる．むしろ炭水化物の過剰な供給をさけて，余分な筋肉グリコーゲンの蓄積をしないことが，優れた競走犬の条件である（ウォルター 1991）．

そのほかの働くイヌの多くは，持久力が要求されている．有酸素的エネルギーは，脂肪の分解がおもな供給源である（Gazzola *et al.* 1984）．肝臓と筋肉に蓄積されたグリコーゲンは，それぞれ30分と90分で枯渇してしまう（Evans and Hughes 1985）．その後のエネルギー供給は脂肪の分

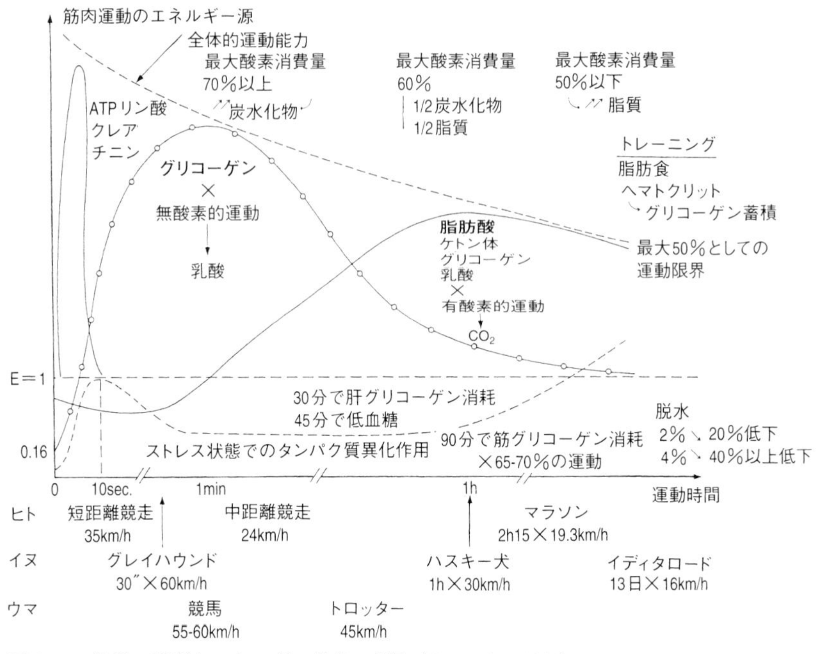

図2-14 運動の種類とエネルギー供給の相違（ウォルター 1991）

解が中心となり，疲労物質である乳酸をも代謝してエネルギーに変換することが要求される．脂肪に対するイヌの嗜好性は非常によく，持久力を要求されるイヌの食餌にとって脂肪は重要な要素である（Kronfeld *et al.* 1977）．

現在のイヌの食餌

ヒトとともに暮らし，ヒトから餌を与えられるイヌの食餌は，飼主の食生活に左右される部分が多い．少し前の日本のイヌは，ご飯とみそ汁を中心とした飼主の残りものを与えられることが多かったが，日本人の食生活の変化とともに肉の割合が増え，また，その内容も変化に富んだものとなっている．さらに，最近では製品化されたイヌ用の食餌を与えられる機会も多くなっている．ペットフードは簡単で，しかも比較的バランスがとれ，確実，経済的という長所から多くの飼主に愛用され，近年その流通量が急増している．平成9年度には，ペットフード全体の出荷総額は10年前の約2倍になった．イヌ用フードについてみると，平成9年度に国産品と輸入品合わせて44万3000トン，948億円のフードが流通された（農林水産省畜産局流通飼料課 1998）．コンパニオンアニマルに関連する市場が大きくなるに従って，多くの企業がペットフード産業に新規参入するようになり，研究開発も進んでいる．最近では，より嗜好性に富んだフードや食餌療法が必要な糖尿病，腎不全，心不全などに罹患したイヌのための特別療法食も販売されている．

イヌの食生活の変化に伴って生じた問題のひとつに肥満がある．もちろんイヌでは，一部の純粋犬種を除けば標準体重や適正体重に関するデータが利用できず，肥満の定義にはあいまいな部分もあるが，少なくとも適正な身体機能の維持に影響を及ぼす病的な脂肪の蓄積は肥満である（Edney 1974）．最近では，超音波検査による皮下脂肪厚の測定値が，客観的な肥満度として用いられている（Wilkinson and McEwan 1991）．米国では，コンパニオンアニマルの約20-30%が肥満である（ロビンソン 1997）．ヒトでは，欧米型の食餌による肥満とそれに関連した心臓血管系の疾病や糖尿病の多発が早くから報告されているが（Wilson *et al.* 1969），イヌの肥満もまた，個体の健康に悪影響を及ぼしている．たとえば循環器病，糖尿病，易感染性，脂肪肝，関節疾患などが知られている（Burkholder and Toll 2000）．

イヌの肥満には飼主側の要因も大きい．飽食の現代にあっては，イヌの食餌にもグルメ傾向がみられ，ペットフードの嗜好性は高められ，過剰供給されがちである．また，間食に甘みの強い菓子やケーキが与えられる．バターのたっぷり入ったクッキー1枚は約90 kcalを供給するが，これは体重10 kgのイヌにとっては1日の維持熱量800 kcalの11%にあたり，脂肪として蓄積されると約10 gになる．3カ月間続ければ，体重は10%増しの11 kgになる．これら食生活や運動習慣は飼主側の責任である．概して肥満犬の飼主は太めであることが多い．

もちろんイヌの側に肥満の原因が存在する場合もある．ラブラドールレトリバー，ケアンテリア，シェトランドシープドッグ，ビーグル，バセットハウンド，キャバリアキングチャールズスパニエルなどは肥満になる傾向が強く（Edney 1974），一方，ジャーマンシェパード，グレイハウンド，ドーベルマンピンシェル，ヨークシャテリアなどは肥満になりにくいことから（Messent 1980），肥満には遺伝的な因子が関与していると考えられている．ホルモン分泌異常による病的な肥満もイヌには多い．去勢または避妊されているイヌではタンパク質同化作用が低下し，肉体的活動が不活発になりやすく，脂肪形成が行われやすい（Edney and Smith 1986）．また，甲状腺機能低下症や副腎皮質機能亢進症は，イヌではけっこう発生の多い内分泌疾患だが，症状のひとつとして肥満をもたらすことが知られている．

以上本章では，イヌが祖先であるオオカミの摂食行動とそれに関する優れた感覚を引き継ぎながらも，一方で消化管の機能や構造は肉食動物ではなく，むしろ雑食動物であることをみてきた．ヒトとの長い暮らしによって，自分で獲物をみつける必要はなくなり，あるいは獲物をみつける能力は別の役割に置き換えられてしまったのである．つぎの章では，ヒトとの生活により，狩猟行動以外の行動がどう変化していったかを考察しよう．

第3章　群れの生活とイヌの行動

3.1 群れとリーダー

私たちがペットを飼育する際，ネコが好きな人たちもいれば，イヌや小鳥が好きな人たちもいる．また最近では，ハムスター，フェレット，アライグマなどの小哺乳類，あるいはトカゲやイグアナなどの爬虫類を含む外来性の動物，いわゆるエキゾチックアニマルを飼育したり，熱帯魚や昆虫類を飼育する人たちも増えている．そのようななかで，とくにイヌを選んで飼育している人たちにその理由を聞いてみると，「イヌはよくなつく」とか，「賢い．世話する飼主をよく覚えてくれる」などの答が返ってくることが多い．もちろんネコも賢いし，飼主によくなつくのだが，一般的にいってイヌのほうが，飼主に対してより従順で愛想をふりまくことが多い．これらイヌの性質と独特の行動はどこからくるものだろうか．飼主である人間に対し，あたかも自分と同じ仲間であるかのようにふるまい，また，あるときは家来のごとく従順に命令に従うときには，イヌがヒトの社会構造を理解しているようにみえる．すべての野生のイヌ属動物は，その程度の差こそあれ，いわゆる社会性狩猟者であり，イヌの祖先がオオカミであることを考えれば，イヌの社会性とそこから派生する行動を理解するためには，まず群れで暮らす野生イヌ属の社会構造と行動を理解しておく必要があるだろう．

野生イヌ属の社会

いろいろなイヌ属動物の社会構造を比較した研究によると，野生イヌ属の群れはその構成メンバーの数や結びつきの強さから，図3-1に示すような3つのグループに分かれる（Fox 1975）．

オオカミの社会については，ドイツの国立公園内につくられた大きな囲

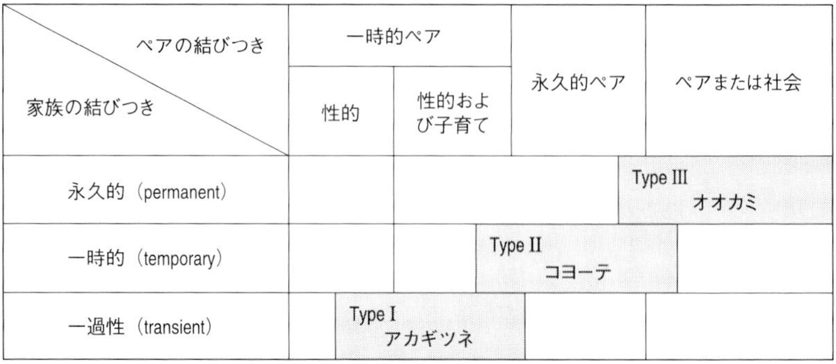

家族の結びつき ＼ ペアの結びつき	一時的ペア：性的	一時的ペア：性的および子育て	永久的ペア	ペアまたは社会
永久的（permanent）				Type III オオカミ
一時的（temporary）			Type II コヨーテ	
一過性（transient）		Type I アカギツネ		

図 3-1 野生イヌ属の社会構造の比較（Fox 1975）

い地のなかで飼育されるオオカミの群れの社会的な行動に関する長期観察（ツィーメン 1995），あるいは，北米における野生オオカミの生態観察（Mech 1970）などから，その詳細がかなり明らかになっている．ひとことでいえば，オオカミは強力な群れ社会を形成し，厳しい順位制度をもつ点に特徴がある．

オオカミの群れは拡大家族であり，基本的には雄と雌のペアとその子たち，および近縁の成獣から構成され，この群れのことは通常「パック」とよばれる．パックの大きさは生息密度や環境，食物の多少によっても左右されるが，数頭以上の成獣からなる通常のパックでは，厳しい社会的順位が形成される．食料が乏しいとパックは分裂し，単独行動をとる個体が出現する．パックの中心となる雄と雌はそれぞれアルファ雄とアルファ雌，また，第 2 位の地位にある雄はベータ雄とよばれている．社会的順位は同性の動物の間でのみ有効で，パックのなかでは雄と雌の序列がそれぞれ決定されている．この序列はパックのまとまりと統率を維持するのに機能しているが，下位の個体はその社会的位置関係を変えようという目的のために，上位の個体に対して争い，上位のものはその地位を維持するために，その争いに挑む．これが順位闘争であり，同性の序列のなかでのみ生じうる．真剣勝負の順位闘争に敗れたものは，たとえアルファ個体であっても，一転地位失落，一介の下位個体になったり，場合によってはほかのメンバーからよってたかって攻撃され，ついにはパックを離れることもある．それぞれのパックはテリトリー（なわばり）をもち，各メンバーはテリトリー内への侵入者を協力して追い払い，狩猟や子育てについても共同作業を行うことが認められている．これらの習性から判断して，オオカミは高度に社会化された野生動物であるといえよう．しかしながら，共同で大型の獲物を捕えるという狩猟の行動様式が，人間の狩猟者からライバル視されてしまったために殺戮の対象となり，現在野生のオオカミは世界中で減少の一途をたどっている（フォックス 1987）．

一方，コヨーテは北米において野生オオカミが衰退するのに伴い，その勢力を伸ばしている．その生息範囲は中米のグァテマラやメキシコから北はアラスカに至り，森林だけでなく平原や砂漠地帯にも生息できる．コヨーテの基本的な社会は雄と雌のペアで，絆がたいへん強く何年も一緒に暮らして，狩りをしたり子どもを育てている．オオカミと違ってコヨーテはからだが小さく（中米のコヨーテで 11 kg，アラスカのコヨーテで 18 kg），ウサギ，齧歯類，鳥など比較的小さい動物を獲物にしているので，集団で狩りをする必要性が少ない．このため群れの大きさも概して小さく，単独で行動しているところを観察されることも多い．さらにヒトと同様，ほかの哺乳類が食べるものならなんでも食べるたくましさを備えている（第2章参照）．もちろんシカなどの大型哺乳類を獲物にすることもあり，この場合には群れの大きさも大きくなるようであるが，家族以上の社会構造は知られておらず，また，繁殖シーズン以外はそのテリトリーを防御することもない（Gier 1975）．すなわち，オオカミに比べると，社会性は低い動物なのである．

北部アフリカから中東，東南アジアにかけて生息するゴールデンジャッカルも，基本的には家族群で生活し，雄と雌のペアとその子たちが群れの単位となる（Bekoff 1975）．イスラエルの自然保護区内における観察によると，ジャッカルのペアはそれぞれがテリトリーをもち，境界ではさかんにマーキングを行うものの，侵入者に対する防衛行動はそれほど強くなく，いくつかのペアが近接，またはある程度重複して生活をしている（Golani and Keller 1975）．ペアは長期間にわたり維持され，狩猟行動，獲物の分配，子育てにおいて協力しあう．シカなどの大型哺乳類がいる地域では，ペアや群れが協力して狩りを行うが，1頭で小型哺乳類や昆虫をとっていることも多く，地域による食料事情が群れの大きさや社会的行動を決定している（van Lawick-Goodall and van Lawick-Goodall 1971）．ジャッカルも社会性を備えた動物ではあるが，オオカミに比べるとそれはそれほど強くないのである．

イヌの社会

イヌでは品種による形態上のバリエーションが非常に大きいことを考慮すると，その社会性や行動においても，品種間の違いが大きいことが予想できる．また，バリエーションの大きさが野生イヌ属における種間の変動以上に大きいという可能性もありうる．さらに，イヌは家畜としてヒト社会のなかで生活し，しかもほとんど単独で飼育されていることが多いので，純粋な「イヌ社会」がどのようなものかを観察することは困難である．

野生に戻ったイヌと考えられるオーストラリアのディンゴは，オオカミと比べると社会性が低いようである．ほとんどのディンゴは単独で行動しているところを観察されており，雄と雌のペア，または3頭以上の集団で行動している頻度は少ない（Corbett and Newsome 1975）．雄と雌のペアは繁殖のための最小単位であって，集団で狩猟を行うことはまずない．もちろんこれは，集団で狩りを行うような大型の獲物がオーストラリアに存在しないことにも起因する．

わが国では近年，野イヌが何頭か集まって放浪生活している姿をあまりみかけなくなったが，ヒトの手から離れたイヌたちは集団で生活することがある．とくに郊外の広い場所で，食物となる獲物もある程度存在する環境の場合には，比較的大規模なイヌ集団ができあがる．このような集団は通常2頭から6頭規模で，支配階級（ボス）を有し，なわばりを主張する（Scott and Causey 1973; Nesbitt 1975; Boitani *et al.* 1995）．一方，都市部においては，通常は1頭だけか，ペア，まれに大規模な集団ができてもごく一時的なものであり，餌の供給，干渉するヒトの存在などが影響して，せいぜい2，3頭規模の小集団が維持されているだけである（Beck 1975; Berman and Dunbar 1983）．しかし，小規模な野イヌ集団でも，そのなかのメンバーにおける順位制度は存在し，群れのなわばりも主張されている（Beck 1973）．このような野イヌの社会性は，ペアで暮らすほかの野生のイヌ属動物よりも，むしろオオカミと類似している．

ところで，飼イヌはどうだろうか．ブリーダーやイヌ好きの人間のもとで集団で飼育されているイヌの場合，そのなかには明らかにボスと思われるイヌが存在し，同時に地位の低い個体――いじめられっ子を認めることもあり，社会的な序列が認められる．しかし普通，ヒト社会のなかで生活しているイヌでは，1頭かせいぜい数頭だけで飼育されている．この場合，飼イヌにとっては，飼主とその家族が群れのメンバーなのである．

3.2 支配と服従

イヌ属の社会を比較してみると，程度の差こそあれ，ペアかそれ以上の集団で生活するという社会構造が存在している（Fox 1975）．とくにオオカミでは社会性が高度に発達しており，激しい順位闘争の結果生じる厳格な順位づけがみられる．この順位づけは支配と服従というかたちで，それぞれの年齢，地位，性別に応じた特異的な行動を個体にもたらしている（ツィーメン 1995）．

複雑な社会制度を維持し，群れを正常に機能させるためには，おたがいの順位を確認するためのあいさつ的な行動，すなわちコミュニケーション行動が重要になる．社会性動物では，ある個体の行動が，意味をもった信号として別の個体に伝わり，受信者の行動を変化させることがしばしばみられる．社会制度が発達したオオカミでは，ジャッカルやコヨーテに比べると，その表現行動はより高度に発達しているが，それはその社会性の強さに関係しているのだ．

つぎに，よく研究されているオオカミのコミュニケーション行動をイヌの行動と比較しながらみていくことにしよう．

ボディーランゲージ

われわれヒトも一種の社会性動物なので，コミュニケーション行動を考えるときには，自分自身が他人に接するときにどのようにしているか考えてみればよい．たとえば，他人が怒っているのか，泣いているのか，あるいは喜んでいるのかを判断するときには，われわれは他人の姿勢や態度，あるいは顔の表情を目でみて読み取り，また，声の調子を耳で聞いて判断し，それに応じた反応を示すのである．イヌ属の動物の場合にも，同様の視覚と聴覚によるコミュニケーションが重要である．

もっともわかりやすいのは，視覚によるコミュニケーションであろう．オオカミの場合，群れのなかには厳格な順位づけが存在するが，優位あるいは劣位の個体はそれぞれの地位を示すために独特の姿勢，行動，表情，アイコンタクトなどで相手の視覚に訴える（ツィーメン 1995）．ヒトやサルを含む霊長類以外では，オオカミ（イヌ）においてもっとも身振りが発達していると考えられている．

通常の状態にあるオオカミの四肢はまっすぐで，尾はだらりと下がり，顔は無表情で，唇の緊張もない．ところが，社会的な争い，地位の誇示にあたっては，この基本的姿勢からのさまざまな変化がみられる．優位個体が劣位個体に対して発する「支配性」の信号は，もち上げられた頭と尾，ぴんと立った耳といった姿勢で示される．また，相手との視線を逸らすことはなく，さらにその表情は攻撃的な要素を含んだものとなる．これに対し，劣位の個体は「服従性」を示す．優位個体との地位の差が明確であれば，相手の軽い威嚇に対しても服従の姿勢，すなわち，へりくだり，腹をみせて横たわるなどの姿勢，態度をとる．服従の姿勢には，自ら積極的に示す能動的な服従と，相手の姿勢に反応して示す受動的な服従の 2 種類の服従が存在する（Schenkel 1967）．能動的服従は，つねに劣位のものから優位のものに対して示される行動で，後ろ脚を曲げ，尾は脚の間に挟んでその先だけを振っている．頭は低く保ち，耳を後ろに寝かせて，耳のつけ根を後方に引いている（図 3-2）．おとなしく，ひとなつっこいイヌが近づいてきて，われわれヒトにみせる姿勢と考えてよいだろう．能動的服従姿勢は予防的ななだめ効果を有しており，群れのなかでの個体の順位を安定させることに役立っている．無用な攻撃が発生するのを阻止するという機能もある．

一方，受動的服従とは，優位個体の大きな攻撃性が発生したときに，それに対して攻撃された側の劣位個体が示す服従の姿勢である．仰向けに転がって腹をみせ，脚を広げてじっとしている（図 3-3）．闘わずして無条件降伏といった姿勢であり，優位個体の攻撃性の緩和，致命傷の防止を図る機能がある．この姿勢を示された優位のオオカミは，それ以上の攻撃を

図 3-2 オオカミの能動的服従姿勢（ツィーメン 1995）

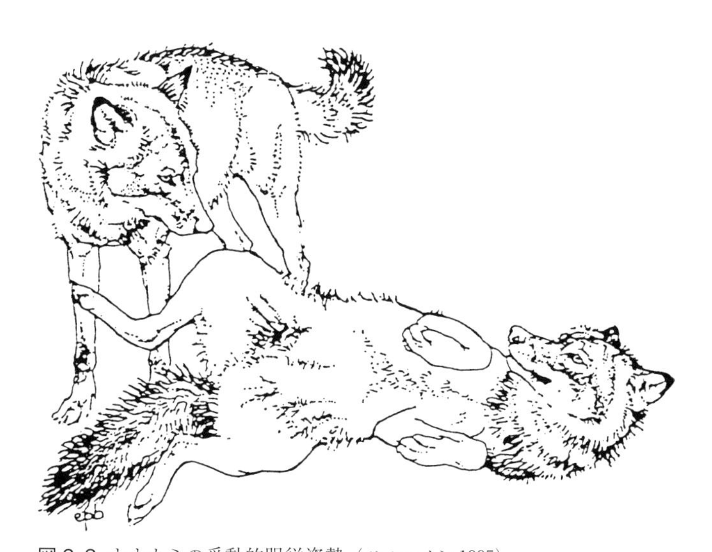

図 3-3 オオカミの受動的服従姿勢（ツィーメン 1995）

図 3-4 イヌの表情モデル——恐怖と攻撃
左から右にかけて恐怖心と攻撃性がしだいに高くなってゆく．(ローレンツ 1970 より改変)

仕かけることはまずない．新生子が母犬に腹を舐めてもらって，排泄刺激を受けるときの姿勢と共通している．

優位と劣位の個体の表情の基本となっているのは，攻撃性と恐怖心である．優位個体が示す「威嚇」の表情は，攻撃性の現れである．歯をむき出して，鼻梁にしわを寄せるのは，咬むかもしれないぞという警告となる．ローレンツが示したイヌの表情モデルには，恐怖心と攻撃性の組合せによって表情の変化が示されている（ローレンツ 1970）．恐怖心が高まるにつれて，耳は後方に寝かされ，一方，怒りが高まるにつれて口が開き，歯がむき出しになっていく（図 3-4）．オオカミの観察から，恐怖心が高まるにつれて攻撃的傾向はますます抑制されると考えられ，新しい顔の表情モデルが示された（ツィーメン 1995）．攻撃的な表情では，首の背面のしわと歯のむき出しの程度が大きくなる．一方，恐怖心が大きくなると，口が横向きに引かれて口元が長くなり，耳が下向きに引かれ後方に寝かされる．

異なる地位の 2 頭の間では，優位と劣位が支配と服従というかたちで存在する．地位の高い個体が攻撃の表情を示した場合，低位の個体は争いを避けるのが普通である．しかしながら，低位の個体が服従姿勢を示さずに，抵抗することもある．この場合，優位者は相手に対しほんとうに攻撃を加えていくことになるが，このとき劣位者に対して首を差し出すような姿勢をとることがある．この姿勢によって攻撃の道具である歯を背けることができ，劣位者の防衛気分が緩和され，闘争回避が期待される．ところが，さらに劣位個体が抵抗する場合には，支配者はすぐに激しく反応し，本格的な闘争が生じ，抑制のない咬みつきなどがみられることになる（ツィーメン 1995）．

一方，オオカミが友好的な気分を表現するとき，あるいはたいへん気分が高まって興奮しているときには尾が振られる．このとき，表情や姿勢などほかの要素はすべてリラックスしている（ツィーメン 1995）．この尾振り（tail-wagging）はイヌにもみられるが，イヌではより種々の感情と関連しているようである（Fox and Bekoff 1975）．緩やかで自由な動きは友好性を，尻全体を振る尾振りは服従を，また，下げた尾をぎこちなく振るのは不安や神経質な感情を表現している．もっとも，品種によっては育種改良の結果，耳のかたち，毛の長さ，尾のかたちなどが変形してしまったり，生後人間の都合で断尾・断耳されたりするものもあり，視覚的コミュニケーションとしての信号を送りにくくなっている場合もある（Bradshow and Nott 1995）．

イヌの会話

聴覚に訴える信号もある．オオカミの鳴き声には多くのバリエーションがあることが知られているが（ツィーメン 1995），イヌの場合にも，表3-1に示すようなさまざまな鳴き声で感情を表現している（Fox 1978）．

表 3-1 イヌの聴覚コミュニケーション――発する音と行動の関係（Fox 1978）

音	行動
吠え声（bark）	防御 あそび あいさつ ひとりで鳴く 注意を引く 警告
ブーブーとうなる声（grunt）	あいさつ
怒ったようなうなり声（groul）	防御的警告 脅し あそび
鼻をならす音， クンクンとなく音 （whimper/whine）	服従 防御 あいさつ 痛み 注意

イヌを飼ったことがある人たち，あるいは観察したことがある人たちなら，イヌの感情と声のピッチは相関していることに気づくだろう．低い声の場合は威嚇，怒りなど攻撃的な要素を含んでいるのに対し，高く短い吠え声は概して恐怖や苦痛を示す（フォーグル 1996a）．イヌの吠え声には，防衛，遊び，あいさつ，注意を引く，警戒など複数の意味があって，そのレパートリーも広い．オオカミをはじめとする野生イヌ属の場合には，イヌのような吠える声（ワンワン）は少なく，とくに連続した吠え声というものはまれである．イヌの吠え声の繰り返し頻度は興奮と緊張の度合いと相関している．ただし，幼若なオオカミはよく吠えるので，イヌが吠えるのは家畜化によるネオテニーのひとつではないかとも考えられている（Coppinger and Feinstein 1991）．

遠吠えはオオカミの特徴的な鳴き声のひとつであるが，群れのほかの仲間を呼び寄せる場合，あるいは群れすべてを狩りのために集合させるための機能を有する（Mech 1970）．イヌもときおり遠吠えをしているのを聞いたことがあるだろう．これはオオカミ同様にほかの仲間を求めて，あるいはほかのイヌが吠えているのに答えて吠えていることが多い（Bradshow and Nott 1995）．一種の通信手段のようなものである．また，イヌはなにか対象物（月）や音（救急車のサイレンや工場の終業サイレンなど）に反応して遠吠えする場合もあるが，その役割や意義は不明である．同じ遠吠えでもなにかしら悲しげな声色の遠吠えと，耳に心地よい遠吠えがあるのに気づくこともあるだろう．前者は苦痛や寂しさを表す遠吠え，後者は喜びを伝える遠吠えとみられている（フォックス 1994）．

ケミカルコミュニケーション

匂いを利用したコミュニケーションは，嗅覚の優れたイヌ属動物にとっては重要な手段である（Bradshow and Nott 1995）．視覚的な信号と異なり，匂い信号は長時間環境中に残るし，信号の発信者がそこに存在しなくても伝達できる．また，人工的に尾や耳を変形させられたイヌにとっては，視覚的コミュニケーション以上に重要である（Bradshow and Brown 1990）．

オオカミとイヌにもっともよくみられるのは，糞と尿を利用したマーキ

図 3-5 片足を上げてマーキングする雄イヌ（ノット 1997b）

ング行動である．散歩している途中のイヌ，とくに雄が片方の後肢を上げて，電信柱などにおしっこをかけているのをみたことがあるだろう（足上げ排尿 raised leg urination; RLU; 図 3-5）．このときのイヌはほんの少し尿をかけているだけであり，場合によっては尿が出ないこともある（排尿のふり raised leg display; RLD）．イヌは場所やものに自分の尿の匂いをつけることによって，地位となわばりを誇示しているが，この匂いは通常 1 カ月ほど持続するという（Bekoff 1980）．オオカミのパックでは，支配的な個体がより多くの RLU を行う．雌にも RLU がみられることがあるが，尿道の解剖学的な位置からすると，雄イヌほど脚を上げなくても自分にかかることはない．雌イヌの RLU は，なわばりの誇示だけでなく，後述するように発情を知らせるための役割をすることがある．発情期の雌の尿にはエストロゲンの代謝産物が含まれており，これがフェロモンのように雄をひきつける（Doty and Dunbar 1974）．

排尿後を観察していると，イヌが四肢で勢いよく土をかいて跳ね飛ばすことがある．これは尿の匂いを分散させる効果があるのと同時に，ひっかきマークを地面に残すことにより，ほかの個体に対して視覚に訴える意味もあるようだ（Bekoff 1979）．糞もまた，なわばりの誇示のために用いられる．

オオカミのパックでは，なわばりの境界付近に多くのマーキングが行われる（Peters and Mech 1975）．境界でのマーキングにより，近接するパックはなわばり領域内への侵入とその結果生じるであろう対決を避けることができる．また，単独生活のオオカミや小グループのオオカミも，なわばりをもつパックとの無用の衝突を避けることができる．

イヌの発する匂いは糞と尿だけではない．すべてのイヌ属動物には，肛門の周囲に肛門嚢という器官が存在する（Chibuzo 1979）．肛門嚢は左右それぞれ直径約 1 cm の袋状構造をした腺組織で，内壁の下の結合組織内にアポクリン腺および皮脂腺がある．それらの腺からの分泌物と脂肪性細胞などは，肛門嚢にたまって，細い導管を通じて外に排出される．イヌで

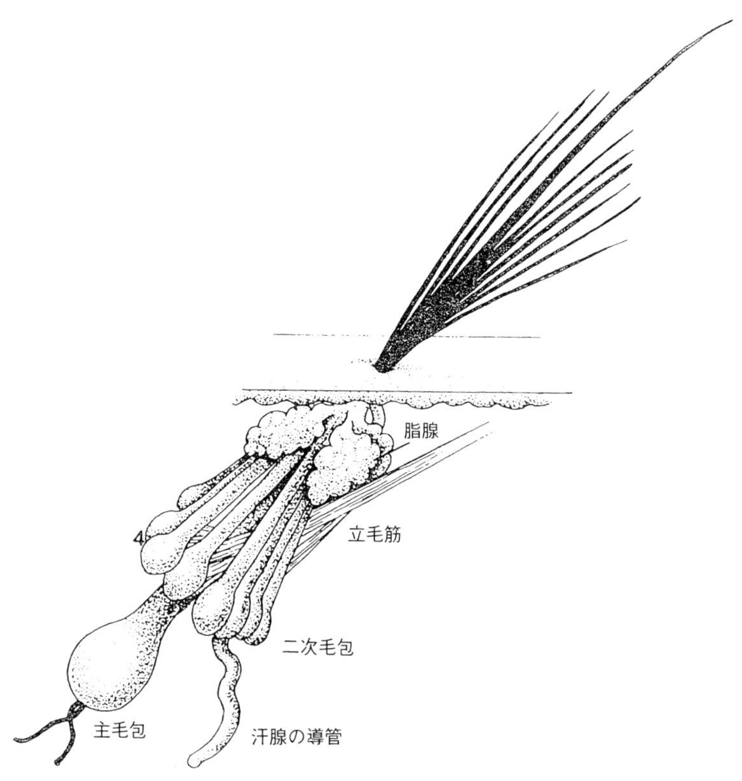

図 3-6 イヌの毛包の構造
汗腺と脂腺が付属している．（ディスほか 1998）

図 3-7 見知らぬイヌと肛門周囲の匂いを嗅ぎ合うイヌどうし（ノット 1997b）

は肛門嚢の導管が閉塞したり，または分泌が亢進することで，この肛門嚢からの分泌が滞り，肛門嚢炎を起こすことがよくあるが（Halnam 1974），肛門嚢の本来の機能は匂いつけである．イヌの集団あるいは個体により，肛門嚢分泌物の化学的な組成が異なることが明らかとなっている．肛門嚢の匂いは，自分の属するグループや性別または遺伝的な違いを評価するのに有効なのである（Natynczuk *et al.* 1989）．

これとは別に皮膚には脂腺も存在し，脂肪質の分泌物と水溶性の分泌物を分泌している（図 3-6; ディスほか 1998）．とくにアポクリン腺からの水溶性分泌物は，社会的な意味をもつ匂い物質と考えられている．アポクリン腺は頭と肛門周囲に集中している．見知らぬイヌどうしが出会ったときに，おたがいの匂いを嗅ぎ合う，とくにお尻の周りの匂いを嗅ぎ合うことがよくある（図 3-7）．この場合，匂いがイヌどうしのコミュニケーションに重要な役割を果たしているのである（Fox 1971）．もっともオオカミでは，たがいに匂いを嗅ぎ合うのは比較的地位が高い個体どうしであって，地位が低く服従的なオオカミは，相手が肛門周囲を嗅げないように尾を巻き込んでしまう（Mech 1970）．

イヌやオオカミは，われわれには腐敗したゴミのいやな匂いとしか思えないような悪臭を放つものにからだをこすりつけて，楽しそうにごろごろすることがある．この意味はよくわかっていないが，腐敗した肉などの不快臭をからだになすりつけることで，ほかのメンバーに食物があることを知らせるのではないかと考えられている（ツィーメン 1995）．

これらのほかに直接的な接触による意思の伝達，すなわち触覚によるコミュニケーションも存在する．跳びかかり，押さえつけ，襲撃・咬みつきなどは直接的な接触による攻撃的行動であるし，友好的な接触として毛皮を舐め合う，または傷口を舐めたりする場合もある．

遊び行動

オオカミやイヌの行動のなかには明確な機能をもたない，いわゆる「遊び行動」といわれるものがある（Bekoff 1972）．遊び行動には，攻撃行動，性的行動，追跡・狩猟行動などにみられるパターンが変形して含まれることが多い（ツィーメン 1995）．また，余計で突発的な動き，からだや頭を振る，ジグザグ跳躍，ピョンピョン跳びながらの前進などが特徴的である（ノット 1997b）．表現要素は真剣勝負と同様であるが，歯がむき出しになったり，威嚇的な声が発せられたりすることはなく，また追いかけたり，追いかけられたり，あるいは役割の交替が行われる．よくヒトに馴れたイヌがうれしそうに前軀を伏せて，尻をあげ，尾を激しく振って飼い主に吠えていることがよくある（図 3-8 上）．あるいは片方の前脚をあげて，「おいでおいで」している動作をみたことがあるかもしれない（図 3-8 下）．これらは遊びを誘うための姿勢といわれている（ノット 1997b）．

子イヌにとって遊び行動は，遊びを通じて社会的コミュニケーションの発達を促すという意義がある．たとえば闘争の真似事のなかで，たがいに咬んだり咬まれたりを通じて，自分と相手の痛みの程度を知り，その許容範囲を学んでいるのである（Serpell and Jagoe 1995）．

成獣の遊び行動では，純粋に楽しみのための遊びという要素が大きいが，群れのなかで生活している場合には，微妙な社会的意図を含んでいる，すなわちかけひき的な要素が含まれる場合もある（ノット 1997b）．攻撃の相手を探したり，自分の社会的地位を向上させる目的で遊びを誘いかけることがあり，これは将来的にほんとうの攻撃行動に移行する場合がある．

オオカミの場合，安定した地位関係にある 2 個体では頻繁で友好的な接触，遊び行動が特徴的である．劣位の個体は軽い威嚇に対しても自発的に

図 3-8 遊びを誘うイヌ
遊びたい気持ちを表すときには，お尻を高く上げたまま胸部を低くし，お辞儀をするような姿勢をとり，しっぽは激しく振られる（上），または，前脚をもち上げ，「おいでおいで」するような動作をする（下）．（ノット 1997b）

服従姿勢を示すので，たとえ攻撃が行われた場合にも，無害な結果に終わることが多い．しかし，ときには地位の高い個体が劣位個体を抑圧しようと試みることがある．この場合，優位個体はまず遊び行動のなかで誇示，跳びかかり，威嚇，押さえつけなどの攻撃的行動を示す．通常は劣位のものがへりくだり，距離をとったり逃げたりすることで闘争が避けられている．しかし，なんらかの理由で逃げることができないと，劣位個体に対する抑制のない本格的な攻撃が加えられる．逆に地位の低い個体が自由範囲を拡大しようと試みる場合にも，まず遊びがきっかけとなる．遊び行動のなかで優位個体に強く咬みつくことが優位者への挑戦であり，これに対して優位者がきっぱりと抵抗しないと，真剣勝負が始まることになる．真剣勝負が行われるときに，群れのほかのメンバーがどちらかに加勢することがあり，この場合，負けたほうはいじめられ役となって，群れを去ることもある（ツィーメン 1995）．

群れのなかのイヌの行動

厳格な順位づけが行われるオオカミのパックにおいては，2 個体の社会的地位関係が両者の行動パターンとその頻度を決定する（ツィーメン 1995）．たとえば，攻撃的な威嚇はあらゆる攻撃的行動の 29% を占めるが，第 2 雄であるベータ雄は，もっとも頻繁に他個体を威嚇する．ベータ雄は自分の怒りの半分をアルファ雄に，また，残りを下位の雄オオカミに向けている．アルファ雄も下位の雄に対して威嚇するが，雌に対しては攻撃の矛先を向けない．アルファ雌も，同性である雌の下位個体に対してのみ威嚇を示すのである．一方，能動的服従行動の大部分（約 40%）はアルファ雄に向けられている．それよりはるかに少ない頻度で，ベータ雄とアルファ雌が服従行動を受けている．若オオカミは子オオカミ以外から能動的服従姿勢を受けることはなく，もっぱら上からの威嚇を受けて，服従姿勢をとるばかりである（図 3-9）．

集団で飼育されているイヌ，あるいは個別にヒトに飼育されているイヌを観察すると，上述したようなオオカミの行動と似通っているところが多分にあることに気がつく．群れのなかにおける行動にも，オオカミと類似したところがみられるはずである．もちろんイヌの品種による行動のバリ

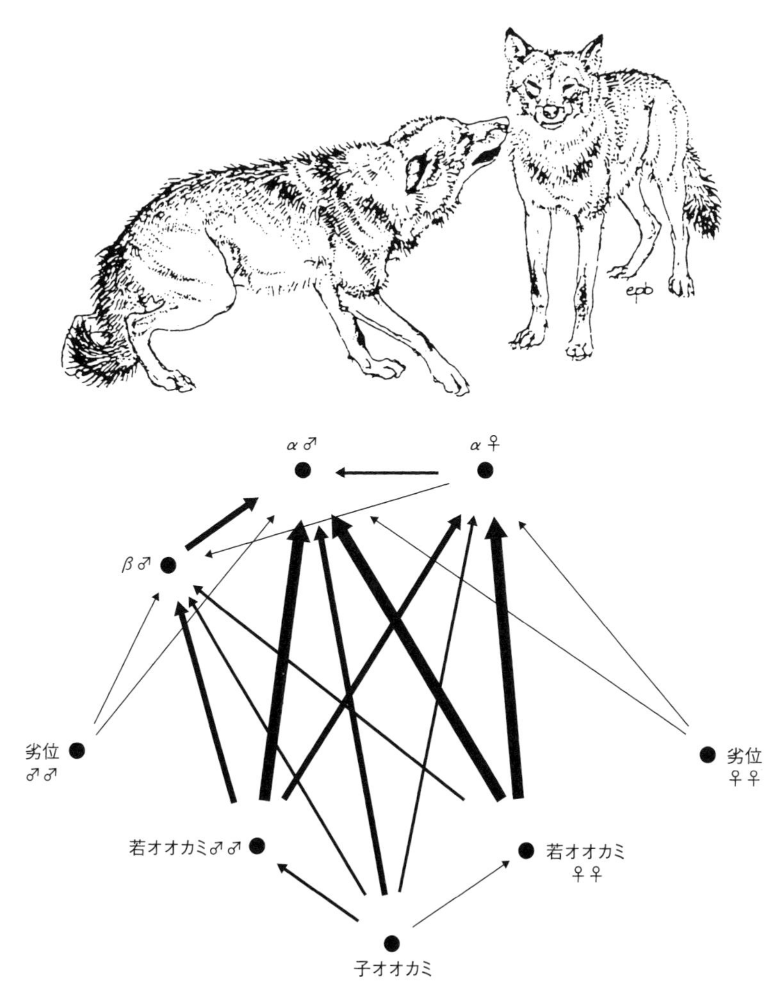

図 3-9 オオカミの社会的地位関係と行動パターン
どの地位にいる個体がだれに対してどれだけ能動的な服従姿勢を示したかを方向と太さのベクトルで表している．（ツィーメン 1995）

エーションは大きく，順位づけの厳格さの違いというものは品種によって異なるし，どういう基準を重視するかも品種により違ってくる．たとえば，シェトランドシープドッグはなわばりに関して強い支配性を示すのに対し，バセンジーは食物に関して支配構造をもつという観察結果がある（Scott and Fuller 1965）．

飼イヌが野生のオオカミと根本的に異なるところは，飼イヌにとっては飼主とその家族が群れであることだ．イヌは群れのメンバーの一員であり，重要な関心ごとは，イヌ自身がヒトの群れのなかでどのような地位にあるかということである．もちろん後に述べるように，イヌがヒト社会に適応するためには，その発達段階でヒトとの接触を経験することがたいへん重要なことになってくるのだが，いったんヒトの群れに組み込まれたイヌは，支配と服従の関係を自ら探し出す．ヒトが発するコミュニケーション行動，あるいはなにげない飼主の行動から，イヌは勝手に自分の順位づけをしてしまうのである（Scott and Fuller 1965）．

子どものいる家庭でイヌを1頭飼育する場合，世話をするのはお母さん，散歩させたり遊んだりするのは子どもたち，お父さんは忙しくてたまに散歩に連れ出すくらいということが，一般的なイヌの飼育パターンとして日本ではよくある．このようなイヌをお母さんや子どもが散歩に連れ出して歩いても，散歩の主導権はイヌに握られており，あっちへふらふら，こっちへふらふらでまっすぐに歩けない．ところが，たまの休日にお父さんが散歩に出かけて，イヌをじょうずにリードすることがよくある．これは日ごろの家族関係，父母と子ども，夫婦間のなにげない支配と服従の行動をしっかり飼イヌに観察され，お父さんが群れのボス，自分はそのつぎくらいという飼イヌの勝手な順位づけに利用されているからであろう．飼主にはイヌの地位のことなんか頭の片隅にもないが，イヌにとってはたいへん重要なことがらなのである．

オオカミではそのパックにおける社会的順位によって行動パターンが決定されたように，イヌでも家庭における順位が，そのイヌの行動や性格，すなわち支配性と従属性，攻撃性などに関連してくると考えられる．

3.3 繁殖生理と性行動

オオカミの社会的行動には季節的変動があることが観察されている．冬には攻撃的行動が強くなり，逆に夏には弱くなる．これらの季節変動は繁殖のサイクルと関連しているようであり，とくに交尾期前のアルファ雌の攻撃性は最高潮に高まっているが，交尾期が終了すると目にみえて友好的になる（ツィーメン 1995）．通常，オオカミは2歳で性成熟を迎え，冬に発情する．性周期と関連した内因的なものに起因する衝動が，冬の攻撃性の高まりに関与している．オオカミの発情期は約2週間で，1日に何回かの交尾を行って妊娠し，その期間は約61-63日である．

家畜化されたイヌの場合，オオカミに比べると性成熟が早いことと発情が年2回ありうること，一般に季節繁殖ではないことが特徴的である（星・山内 1990）．雌の初回発情はイヌの品種によって6.3カ月から23カ月と幅があり，その平均値は9.6カ月から13.9カ月である（ジョンストン 1993）．平均的な雌の発情間隔は7カ月であるが（Feldman and Nelson 1987），ジャーマンシェパードやロットワイラーでは4カ月ごと，バセンジーではオオカミと同様，1年に1回の季節繁殖を示し（Barton 1987），ここにも大きな品種差がみられる．イタリアにおける野イヌの観察では，雌の発情が年に1回ないし2回あったことが観察されている（Boitani *et al.* 1995）．雄の場合，イヌでは年間を通じて繁殖が可能であるが，オオカミの精子は季節的にしか産生されない（Fox 1978）．

発情と性行動

ここでイヌの発情の生理と性行動をまとめておこう．

イヌは，1繁殖期ごとに1回の発情・排卵を発現する単発情動物である．雌にはほかの哺乳類と同様に発情周期が観察され，発情前期，発情期，発情休止期，無発情期の4期に分けられている（図3-10; Concannon 1986）．発情前期には卵巣から分泌されるエストロゲン分泌のピークがみられ，非発情期から発情期に移行する時期で，陰部の明らかな腫大と陰門部から血様粘液（発情出血）が漏出することにより始まり，雄を許容し始めるまでの期間と定義されている（星・山内 1990）．この期間，雌イヌの生殖器道

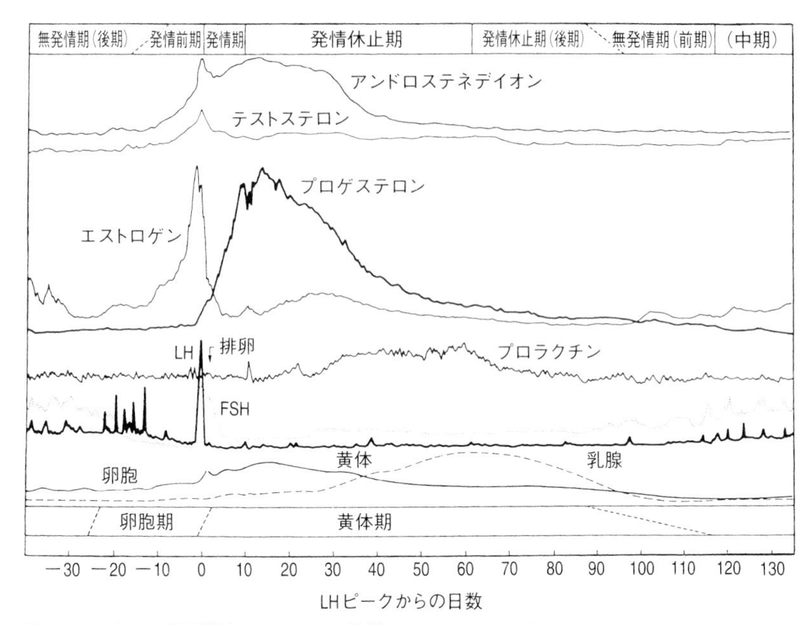

図 3-10 イヌの性周期とホルモンの動態（Concannon 1986）

はエストロゲンの増加に鋭敏に反応して，子宮内膜の血管系が著しく増殖発達し，血液の漏出が起こるために発情出血がみられる．発情出血の持続は 4-37 日間，平均 8.1 日である（筒井 1995）．膣からはエストロゲンの代謝産物と考えられる物質が排出され，フェロモンのように嗅覚を介して雄をひきつけている（Kruse and Howard 1983）．発情前期の雌は落ち着きがなく活発になり，しきりに排尿して歩く．周囲の雄イヌは匂いに誘われて雌に求婚するが，通常は雌の攻撃的な拒否行動により交尾ができない．

雄イヌの交尾行動を許容する時点から発情期が開始するとみなされ，これは通常 5 日から 20 日（平均 10.1 日）持続する（筒井 1995）．まず雄と雌はたがいに匂いを嗅ぎ合ったり，じゃれついたりするが，雄イヌは雌の会陰部を調べ，その後マウンティングして陰茎を膣内に挿入しようとする．その間，発情期の雌はじっとして動かず（スタンディング），また，雄を受け入れやすいように尾をもち上げたり横にずらしたりする（フラッギング; 筒井 1995）．

雄イヌの陰茎の亀頭はほかの家畜と比べると長く，その基部には亀頭球

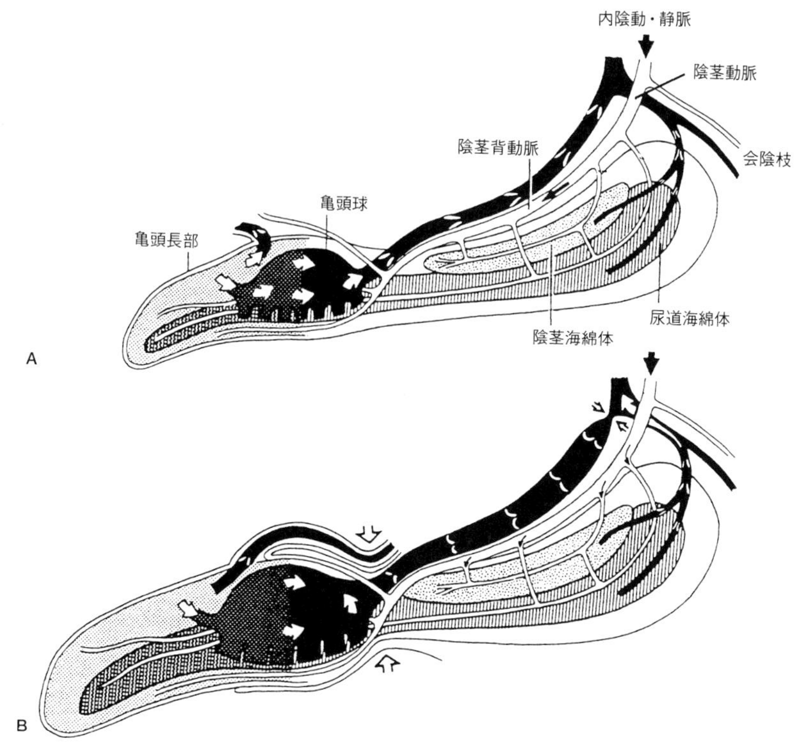

図 3-11 雄イヌの陰茎の平常時（A）と勃起時（B）における血流模式図（ディスほか 1998）

とよばれる輪状に太った部分がある（図 3-11; ディスほか 1998）．陰茎は著しく膨張する前に膣内に挿入され，1 分以内に尿道粘液腺から分泌される透明な液体を射出する．この液体には精子が含まれず，その後，10 秒から 20 秒の間隔をおいて精子を含んだ白色粘性液が 50 秒から 90 秒射出される．さらにその後，前立腺分泌物が 3 分から 35 分かけて分泌される（及川 1969）．挿入後の陰茎は，膨張した亀頭球のために容易には抜けなくなっている．射精した後にも数分から数十分の間，雄と雌は交尾した状態のままということになる．雄は雌の背からいったん降りてくるりと向き直り，尻どうしをくっつけたままの姿勢で，しばらくの間つながっていることがよくみられる．このとき雄の陰茎体は外側後方に曲がっている．一般に雄の繁殖供用開始は生後10カ月から12カ月であり，このころには成熟した精子が形成される（筒井1995）.

雌のからだのなかでは，発情期が開始されてもすぐに排卵が起こるわけではない．発情期開始から48時間前後より卵巣からの排卵が始まり，72時間後に終了する（筒井1995）．このとき血中では，排卵に先立ち黄体形成ホルモン（LH）の一過性のピークが観察される（図3-10; Concannon 1986）．LHは脳の下垂体から分泌され，排卵を誘発するばかりではなく，卵巣からのエストロゲンなどの分泌を促進するホルモンである．じつは，無発情期の後半からLHは何回か小さなピークを示しながら分泌されており，このことが発情前期にみられるエストロゲン濃度の上昇につながっている（稲葉1998）.

イヌの排卵に特徴的なのは，卵子が第一減数分裂中期の第一卵母細胞の段階で卵巣を出ることで，この時点では卵子の受精能がない（Wildt *et al.* 1978）．卵子は排卵後24–48時間で卵管中部，72–192時間で卵管下部にまで移動するが，卵管内で減数分裂が継続している．第二卵母細胞となって卵子に受精能が獲得されたときには，排卵後約60時間が経過している．その後48時間（排卵後108時間）までは，卵子の受精能が保持されている（筒井1995）．一方，精子の受精能は比較的長く，子宮内で1週間以上は生存する（Holst and Phemister 1974）．したがって，発情期開始後すぐ，排卵前に交尾した場合でも，その精子は十分卵子にたどりつくチャンスがあることになる．卵子の受精能獲得が発情期開始後にあり，精子の受精能が長いということは，ある雄の精子がその雌の卵子と受精する前に，別の雄の精子が進入して受精することもありうるのである（同期複妊娠; 筒井1995）．受精した卵子は，桑実胚となって子宮角内に進入し着床する（筒井1995）．イヌの排卵数は2–10個であるが，胚どうしは着床に先立ち，1カ所に固まらないように適当な間隔をとって分布する（筒井1995）．着床した胚は子宮内で成長を続け，いわゆる妊娠状態となるが，着床前の初期発生に対して，この時期を後期発生ともいう（Shille 1989）.

発情出血が終わり，雄を許容しなくなってからの約2カ月間を発情休止期という（星・山内1990）．卵巣では排卵後に黄体が形成され，プロゲステロンが産生される．黄体機能は排卵後15日から25日をピークに，その後徐々に退行する（筒井 1995）．妊娠を維持するためのホルモン，プロゲステロンは子宮腺の発育，子宮乳の分泌，子宮内膜の発達，胎盤の付着，子宮の動きの抑制などに役立っている．血中のプロゲステロン値は，すでに排卵時から上昇を始めており，妊娠中は高い値を維持しているが，妊娠末期には漸減し，分娩直前に急激に減少する．

イヌの場合，たとえ妊娠していなくても，実際の妊娠時と同じくらい長期にわたり，高濃度のプロゲステロンが分泌されるのが特徴で，これにより乳が張ってきたり，巣づくりを行ったり，あたかも妊娠しているかのような生理状態や行動がみられることがあり，これは偽妊娠とよばれている（星・山内 1990）．

出産と子育て

分娩間近になると，雌イヌは落ち着きがなくなり，巣づくりの準備を始める．出産場所を探して，暗い隔離された場所を求めたり，紙を破くような行動がみられる（ノット 1997b）．さらに，分娩が迫ると食欲減退，頻尿がみられ，子宮頸管が完全に開く時期には呼吸促迫，震え，嘔吐，頻尿などが伴い，6–12 時間持続する．続いて胎子が骨盤腔に入ることで，オキシトシンが放出され，子宮筋の収縮が増強されて，リズミカルな腹部の収縮が生じ，子イヌが娩出される（Shille 1989）．子イヌが生まれると母イヌは胎膜を破り，臍帯を咬み切り，また，舐めることによって子イヌの呼吸を促す（ノット 1997b）．

イヌのお産は一般に軽いと考えられており，日本では安産のお守りにもなっている．しかしながら，これは昔から日本で飼われていたイヌについていえることであって，ヒトの手で改良を加えられたイヌのなかには，高率に難産を生じる品種も知られている（Gaudet 1985）．たとえば，ブルドッグをはじめとする短頭種では胎子の頭や肩が大きく，母体の骨盤が小さいので，難産を起こしやすい．また，小型犬種では子宮収縮が弱い，すなわち原発性子宮無力症のものが多いことが報告されている（Bennett 1980）．このような場合には，帝王切開により胎子を娩出させることがたびたびである．

分娩後，あるいは妊娠後期終了後には，約 3 カ月間の無発情期がみられる（図3-10）．無発情期の後期には，再び徐々にエストロゲン濃度が増加し，視床下部からの性腺刺激ホルモン放出ホルモン（GnRH）のパルス状の分泌を促進すると同時に，下垂体のGnRHに対する反応性も増加する（Tani *et al.* 1996; 稲葉 1998）．これによって，下垂体からのGnRH分泌量が増加し，FSH（卵胞刺激ホルモン）やLHは卵巣からのエストロゲンやプロゲステロン分泌を増加させ，子宮のホルモン感受性を高めることによって，発情が回帰するに至る（Concannon 1986）．

オオカミの場合，パックのなかで繁殖に直接参加できる，つまり自分の遺伝物質をつぎの世代に伝える可能性のあるのは地位が高い個体だけであり，下位のメンバーたちには直接子孫を設けることが許されていない（ツィーメン 1995）．ジャッカルとコヨーテの場合でも，ペアの雄や群れのメンバー（年長の子どもたち）が子育てに協力することが多い（Fox 1975）．包括適応度という考え方があるが，たとえ自分の遺伝子を直接次世代に伝えることができなくても，血縁関係のある子ども（野生イヌ属の場合，多くは弟や妹）の保育に参加することで，その個体の遺伝子を間接的に繁殖させることが可能であり，意味があることなのである（ドーキンス 1991）．飼イヌの場合には，ほかの個体が協力する機会はまれだが，飼主が十分な餌を母イヌに与えることになるので，母と子は食餌を保証されている．母イヌは出産後5日程度，毎日10時間は授乳しているが，子イヌの成長とともに巣を離れて暮らす時間が長くなる（Grant 1987）．約8週間で離乳は完了する．

3.4 個体の行動の発達

新生子の行動

イヌの行動の発達についてはかなり以前から研究されており，通常，図3-12に示すように，新生子期，移行期，社会化期，若年期の4つの時期に分類されている（Scott *et al.* 1974; ノット 1997a）．

新生子期は誕生から約2週間までで，母イヌに完全に依存して生きている時期である．触覚，味あるいは嗅覚については多少の感受性があるもの

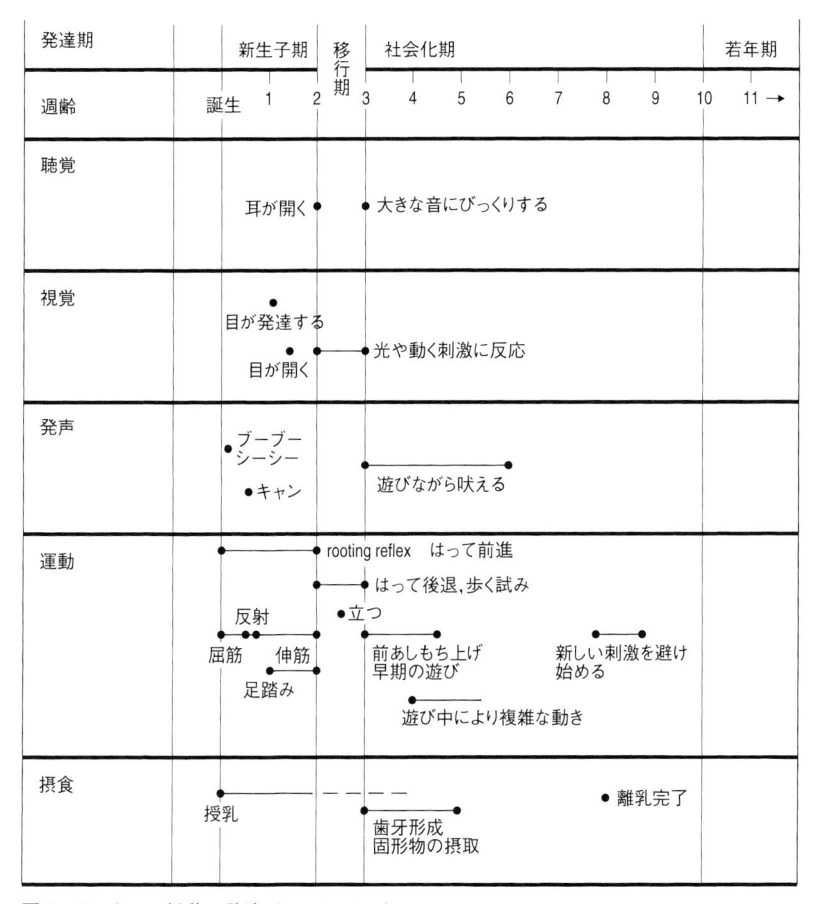

図 3-12 イヌの行動の発達（ノット 1997a）

の，運動能力は不完全であり，乳を飲むための行動，すなわち乳を求めるために鼻で嗅ぎ回ったり，はうように移動したり，実際に乳を飲んだりのためにほとんどの活動を費やし，残りは眠ってばかりいる（Serpell and Jagoe 1995）．この時期の子イヌに触ったところで，ほとんどなにもわかっていないのではないかと思えるが，新生子期にイヌに触れてやることで，そのイヌの行動あるいは身体の発達が促進されるという報告がある．これはおそらく，神経系の発達を刺激することにより，ストレス対処性や情緒の安定が図られるためであろう（Fox 1978）．学習能力の向上を狙って，新生子期に積極的・計画的に触れるようにしているブリーダーもある．

つぎの移行期は，母イヌに完全に依存した状態から多少独立した状態へと変化する時期であり，感覚器官の急激な発達が特徴的である（Serpell and Jagoe 1995）．生後13日ごろから目が開き始め，約18-20日ごろには耳管が開き，音に対して初めて反応するようになるまでの時期であるともいえる．運動能力も発達し，はって前や後に進むことができるようになり，さらに立ち上がろうとしたり歩行しようと試みる．また，移動能力の発達とあいまって，排泄を巣の外で行えるようになる．固形物に興味をもち，同腹の子どもらと遊べるようになる．社会的な行動の萌芽として，唸ったり，尾を振る動作がみられるようにもなる（Scott and Fuller 1965; Fox 1971）．オオカミでもイヌでも，この時期にヒトが触れてやることにより，後でヒトに馴れやすくなるということが報告されている（Fox 1971; Zimen 1987）．

社会への適応

移行期に発達を開始した感覚器官，運動能力，社会的適応能力は，つぎの社会化期にはいっそうの発達をみるが，この時期には将来イヌとして必要な多くのことを学ぶ（Serpell and Jagoe 1995）．通常，社会化期は生後3週齢から10週齢ごろまでと考えられており，神経機能の完成，すなわち脊髄の成熟と髄鞘形成が行われる時期でもある（ノット 1997a）．周囲環境からの情報を認識し，それに反応するだけの感覚器および運動機能の十分な発達が認められる．好奇心が旺盛で，新しい刺激や動く物体に進んで近づいてゆくようになる．子イヌは試行錯誤しながら周囲の環境について学習し，子イヌどうし，母イヌまたはヒトとの交流を開始し，社会的な遊びを通じて環境に適合してゆく．この時期のわずかな経験であっても，後のイヌの行動にとって長期的な影響を与えうることが知られている．社会化期は別名「感受性期（sensitive period）」ともよばれている（Bateson 1981; Immeleman and Suomi 1981）．

子イヌを生後14週目までヒトから隔離して育て，その間いろいろな時期に1週間だけヒトと接触させた実験がある．その結果，生後5週目から9週目，とくに7週目におけるヒトとの接触により，そのイヌは後に非常に訓練しやすくなることが確認されており，この時期が基本的な社会関係の形成にとってきわめて重要な期間であることが実証された（Freedman *et al.* 1961）．逆に生後4-12週の間にヒトと接触させないで育てた子イヌは，ヒトとの接触を避けたり恐れるようになることがある（Scott and Fuller 1965）．オオカミの子は生後2週目までに母親から離して，ヒトとの接触をもたなければ社会化は無理ということから（Zimen 1987），イヌではより周りの環境に適応しやすい性質が家畜化によって定着しているといえるだろう．

イヌをヒト社会に馴らすためには，どれだけの時間接触が必要なのであろうか．先にも述べたように，この時期にはわずかな経験でもイヌにとっては長期的な影響を及ぼすことから，1日中べったり子イヌと遊んでやる必要はない．週に5分間だけ（Wolfle 1990），あるいは週に2回20分ずつヒトと接触をもつことにより（Fuller 1967），子イヌはヒトに対する社会化が可能なのである．もっともこれは実験室内での結果であって，できるだけ多くの時間を子イヌと一緒に過ごすことが，より効果的な社会化につながるとする意見もある（Serpell and Jagoe 1995）．

社会化期の経験により，イヌはその個体の社会的パートナーを決定し，属すべき種を決定する．一腹の同年代の子ネコのなかで育てられた子イヌでは，ネコの社会行動が身につき，イヌとの交流を避けるようになったことが観察されている（Fox 1969）．同様にほかのイヌと隔離されて，あまりにもヒトにだけ社会化されてしまうと，ほかのイヌに対して恐れを抱いたり，攻撃的になることも知られている．生後3日目に母イヌから離された子イヌは，その後5, 8, 12週齢においてほかのイヌに攻撃性を示したが，通常の離乳時期である8週まで同腹子と一緒に過ごしたイヌは，仲間と遊ぶことを好んだという（Fox and Stelzner 1966）．子イヌは仲間と交わるなかで社会性を学ぶとともに，支配性を身につけてゆく．社会化期の初期，生後3, 4週齢には，すでに同腹子の間で順位の基礎ができあがっており，支配的な咬む，蹴る，前脚をのせるという行動が観察されている（Scott and Fuller 1965; Fox 1972）．しかし，同腹子の間にみられる順位づけは固まったものではなく，トップから最下位までの間を動きうるものであるらしい（Serpell and Jagoe 1995）．

この時期は周囲の複雑な環境を学ぶ，あるいは学習を通じて頭脳を鍛えるための重要な時期でもある（Serpell and Jagoe 1995）．非常に制限された環境，つまり刺激の少ない環境で育てられた子イヌは，大きくなっても新しい環境に対していつまでも探究心が旺盛で注意力に欠け，有害物質に対しても接近してしまうこと，また，単純迷路解決能力が低いことが知られている（Thomson and Heron 1954）．さらに，いっそう制限された環境で育てられた子イヌの場合には，社会的接触度の減少と極端な活動性の上昇が認められることが実験により確かめられている（Fuller 1964）．

社会化期を終了し，性的に成熟するまでの期間は若年期とよばれる（Serpell and Jagoe 1995）．基本的な行動パターンはすでにできあがっており，筋肉の発達と反復（練習）により運動能力は成長する．また，行動の意味も理解することができ，状況に応じた適切な行動がとれるようになる（ノット 1997a）．発達の度合いは緩やかになるが，いきあたりばったりの行動や過剰行動は減少し，警戒することを覚える．がまんや間をおくといった行動がとれるようになるのもこの時期からである（Serpell and Jagoe 1995）．野生動物に比べると，家畜化されたイヌでは恐怖とストレスに対する耐性が欠如しており，幼獣の性格と行動が成獣にまで延長されていることが多い（Hemmer 1990）．

イヌの学習

イヌの社会制度を維持するために必要なコミュニケーション行動の大半は生得的なものと考えられている．

たとえば，子オオカミの金きり声や親の発する警戒音に対して，子どもらは逃走反応を示すことから，これは生得的に理解されているものと考えられる（ツィーメン 1995）．学ぶことなしに，生まれつき理解可能な信号もある．

一方，鳴き声によるコミュニケーションには，普通その意味を正しく理解するための学習過程が必要である．オオカミの親や年長の動物は，子どもたちに対して非常に寛大であり，子オオカミが年長オオカミにしつこくつきまとったり，奇襲してきても，せいぜい威嚇信号を送るだけで，けっしてその後の罰を与えることはしない．したがって，子オオカミは年長者からほとんどなにも意味を学ばないという（ツィーメン 1995）．彼らは子どもどうしの遊びのなかで，痛みを伴った咬みつきをとおして，初めて社会的信号の意味を知るのである．

学習には，古典的な条件づけと道具的条件づけ（オペラント条件づけ）がある．前者は反射的なものであり，後者は報酬を求めての行動である．イヌの学習は多くの場合，古典的な条件づけの範疇に含まれる（オファレル 1997）．典型的な例としては，高校生物の教科書にも登場することが多い「パブロフのイヌ」があげられるだろう．この場合，ベルの音と食欲が結びついて条件づけがなされている．子イヌが本能的に巣から離れて排尿排便を行う時期（生後3週目ごろ）から，基本的なしつけが可能になり，生後8週目では決まった場所に排尿排便ができるようになるのも，古典的条件づけによる学習である．

一方，道具的学習には，反射を条件づけるために報酬という道具が用いられる．子イヌは，社会化期の初期からすでに道具的学習を獲得可能である．イヌへの報酬としてはお菓子やほめ言葉が与えられるが，いずれもイヌに本能的ではない行動を教え，訓練する際に利用されている．また，ヒトからとくになにかが与えられなくても，イヌ自身がおもしろいと感じたり，充足感，満足感などの快感が得られた場合には，それが報酬となって条件づけが行われることになる．たとえば，車窓から眺める景色が非常に魅力的であるという理由から，自動車に乗るのが大好きなイヌもいる．

通常，学習は若い個体ほどその効率がよいことが知られている．これはヒトでも同じである．しかしながら，ストレスなどのある条件下においては，成犬でも新しい学習が効率よくなされるという．ストレス時に分泌されるノルアドレナリンが神経の感受性を促進し，新しい学習を可能にするのではないかと考えられている（Bateson 1983）．手に負えないようなイヌが手術や病気のために入院したのがきっかけで，ヒトによく馴れるようになるという話はよく耳にする．

イヌは考えるか

われわれが小さいときから聞いたり読んだりしてきた物語，あるいはテレビや映画のなかに登場してくるイヌは，たいていの場合，擬人化されて描かれ，また，かなりの知的能力をもっており，自分で考えて判断し，適切な行動によって主人公の窮地を救ってくれる．はたして現実のイヌも，ほんとうに考えて行動しているのだろうか．

実際にイヌを飼ったことのあるヒトなら，おそらくイヌの高度な知的能力，たとえば行動によって飼主を操る能力，象徴的行動（遊びたいときにボールを飼主に示す），模倣行動，世話行動などに気がつくことだろう．これらの能力を根拠にして，イヌには理解力や推察力，意識的で知的な行動を行う能力が備わっているとする考え方がある（フォックス 1994）．

しかし，厳密にいえば，これらの現象はイヌが考えているかどうかの証拠とはならない．イヌの行動はわれわれと同様，恐れ，飢え，ほめられたい欲求などにもとづくことが多く，非常に人間的な特徴をもっている．また，道具的条件づけによく反応し，学習する能力がほかの動物に比べると非常に高い．このためイヌが学習している場面に遭遇せずに，よく訓練された（学習された）結果の部分だけに目をやると，いかにもそのイヌが自分で考えて行動しているように誤解しがちであることに注意する必要がある（フォーグル 1996a）．

われわれがなにかを学ぶ場合，普通は「考える」という過程が含まれている．ヒトは失敗をしたときには，そこから多くのことを考え，学び，そして後々利用できるような原則を見出すことができる．したがって，再び失敗を繰り返すことは少ないし，新しいものを創造することも可能である．しかし，イヌの学習には思いをめぐらす過程が欠落している（オファレル 1997）．イヌはある行動を習慣として学んでいるのであって，深い考えにもとづいて行動することはないと考えられている．ただ繰り返しによって，まちがう確率が減って成功率が高くなるということである．

3.5 つくられた行動

線虫やハエなどの単一遺伝子突然変異体を用いた神経系と行動の研究から，生物の行動には遺伝子が関与していることが明らかになっている（Ehrman and Parsons 1981）．また，一般的には単一の遺伝子または遺伝子群が，動物の行動に影響を与えている．もちろん高等哺乳類であるイヌでは，その行動は遺伝的な要因だけでなく，飼育環境や教育，あるいは訓練の有無からも大きな影響を受ける．しかし，第1章で述べたように，われわれヒトは1万年以上も前から家畜としてイヌを飼育してきた．その過程のなかで，特定の性質や行動を求めて育種繁殖を行ってきた結果，特定の品種には特定の行動や気質が定着するようになっている．

品種の行動特性

数多くの品種がどのような行動特性をもっているのか，客観的に評価することはなかなかむずかしい．たしかに日ごろのイヌの診療でいろいろな品種のイヌに接していると，この品種はよく吠えるとか，これは攻撃的であるとか，品種独自の性質や傾向はなんとなくわかるような気がする．しかし，これには飼主の影響もあるだろうし，獣医師の前に連れてこられたイヌの性質の一部をみているにすぎない．イヌの飼育経験が長い人たちやブリーダーでも，そんなにたくさんの品種を飼育していることは多くないだろう．犬種図鑑を開いてみると，品種ごとのイヌの性質が記述してある．「おとなしい」「ひとなつっこい」「忠実な」「明るい」「従順な」「やさしい」「快活な」などの表現が用いられているが，どれも特異的な記述はなく，ほかとの比較がしにくい．

品種によるイヌの行動特性に関する調査が米国で行われた．イヌの訓練士と獣医師を対象に，イヌの13の行動特性，すなわち，①反応性の指標――過敏性，一般的活動性，子どもに咬みつく，過剰に吠える，遊び好き，②攻撃性の指標――子どもに咬みつく傾向，警戒咆哮，ほかのイヌに対する攻撃性，飼主に対する反抗性，領土（なわばり）防衛，③訓練性――服従訓練のしやすさ，トイレのしつけの容易さ，④そのほかの指標――ひとなつっこさ，いたずら好き，について56の品種をランクづけしてもらうという調査である（Hart and Hart 1985）．この結果，イヌの行動特性には，品種間による差が多くの人々の間に認められていることが明らかになり，各品種の行動パターンはある程度予測可能と考えられると結論づけられた．図3-13には，4つの品種を例に，13の特性に関するポイントを示している（Hart, B. L. 1995）．たとえば，ゴールデンレトリバーは訓練性が高く遊び好きだが，攻撃性は非常に低いのに対し，ミニチュアシュナウ

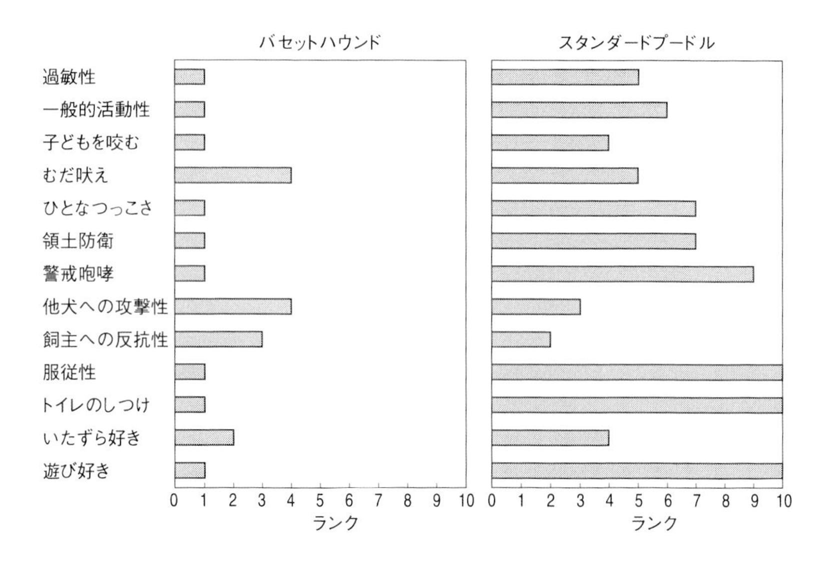

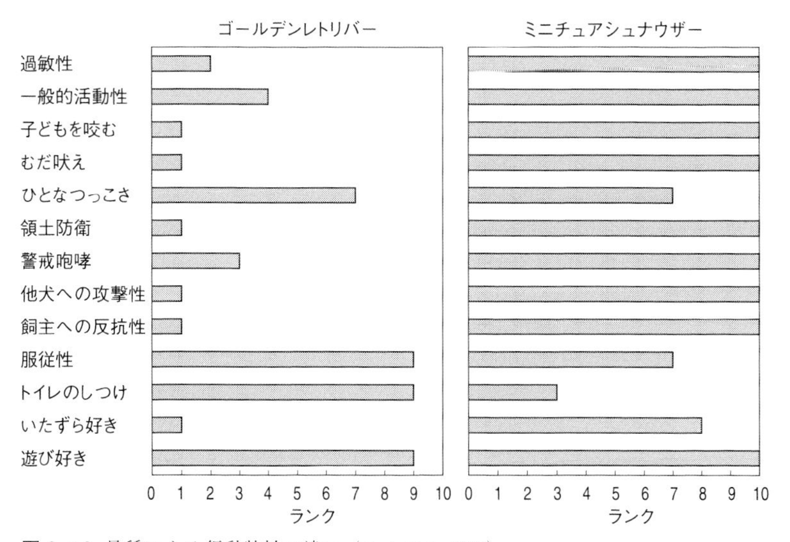

図3-13 品種による行動特性の違い（Hart, B. L. 1995）

表 3-2 異なった品種にみられる一連の狩猟行動の部分的要素
いずれの行動も途中で分断され完結した狩猟行動にはなっていない．(Fox 1978)

品種	行動要素
ブラッドハウンド	臭跡・足跡の追跡
ボーダーコリー シープドッグ	家畜の誘導，追い込み
セッター ポインター	忍び寄り，ポイント
ボアハウンド フォックスハウンド	攻撃
レトリバー スパニエル	回収

ザーは多くの人々から非常に攻撃的で反応性に富んだ品種と認められている．

狩猟犬や牧羊犬は，ヒトの生活にとって有用なある特定の行動を求めて育種・繁殖された結果，非常に特徴的な行動をもつようになった（Willis 1995）．オオカミの狩猟行動については前章で述べたが，基本的には，獲物を探すこと，追跡すること，忍び寄ること，追い込むこと，攻撃すること，巣にもち帰ること，といった行動から成り立っている．これらの一連の行動がセットになって，初めて有効な狩りができるのである．ところが，ヒトがつくったイヌでは，表 3-2 に示すように，一連の行動は分断され，完結されていない狩猟行動として反映されている（Fox 1978）．たとえば，牧羊犬のうち，ハーディングドッグ（herding dog）に分類されるボーダーコリーやシープドッグは，家畜の誘導や追い込みを得意とする品種だが，上に述べた一連の狩猟行動のうち，獲物（ヒツジ）に忍び寄り，追い込むという行動が強化されている（Coppinger and Schneider 1995）．また，眼力とでもいうか，どすの利いた眼差しで獲物をみつめる能力もある．ただし，牧羊犬の場合，獲物に対してとどめの一撃を加えるという行動が欠落している．狩猟犬や牧羊犬に限らず，あらゆる種類の家庭犬の基本的作業特性は，その祖先の捕食性行動の変形であると考えられている（Fox 1978; Coppinger *et al*. 1987）．

一方，品種によっては，独立した行動がとれるようにつくられたものもある．テリアの仲間は元来，アナグマやアナウサギ，キツネなどを追って地面に潜り，獰猛な相手に向かう勇敢さと咬みついて殺す能力が求められてきた（Scott and Fuller 1965）．護衛犬も自分のテリトリーを侵すものに対して強く抵抗する能力が求められて，番犬としての特性を発達させている（Lockwood 1995）．これらの品種では独立心が旺盛で，従順さに欠け，また，攻撃的な傾向が強くなるのは当然であろう（Hart, B. L. 1995）．

ヒト社会のなかでの行動の発達

動物の行動の発達には遺伝的な支配もあるが，環境もかなりのウエイトを占めることが知られている．イヌの場合は通常，生後8週目から10週目で離乳が行われた後は，ヒト社会のなかで暮らすことになるわけだから，環境とはすなわちヒト社会である．ほかのイヌから離されて成長していくイヌの場合，その行動の発達に対する飼主の影響が非常に大きいということは，想像に難くない．イヌの行動に影響を及ぼすヒト（飼主）側の要素として重要なのは，どのような飼主か，すなわち飼主の性格やイヌに対する態度，行動などである（O'Farrell 1994, 1995）．

イヌに対する愛着度という観点からみると，なかにはイヌを家族の一員として扱う飼主から，まったくの厄介者として扱う飼主までおり，これらは大きく5つのタイプに分けられるという（Wilbur 1976）．愛着度の違いがイヌに対する態度の違いに反映され，さらに行動として現れる．たとえば，イヌに愛着をもち，非常にイヌをかわいがっている飼主のなかには，イヌの要求をすべて聞き入れることに喜びを感じたり，それを生きがいにしている飼主もいる．この場合，イヌの要求に対してつねにヒトのほうが譲歩したり，あきらめることになる．また，愛情の表現として，ベッドで一緒に寝かせることもあるだろう．これらのヒトの行動は，群れにおける地位や順位を決定するためのコミュニケーション信号としては，イヌの主導権を認めるものであり，それゆえイヌに支配的感情を抱かせることになる．いったん支配者になったものは，自らの地位の安定のために支配下にあるものを威嚇する．すなわち，攻撃的な行動がみられるのである（ネービル 1997）．もちろん，イヌの飼育に対する考え方や飼育の目的，あるいは経済状態や時間的余裕は千差万別であり，どれがよいとか悪いとかはここでは問題にしない．

飼主の性格もまた，イヌの行動形成に影響を及ぼしていることが知られている．神経質な性格の飼主は感情の起伏が激しく，その態度と行動に一貫性を欠く傾向がみられる．イヌの行動に対する反応についても，あるときには喜んでほめたり，別の機会には怒ったり，どなったりする．イヌは混乱し緊張する結果，前後関係のない妙な行動を呈することがある（転位行動; オファレル 1997）．また，イヌをヒトと同様に扱いたがる（擬人化傾向）飼主とその飼イヌの攻撃性には，正の相関が認められている．そのような飼主はイヌを友人扱いし，自分と同等にみなす傾向が強いのであろう．この場合，イヌは飼主の態度から自らを支配的立場に順位づけすることになる（オファレル 1997）．これら飼主の性格や態度は，おそらくイヌのしつけや訓練に対する考え方にも影響し，その後のイヌの行動パターンを変化させることになる．

飼主の家族構成は，イヌの飼育環境という点から非常に大きなポイントになる．先に，子どものいる家庭で飼育されるイヌがお父さんをリーダーとみなす例をあげたが，イヌは家族のメンバーのなかで自分も含めて勝手に順位づけをしてしまう．一般に，子どもと女性がイヌに対して支配性を示すことは，比較的むずかしいとされている（ネービル 1997）．

神経症になるイヌ

十分な社会性をもちヒト社会のなかで暮らしているイヌは，ときとして普通ではない行動，いわゆる異常行動を示すことがある．先にふれたように，過剰な攻撃性は異常行動のひとつに含まれる．

攻撃的なイヌとは逆に，怖がりのイヌも多い．通常，イヌが恐怖を感じた場合には，逃亡または逃避行動を起こし，恐怖の源や危険から遠ざかろうとする（Serpell and Jagoe 1995）．もちろん，恐怖があまりにも間近に迫り，しかも逃げることができない場合には，攻撃の意思を表明したり，実際に攻撃してくることもある（恐怖誘発性攻撃; オファレル 1997）．診察台にのせたイヌが恐怖の表情を示しているにもかかわらず，それを確認せずに不用意に手を出して，パクリとやられたことのある獣医師は多いことだろう．

恐怖により引き起こされる攻撃以外の異常行動というものもある．これらは，あまりの恐怖による極度の緊張と自律神経の活動によるあえぎ，震え，排尿（失禁）などがおもなものである（オファレル 1997）．恐怖の源には，本能的なもの（遺伝的要因）と生後の学習によるものがある．ボーダーコリーは，棒を振り回すヒトに対して本能的に恐怖を感じる（オファレル 1997）．一方，学習された恐怖とは，いわゆる古典的条件づけにより獲得されるものであり，最初にイヌが特定の刺激に触れたとき，それが外傷の体験となったか，あるいは自律神経系もしくは反射神経系を介して，強い生理反応が引き起こされたことによって成立する．イヌは日常生活のさまざまな場面で，恐怖を獲得しうる．交通事故の経験により，車の音や車そのものを怖がるようになったり，獣医師による痛い処置のために，白衣に恐怖を感じるようになったりする．米国において盲導犬として不適と判定されたイヌ 600 頭の調査によると，音に対する恐怖があるもの 19%，車に対する恐怖 15%，ほかの動物に対する恐怖を示すものが 12% であったという（Tuber *et al.* 1974）．さらに，恐怖を引き起こす源としては，雷や暗い空，風の音，雨などの自然現象である場合も報告されている（ドッドマン 1997）．

精神状態が高揚することにより生じる異常行動もある．われわれヒトでも同じだが，危険な状態におかれた場合の不安や狼狽，あるいは身体の生理的な要求の持続により，本能的に精神が高揚する．また，生後の学習効果によって，2 つの要求が同時に存在する場合の葛藤，あるいは要求が受け入れられないことに対する要求不満などによっても，精神状態が高まることがある．高揚状態になったイヌは，概して落ち着きがなく，咆哮したり，排尿排便をしたり，あるいはヒトにべたべたとつきまとうような行動をみせることがある．精神の緊張を緩和させる目的で，意味のない，前後関係のない行動，すなわち転位行動をとることもあり，これには，床をひっかく，ものに対してマウンティングする，しっぽを追いかける，ものを咬む，土を掘る，といった行動が含まれる（Luescher *et al.* 1991; ネービル 1997）．とくにブルテリア種は，自転行動（自分のしっぽを追いかけてくるくる回る）やもの（テニスボールや棒）への執拗な追跡など，さまざまな強迫的行動を示すことが多く，脳の一部で起こる発作と関連があるのではないかと考えられている（ドッドマン 1997）．

イヌをひとりぼっちで家に閉じ込めて留守番させておいた場合に，狂ったような転位行動をとることがある．家のなかのものは片っ端からかじられ，トイレのしつけはまったく無効になり，いつまでも激しく吠えたり，遠吠えをしたりする（ネービル 1997）．これらの行動は，ひとりにされたという不安（分離不安）の現れである（McCrave 1991）．やがて飼主が帰宅すると，しつこくつきまとい，やっと落ち着きを取り戻す（ドッドマン 1997）．

病気による異常な行動

哺乳類の大脳は，意識，運動，感覚などの中枢であるばかりでなく，学習や行動などの知的活動性をも支配している．とくに大脳辺縁系領域の機能変化（興奮，抑制）によって，恐怖や怒り，逃避や攻撃などのいわゆる情動的行動が発現することが明らかになっている（McGeer *et al.* 1978）．したがって，大脳の器質的な変化が生じた場合にも，異常な行動が出現する可能性がある．

イヌの大脳が侵される疾病としては，発育障害（水頭症，脳回欠損症，形成異常など），炎症性疾患（細菌，真菌やウイルス感染による脳炎など），代謝性疾患（ビタミン欠乏症，低血糖症，尿毒症，肝性脳症など），変性性疾患，脳血管障害，外傷，腫瘍などがある（Fenner 1995）．これらの疾病では，病変部位がどこにあるかによって症状が異なるが，多くの場合には，特定の機能を支配する部分の障害にとどまらない．したがって，その症状も行動や性格の変化だけではなく，感覚を失ったり，運動機能が麻痺したり，あるいは意に反した痙攣や震え，発作などが併発することが多い．たとえば，水頭症は中脳水道の閉塞によって頭蓋内の脳脊髄液圧が上昇し，脳を圧迫するために症状が出現する疾病であるが，圧迫の程度と部位により症状はさまざまである．軽度の場合には，元気がない，抑鬱状態などを示すだけであるが，重度の水頭症では，視覚障害，運動機能不全，知覚過敏，痙攣発作などがみられる．ヒトに比べてイヌの脳疾患で特徴的なのは，品種によってかかりやすい病気が決まっていることである．先天性水頭症はトイ種と短頭犬種に多発する．

食欲や性に関係する異常な行動は，脳以外の疾病にも関連してみられることがある．たとえば，イヌが小石や土，あるいは自分の糞便など，通常では食べないようなものを食べてしまう異食症という状態が知られている．発育期の子イヌは好奇心からなんでも口にしてしまう．また，異物を食べた場合の飼主の驚きや反応がおもしろくて，異食を繰り返す，つまり一種の学習ができあがってしまったことによる異食症もある（フォーグル 1996a）．しかし，膵臓から分泌される消化酵素が不足するために生じる栄養素の消化吸収不良（膵外分泌不全），または腸管内寄生虫感染症などで十分な栄養分が体内に吸収されないとき，純粋な栄養の不足，身体の飢餓状態の一症状として異食，とくに食糞がみられることがある（Williams 1995）．

神経症的なものであれ，脳の器質的な病気によるものであれ，イヌの異常な行動がヒト（飼主と第三者）に対して迷惑になる，または実質的な被害を与える，あるいはイヌ自身に危害を与えるような行動の場合，これをとくに問題行動とよぶ．イヌの問題行動は，ヒトとのかかわりのなかで問題かどうかが判断されることであり，第4章でくわしく述べることにしよう．

以上本章では，社会性動物であるイヌの行動について述べてきたが，われわれが育種改良することによって野生イヌ属の祖先からつくりだしてきたイヌは，その行動までもヒトにつくられていることがおわかりになったであろう．さらに，遺伝的素因だけでなく，行動様式を決定する環境要因についても，飼主であるヒトの影響は非常に大きく，まさにイヌの行動はヒトにつくられているのである．

第4章　ヒト社会のなかに生きる動物

イヌは1万年以上もの長い歴史のなかで，ヒトにつくられてきた動物である．姿やかたちだけでなく，その行動までもがヒトにとって都合のよいように育種改良され，さまざまな目的に適合する特徴的な品種が数多く作出されてきた．つくられたイヌの大部分は，ヒト社会のなかでヒトとともに暮らしていかなければ，その存在意義が乏しく，あるいは極端な場合には，ヒト社会から離れた野生状態では，自力で生存していくことさえ危うい品種もある．非常に密接にヒト社会に関係し，そのなかに生きるイヌにとって，ヒト社会は重要な環境の一部である．したがって，イヌの動物学を考える場合，ただイヌの生物学的な側面だけをとらえるのは不十分ではないだろうか．ヒトがあってこそのイヌである．

本章では，イヌがヒト社会に対してどのような影響を及ぼしているのか，また，逆にヒト社会がイヌに対してどのように影響を与えているかについて，はなしを進めていくことにしたい．

4.1 なぜヒトはイヌを飼うのか

イヌとヒトのさまざまなつながり

第3章までに述べたように，家畜としてのイヌは，鋭い嗅覚や聴覚に代表される優れた感覚能力と，獲物をとるという食肉類本来の性質に起因する攻撃力，さらに群れ社会に適応するための行動特性とリーダーへの忠誠心をヒトに利用されてきた．もともとはその実用的な側面が家畜として利用されたのであって，狩猟のよきパートナーであり，番犬であった．その後，ヒト社会の成熟に伴って，軍用犬や闘犬などさまざまな実用的用途に対して多くの品種が作出され，今日では警察犬，救助犬，麻薬検出犬，爆発物探知犬，聴導犬，盲導犬，介助犬などの幅広い用途に使用されている．また，ヒトが愛情をそそぐ対象としてのコンパニオンアニマルの地位も，しっかりと確立されている．狩猟に使う，家畜の追い込みに使う，あるいは麻薬を探すといった明確な実用目的以外のために，すなわちコンパニオンとして，なぜヒトはイヌを飼育するのであろうか．

イヌをコンパニオンアニマルとして飼育する文化は，西欧を中心とした地域に偏っている．これらの地域は一般に寒冷で，イヌはヒトとともに寒さをしのげる屋内で生活することが多く，より強い結びつきが生じやすかった．また，これらの地域では，社会自体も早くから比較的豊かであり，物質的にも恵まれていたため，イヌはヒトによって十分な保護を与えられることが可能で，ヒト社会における地位も向上していったと考えられている（野澤・西田 1981）．しかし，イヌがヒトのコンパニオンとしての地位を確立したのは，西欧においても比較的最近になってからである．歴史的にみると，コンパニオンアニマルは長い間，貴族などの上流階級または特権階級のものであった（Ritvo 1988）．近年の自然科学の発達により，これまで畏怖に満ちていた自然界が人類の手に届くようになったとき，動物を飼育することは人類による自然支配のひとつと考えられるようになった（ロビンソン 1997）．それでも 19 世紀には，下層階級の者が動物を飼育することは，彼らが果たすべき社会的義務の妨げになると考えられていた（Ritvo 1988）．

実際に，イヌがコンパニオンアニマルとして広く普及していったのは，そんなに古いことではない．ましてや日本において，経済的・物質的な余裕が出てきたのはごく最近のことであり，一般の日本人にとって，コンパニオンアニマルとしてのイヌの歴史は始まったばかりである．また，古くからの仏教思想の影響で，イヌを食べることこそあまり普通には行われなかったが，アジアのなかの一国として農耕文化の長い歴史をもっているわが国では，基本的に動物をペットにしていなかった．食用に供するための家畜も，ニワトリ以外にはなかった．狩猟のコンパニオンとして，ヒトとイヌが密接な関係を共有してきた狩猟文化の西欧社会と比べると，農耕文化の国々においては，イヌとのつきあい方には深みがない．

イヌに対する考え方や態度の多様性

イヌをコンパニオンアニマルとして飼育することは，社会的または経済的な条件に，大いに制約を受ける．世界的な視野からみると，動物に対するヒト社会の態度は地域や文化，宗教によってかなり異なっている．

日本の周辺，東南アジア，南アジアおよび南太平洋における地域では，イヌを食べる風習はめずらしいものではない．フィリピンのある地域では，激しく振り立てるイヌの尾は活力の源と信じられて，珍重されている．また，中国のチャウチャウは，もともと食用に作出された品種である（野澤・西田 1981）．イヌの肉を食べる風習には，宗教が抑制的に働いている（Simoons 1961）．キリスト教，回教，仏教はいずれもイヌ肉食を忌避している．しかし，食料が乏しかった少し前の時代にあっては，日本でもイヌの肉は貴重なタンパク源として食用に供されていた（今川 1996）．イヌをコンパニオンとして飼育するためには，人間の生活にある程度の物質的・経済的な余裕が不可欠であろう．東洋と西洋の物質文明や経済の発達の程度の相違が，イヌに対する態度の違いの要因のひとつになっている．

一般的に，ヒトとイヌの精神的な結びつきが強くなるに従って，イヌを食べることは少なくなる．先に述べたように，ヨーロッパの寒い地域ではイヌを屋内に入れて餌を与え，ヒトとイヌの結びつきが強くなった．一方，イヌを食べる文化圏は温帯から熱帯に多いが，これらの地域では，イヌは放っておいても自ら餌を探して繁殖する．自然にイヌの地位は低くなってしまい，コンパニオンにはなりにくいわけである（野澤・西田 1981）．

イヌを食べる文化がある一方で，他方では動物愛護運動が激しい盛り上がりをみせている．動物愛護運動は 19 世紀に英国から始まり，今日では，その活動は世界的な広がりをみせている．とくに EU（欧州連合）では，動物の福祉という観点から，家畜を含んだ動物の権利や健康の管理，苦痛からの解放といった点が法的にも整備され，行政もそれ相応の対応をしている．日本でも，2000 年 12 月より「動物の愛護及び管理に関する法律」（動物愛護法）が施行され，ようやくイヌが法的に「もの」から「命あるもの」へと扱われるようになった．動物愛護運動のなかには，動物実験への反対を訴えて研究施設へ侵入し，飼育動物の解放を行うなどの過激な行為も一部にはある．しかし，一般的には，動物愛護運動はものいえぬ動物に代わって，虐待される飼イヌの保護，動物の権利や福祉を社会に訴えているのである．

もちろん同じ文化圏のなかでも，イヌに対する考え方や態度には個人差がある．イヌは人間以上に信頼できるコンパニオンと考える人々もいれば，イヌはイヌ，しょせん一動物に変わりないと考える人々もいるだろう．イヌの品種がさまざまであるのと同じくらい，ヒトのイヌに対する考え方や態度は多様である．

情緒的社会的要求

イヌを飼育する理由はさまざまである．狩猟犬や牧羊犬など実用的な目的で飼育されるイヌも相当数いれば，ショーに出場させて点数を競ったり，商業目的で特定品種を繁殖させて飼育することもある．また，現代の社会では，コンパニオンアニマルとして飼育される動物もたいへん多くなっている．先にも述べたが，イヌに対する考え方は，地域や時代によってたいへん異なるものである．コンパニオンアニマルとしてのイヌとヒトの関係の多くは，西欧社会において研究されている．

コンパニオンアニマルを飼育する目的は，大きく2つに分かれる．ひとつは自己表現の手段としての飼育であり，もうひとつは愛情の対象としての飼育である（ロビンソン 1997）．だが，実際は，イヌの飼主がどうしてそのイヌを飼育しているのか，その明確な目的に自ら気づいていることはほとんどない．たいていは，飼ってみたかったからとか，かわいいからとか，情緒的かつ衝動的な欲求に従って飼育を始める．しかし，飼育する動物の性質によっては，そこに飼主の感情や社会的地位が反映され，あるいは表現されていることがある．たとえば，攻撃性の強いイヌを飼育する飼主は，自分の反社会的感情をイヌをとおして表現し，また，自らの力と自立心を反映していると分析されている（Veevers 1985; オファレル 1997）．この場合，飼育するイヌは，飼主のステータスシンボルとして利用されているのである．

しかし，現代におけるイヌ飼育の最大の目的は，コンパニオンシップを求めてのことである．ヒトはイヌを飼育して絆を結び，心理的な関係を得たいのである．では，なぜヒトはイヌと絆を結び，愛情をそそぐ対象とする必要があるのだろうか．複雑な社会のなかで他人との関係がうまくいかなかったり，人間関係に疲れてしまった孤独な現代人，あるいは管理社会に対する反発を覚えたり，巨大な成熟社会のなかでなにかものたりなさを感じている現代人のための代償として，イヌが飼育されているのだろうか（富澤 1997）．

たしかに国によっては，多くの急性伝染病が制圧され，栄養失調など想像もできない現代では，慢性のストレス性疾患が重要な脅威のひとつであり，ストレスにいかに対処すべきかが，健康な生活を送る重要なポイントとなっている（Insel and Roth 1994）．イヌを飼育することによってわれわれが得ることのできる利益を，心理学や生理学の立場から科学的に証明し，解明していこうという研究が始まっている．

4.2 ヒトを癒す

イヌがヒトの生活に及ぼすよい影響

イヌを飼育するということは命を預かることであり，飼主には日曜日だろうが盆も正月も関係なく，毎日きちんと世話をする義務と責任が出てくるのである．もっとも最近ではペット用のホテルがあって，そこへ預けて旅行などを楽しむ飼主もいる．

イヌの祖先が何日も獲物を探して徘徊していたように，歩くことはイヌにとって基本的で不可欠な生活の一部である．イヌを飼育したことのある方なら，散歩がイヌにとってどれだけ楽しく重要な行事であるかがおわかりだろう．一方，散歩させるという行為はそのままヒトの健康にも反映される．ヒトはイヌを連れて歩くと，普通よりも長く歩く傾向があるようだ（Messent 1983）．イヌを飼育し始めてから，10カ月間にわたって飼主の生活を追跡した調査によると，イヌ飼育によって飼主の運動習慣は改善され，歩行量は飼育前の3倍に増加したという（Serpell 1991）．また，ちょっとした風邪や頭痛，消化不良などの軽度の健康上の問題も，明らかに減少した．医者に行く回数が有意に少なくなったというデータもある

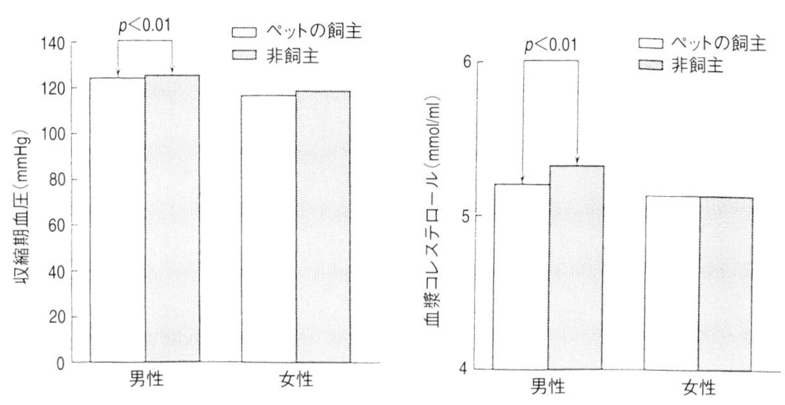

図 4-1 ペットの飼主と飼主でないヒトの平均収縮期血圧および血漿コレステロール値の比較（Anderson *et al.* 1992）

(Siegel 1990). このように，飼主の運動を促す効果は，ヒトの健康に直接的に影響を及ぼしている.

もちろんイヌを飼っているからといって，すべての飼主が健康的な生活を送っているわけではない．心血管疾患のリスクファクターの検討を目的とした疫学調査によると，イヌの飼主のほうが運動量は多いものの，酒を飲んだり，外食したり，肉を食べる傾向が強かった．しかし，それでも心血管系の疾病に直接関連する収縮期血圧や血清中のトリグリセライドとコレステロールの値は，飼主群のほうが有意に低かった（フリードマン 1997; 図 4-1）．心血管系疾患の予防と予後に対して，イヌの飼育がよい効果をもたらすことは，ほかでも観察されている．心臓病棟に入院していた患者および心筋梗塞患者の 1 年生存率は，イヌまたはなにかペットを飼育することによって改善された（Friedmann *et al.* 1980）．動物の飼育が，飼主に対して運動をはじめとした規則正しい生活を余儀なくさせることが，ヒトに健康をもたらすひとつの原因である（Hart, L. A. 1995）.

心理学的効果

イヌがヒトにもたらす心理学的効果についても研究されている．絵のなかに描かれたイヌの存在は，多くのヒトに対して「友好的・安全・幸福」のイメージを抱かせ，興奮を抑制する作用をもたらす（Lockwood 1983）.

とくに，高いストレスのある状況下におけるイヌの存在は，われわれの不安を取り除くのに非常に有効である（フリードマン 1997）．人間関係に疲れたり，心の病を患っていて，他人に対して固く心を閉ざしているヒトでも，動物には心を開きやすい（Levinson 1969）．心を開いてイヌに語りかけることにより，孤独感や抑鬱状態が軽減されてゆく．

また，ヒトとヒトとの交流に関していえば，イヌの存在は他人との交流に際してたいへんな促進効果をもたらすことがわかっている（Hunt *et al.* 1992; Rogers *et al.* 1993）．たとえ見ず知らずの人物であっても，イヌが傍らに存在しているということで，ある程度その飼主のことが想像できる．イヌを散歩させている途中なので，少しくらい話しかけても迷惑ではなかろうとか，イヌを飼ったり接することが嫌いではないだろうという情報である．ひとりで歩いている人物には話しかけにくいが，イヌを連れていることによって，面識のないあかの他人が心を開き話しかけてくる，あるいはイヌのことについて話し合うことができる．イヌは，まさしく社会的な潤滑油として機能するのである（山崎・町沢 1993）．

現代におけるヒトの病気は，心血管系の疾病，潰瘍，不安，精神病，免疫力低下に関係する病気など，社会的あるいは心理的要因が原因となっているものが増加している（Insel and Roth 1994）．不安や交感神経の慢性的な興奮は血圧を上昇させ，心拍数を増加させ，呼吸を早める．だれしも経験があるだろうが，一般に他人との交流は非常に努力を伴うものであり，ストレスの種となるものである．他人との交流には荒々しい感情を伴い，相手のなにげない言葉や態度によって，自ら傷ついてしまうこともある．それに比べると，イヌとの交流では興奮を伴わない（Vormbrock and Grossberg 1988）．ヒトはイヌに対して，自尊心を守る必要はなく素直に接することができるし，自分が傷つくこともなく，それでいて孤独を癒すことができるのだ（山崎・町沢 1993）．

イヌと深い交流を行わなくても，存在そのものによって，あるいはイヌと触れ合うことやイヌに話しかけることによって，われわれの不安が取り除かれ，興奮が鎮められることも明らかになっている（Katcher 1981）．もちろんイヌにもいろいろな品種があって，それぞれに特徴的な性質があり，また，個体によって性格も異なる．一方，イヌが嫌いなヒトもいる．

イヌの嫌いなヒトにとっては，イヌの存在や接触はかえってストレスの原因となり，よい結果は生まれないだろう．好意的なイヌの存在下では，イヌに対して肯定的な態度を示すヒトの血圧降下作用が強くみられる（Friedmann and Lockwood 1993）．各個人がイヌをどう思っているかによって，違った生理学的効果が生み出されるのである．

イヌを飼育することはわれわれの心の発達，つまり子どもの成長に対してもよい影響を及ぼす．子どもの発達には，認知行動の発達と社会的・情緒的発達があることが知られている（Belsky 1984）．認知行動とは言語操作，数的処理など学校で教えてもらうようなことが中心であり，その発達度合いは客観的な評価を行いやすいのに対して，社会的あるいは情緒的発達の評価には，他人との関係，社会との関係，責任感，向上心などといった，きわめて主観的なことがらが含まれている．子どもたちが家庭または学校でイヌの飼育に参加し，世話の一端について責任を負い，それを成し遂げることによって，子どもの自尊心，独立心は有意に発達する（Covert *et al.* 1985）．また，生きたイヌに接し，交流することによって，他人の気持ちを理解する能力や共感する能力が発達する．生きものの死や誕生などを経験する機会も与えられる．核家族化した現代において，直接触れることの少ない「死」を間近に経験し，「生命」を考えることが，子どもの心の成長にとっては大きな糧となりうるのである（エンデンブルグ・バルダ 1997）．

もちろん子どもたちにとってのイヌは，けっして「心の発達の道具」ではない．子どもたちにとって，イヌは彼らのよき友だちであり，けっして怒ったり批判することなく，無条件に自分を受け入れて愛してくれる家族の一員なのである（Bryant 1990）．

アニマルアシステッドセラピー

ヒトのなんらかの病気に対して，医師の指導のもとに明確な治療目標を定めて動物を用いる治療法のことは，アニマルアシステッドセラピー（animal assisted therapy; AAT, 動物介在療法）とよばれている（バスタッドほか 1997）．イヌとの接触がわれわれの心身の健康によい影響を及ぼすことは，かなり前から経験的に知られており，それは西欧では治療というかたちで応用されていた．障害者や精神病者の施設，あるいは収容所などにおいて小動物が導入され，その世話をすることや動物と接触することにより，身体的・心理学的な病状の改善効果が得られてきたのである．近年，AATは体系化され，刑務所，特別養護老人ホーム，発達障害者用施設，身体障害者用施設，頭部外傷用プログラム，ホスピス，エイズ関連プログラムなどの実践の場において活用され，かなりの効果をあげている（バスタッドほか 1997）．

米国のある重犯罪者用女子刑務所におけるAATプログラムは，指導教官のもとにイヌの世話，トリミング，獣医師の助手などをとおして，動物収容施設のイヌを訓練し，一般の家庭犬として復帰させるものである．これらの活動をとおして，受刑者は自尊心の向上，社会に貢献できたという満足感を得ることができ，適切な社会行動が増えるといったよい効果が認められた（Maggitti 1988）．また，これも米国での別の例だが，妊娠中に母親が使用した薬物（ヘロイン，コカインなど）のために，出生前に麻薬に暴露されてしまった子どもたちへのAATの適用が効果をあげている．これらの子どもたちには健康上の問題のほか，神経上の障害，注意の欠如や多動などの行動異常，言語の遅れがみられることがある．イヌとの触れあいや交流をとおして，子どもに集中力がついたり，治療に対する前向きの姿勢がみられたりすることがおもな効果である（バスタッドほか 1997）．

治療の場にイヌを登場させることで，患者のやる気を上昇させたり，ストレスを軽減するなど，治療に対する患者の感受性を高める作用も，医療効果を増強する意味で有効である（山崎・町沢 1993）．職場や友人から見放された終末医療の場においても，無条件の愛情と心の交流を保証してくれるイヌの存在は，心理的によい影響を与えている．

一方，明確な目的をもった治療ではなく，生活の質の向上をもたらすために動機づけの促進となるような，あるいは教育的・娯楽的機会を与える動物との交流活動のことは，アニマルアシステッドアクティビティー（animal assisted activity; AAA）とよばれている（Delta Society 1992）．病院の待合室におかれる熱帯魚の水槽やウサギや小鳥も，一種のAAAである．眺めたり，ちょっと餌をやってみることにより，人々の気持ちを休める効果がある．AAAは治療行為ではないので，AATに比べると厳密な記録の必要もなく，少ないスタッフでも実行可能である．特別養護老人ホーム，リハビリ施設，教育施設，刑務所施設などにおけるコンパニオンアニマルの存在は，触れ合いや養育をとおして，孤独感の軽減，抑鬱状態の緩和，不安の軽減，社会化の促進に対して有効である（バスタッドほか 1997）．施設内でイヌを飼育すること，または外部からイヌと一緒に定期的に訪問することで，施設内の人々とイヌとの交流はより深いものとなる．

コンパニオンアニマル先進国の欧米では，AAT も AAA もすでに多くの施設で活用され，高い効果のあることが報告されているが，わが国ではまだ始まって歴史が浅い．後で述べる人畜共通感染症の問題や，セラピーの効果がみえにくいこと，また，病院内へは動物の侵入はタブーであるという多数意見があるため，医療の場あるいはリハビリの場にイヌや動物が存在すること自体，共通の理解を得がたい．わが国では AAT というより AAA が中心であるが，老人ホームや障害者施設では，動物を用いたセラピーがしだいに広がりつつある．施設内で動物を飼育し始めたある特別養護老人ホームでは，寝たきり老人数が減少し，入居者間の交流も深くなったという効果が得られている（山崎・町沢 1993）．AAT としては，東京都共済立川病院神経科が，1994 年から入院患者と動物の触れ合いを治療に取り入れている．月に 1 回，イヌを中心とした動物と獣医師，ボランティアが病院を訪問するのである．AAT については人畜共通感染症の問題，適応症例と適応除外症例の区別，治療効果についての客観的評価などクリアする課題は多いが，今後ますます治療に応用してデータを蓄積していく価値のある治療法である．

ヒト社会のなかでわれわれと密接に暮らし，ヒトと心の交流を行ってきたイヌの特性からすれば，AAT や AAA における重要性は，ほかの動物に比べるとより大きいといえるだろう．さらに近年，盲導犬，聴導犬，てんかん発作の感知犬，介助犬がイヌの新しい役割として登場している（バスタッドほか 1997）．障害をもった人々はけっして閉じこもることなく，自立してできるだけ社会に参加していくべきであるという動きがある．特定の訓練を受けたイヌはヒトに代わることのできる存在であり，障害をもった人々が社会に参加するためのパートナーなのである．

高齢化社会とイヌ

社会に忘れられたり，拒否されたり，あるいは無視されたという疎外感ほど，ヒトにとって生きがいをなくさせるものはない．退職して会社を離れ，子どもは独立し，また，配偶者や友人とも死に別れてしまった老人には，生きる目的が必要である．老人でも残された時間をイヌと共有することはできる（マックローリン 1984）．われわれヒトにはおたがいに影響しあい，気持ちを通いあえる存在が必要なのである．そんな存在となりうるイヌが身近にいることによって，人間性を回復することができる．

これまで述べてきたヒトの身体と心の健康に及ぼすイヌのよい効果は，老人にもあてはまる．イヌの世話や散歩が必要ということで活動的になること，孤独感が癒されること，また，社会との接点が生まれることである（山崎・町沢 1993）．老人の健康にとって大きな影響を与える「寝たきり」に対しても，イヌの飼育は予防と治療効果をもつ（富澤 1997）．

日本を含めた先進国では，高齢化が急速に進行している．1998 年の日本の 65 歳以上人口は，全体の 16.2% にあたる 2049 万人，これが 2021 年になると 25.6% の 3337 万人になると予測されている（総理府資料）．生活様式の変化に伴って家族構成も核家族化し，独り暮らしの老人の数も増加すると予想される．寝たきりやボケ老人の増加とその対応が，今後の課題ともいわれている．コンパニオンアニマルとしてのイヌが老人の生きる力となって，その心身の健康を支えていくことを期待したい．

4.3 問題行動

イヌはよきコンパニオンとしてヒトとともに生活しており，いままで述べたように，いろいろな意味でわれわれの生活に恩恵を与え，あるいはわれわれを癒してくれている．ところが，逆にイヌの存在がヒトの社会に対してネガティブな効果をもたらしていることがある．

イヌが嫌いなヒトは，小さいころイヌに咬まれたり，追いかけられて怖い思いをした経験をもっていることがある．イヌの行動には，自然に備わっている本能的な行動と学習によって後天的に獲得された行動があるが，そのなかには，ヒトの立場からみると好ましくない行動とみなされるものがある．第3章で示したような異常行動，あるいはイヌにとっては正常な行動でも，それがヒトに対して悪い影響を及ぼす場合には，これを問題行動とよぶ．もちろんなにが問題かは，問題と感じるわれわれの側に決定権がある．たとえば，「遠吠え」というひとつの行動であっても，地方の一軒家に飼育されるイヌの場合は問題にならないかもしれないが，都会の集合住宅に飼育されるイヌでは問題となる．

捕食性または支配性に由来する攻撃行動

イヌの問題行動のなかでもっとも実質的な被害（咬まれる）が生じ，かつ頻繁にみられるのは，その攻撃性に起因する行動である（Hart 1995）．イヌの攻撃性には，表4-1に示すようにさまざまな要因が関与している．

なかでもイヌの攻撃的行動の一番の原因は，イヌが本能的にもっている，獲物を捕えようとする性質に由来している（Lockwood 1995; オファレル 1997）．これは捕食的攻撃行動といわれるが，走ったり，すばやく動く獲物をみることによって誘発される．対象となるのはネコやウサギなどの

表4-1 イヌの攻撃性行動のタイプ（ハート・ハート 1990; オファレル 1997）

攻撃のタイプ	概要・例
捕食性攻撃	獲物を捕えて殺そうとする本能にもとづく行動．すばやく動く獲物によって誘発される．動物または非生物に対して向けられることがある．
支配性攻撃	支配的立場を獲得するための，または保守するための攻撃．相手の行動によって自分の支配的立場が脅かされていると感じたときにみられることが多い．
なわばり抗争性攻撃	自分のなわばりを維持するための，侵入者に対する攻撃．
恐怖性攻撃	恐怖を抱いたイヌが追いつめられた際に示す威嚇や攻撃行動．
苦痛性攻撃	苦痛に対して咬みつこうとする自己防衛本能にもとづく行動．痛みのある部位に触れると，唸り声をあげたり，咬みつく．
競合性攻撃	支配服従関係のない場合に，食物や場所などを確保するため競いあう際にみられる攻撃行動．
雄性間攻撃	雄イヌどうしでたがいに争おうとする生来の行動．
母性的攻撃	子イヌを守るために母イヌが示す攻撃的行動．
学習された攻撃	学習により強化された攻撃行動．唸ったり，吠えたり，咬みつくことにより，うまくいった経験が攻撃性を強化する．
特発性攻撃	通常の原因では説明が不可能な異常な攻撃行動．

小動物ばかりではなく，走っているヒトであったり，逃げる子どもであったり，また，あるときは自転車や自動車のこともある．いったん引き起こされた捕食的攻撃行動は通常，相手が死んだと思うまで続けられることになり，相手が乳幼児の場合にはきわめて危険な行動となる（オファレル 1997）．とくに生まれて 1 週間以内の新生児が標的になる事故がもっとも多い．これはたとえ家族であっても，イヌは新生児をただちに群れのメンバーだとは認識できないために生じる（ドッドマン 1997）．治療法としては，飼主によるイヌの管理と支配性を強化すること，刺激に対して興奮しないように徐々に馴らしていくこと（除感作），などが手段とされているが，捕食性に由来する攻撃性は本能的な衝動なので，一般的には矯正することがむずかしい．むしろ若いうちからさまざまな動物と出会う経験を繰り返し，捕食行動をしないように教えることが重要である（オファレル 1997）．

飼育されたオオカミは，群れのメンバーに対して行うのと似たような行動をヒトに対してとることが観察されている．群れのなかのアルファ個体は通常，飼主を超アルファ個体とみなして服従しているが，下位のオオカミが優位個体に挑戦するように，ときには人間に挑戦してくるため危険な場面に遭遇することもある（ツィーメン 1995）．同様に，支配的意図をもって飼主の地位に挑戦してくるイヌが攻撃行動を示すことがある．この場合，多くは雄イヌで，2 歳ごろに問題が始まるが，これには遺伝的要因，成長期における兄弟との関係，ホルモン，幼いときの飼主との経験など，いろいろな要因が結びついて発達する（O'Farrell and Peachey 1990）．とくにスパニエル系の品種とロットワイラー，ドーベルマンピンシェル，ラサアプソなどの品種は，支配的攻撃性を示す傾向が強く，遺伝的要因はかなり重要な因子である（ネービル 1997）．近年，支配的攻撃行動には，神経伝達物質であるセロトニン量の低下が関与していることが報告されている（ドッドマン 1997）．このことは，攻撃性発現のメカニズムの解明およびその治療に向けて，新しい道を開くことになるだろう．

イヌ自身の支配的意図とは別に，飼主の行動や態度が自然とイヌを支配的地位に座らせ，このことが支配構造に由来する攻撃性の原因になることもある．なかでもイヌに飛びつかせる，飼主の肩や膝に脚をかけさせる，一緒にベッドに寝かせるなどは，イヌにとって支配的な姿勢である（オファレル 1997，第 3 章参照）．自分が支配的地位にあると思っているイヌは，飼主が支配的姿勢（イヌの上にかがみこむ，触る，なでる，もち上げる，グルーミングする，じっとみつめるなど）をとったり，あるいは服従行動をとるように命令する（マテ，フセ，おすわりなどを指示する，たたいたり，わめいたりするなど）と怒り，威嚇したり咬みついてくる．また，イスや机，ベッドの上などの高いところ（支配者の地位）を好むなどの態度がみられる（Serpell and Jagoe 1995; ネービル 1997; オファレル 1997）．この問題行動を修正するためには，飼主がイヌに対して支配的地位を確立する必要がある．つまり，飼主はイヌを無視したり，支配的な姿勢をとらせないように態度を変えなければならないのだが，イヌを愛情の対象としているような飼主の場合には，その実行はむずかしい．

支配的な攻撃行動の変形としてイヌの占有欲が高まることも，よくみられる現象である．自分の（ものとイヌが勝手に思っている）食器やおもちゃ，毛布などを取り上げようとすると，ガブリとやられることがある．占有的攻撃には，イヌ自身が過去になにかのきっかけで所有権獲得に成功したという経験による学習効果が働いている（ネービル 1997）．

防衛のための攻撃

保守防衛本能に起因するイヌの攻撃性行動もまた，よく知られている（Serpell and Jagoe 1995）．オオカミのパックがテリトリー内への侵入者に対して攻撃を仕かけるのと同様，イヌにも群れのテリトリーを守ろうとする行動がみられる．なわばり行動は，一部には不安や恐怖がそのバックグラウンドに存在することも多い（ドッドマン 1997）．もちろん防衛のための攻撃行動は，番犬としては「よい」特性ではあるが，場合によっては問題となる．訪問先の入り口で怖い思いを経験したことがある人々は多いだろうし，新聞や郵便の配達業務に従事する人々にとってはたいへんな問題である．とくに制服を着た人物は，標的になりやすいようである（ドッドマン 1997）．自分のなわばりという意味で，特定の場所，たとえば机の下やイスの下，あるいは自分のねぐらにしている籠などを保守するケースもある．この場合，イヌがいることを知らずに，机の下に足を入れてイスに座ろうとすると，攻撃の対象になってしまう．さらに，飼主または特定の人物を守ろうとする行動を示すイヌもいる．散歩の途中で飼主に話しかけてきた見知らぬ人物に向かって，激しく吠えたてるイヌがその例である（ネービル 1997; オファレル 1997）．このようなときに飼主が吠えるのをやめさせようと大声で叱りつけることがあるが，これは逆効果である．イヌは自分の飼主が一緒になって吠えてくれていると思い込み，いっそう吠えるようになる．治療の原則は徐々に馴らすこと（除感作），またはイヌの気をそらすことである（オファレル 1997）．

分娩した後の雌が子どもを守るために攻撃的になることもある（母性的攻撃行動）．イヌが偽妊娠した場合にも，この母性的攻撃性が現れることがある．おもちゃやクッション，靴やスリッパなどが実際の子イヌのかわりに保護されることになり，取り返そうとした飼主は攻撃の対象になる．母性的攻撃行動には，分娩前後のホルモン濃度の変化が大いに関与している（ネービル 1997; オファレル 1997）．

突発性狂暴症候群

まれな攻撃性の例として，高い音に対して攻撃反応を示すイヌが知られている．これは音誘発性攻撃性とよばれており，ロットワイラーやテリア種などの特定の品種に発生するので，遺伝的要因が関与しているものと考えられている（ネービル 1997; オファレル 1997）．スコットランドでは，ロットワイラーと遊んでいた子どもが，甲高い笑い声を発したとたんにイヌの攻撃を受け，死亡してしまった事件が発生している（オファレル 1997）．

また，突発性狂暴症候群（rage-syndrome）といわれる原因不明の攻撃性も知られている．通常はおとなしく友好的で，飼主の命令にもよく従うイヌが，なんの前触れもなく，家族のメンバーや飼主の友人に対して，突然に獰猛な攻撃を仕かけてくることが特徴である．攻撃性はほんのささいな刺激によって誘発され，予測不能である．コッカースパニエル，ドーベルマンピンシェル，ブルテリア，ジャーマンシェパード，バーニーズマウンテンドッグなどの品種で多発し，とくにイングリッシュスプリンガースパニエルでは，極端な狂暴性と攻撃性を示す（ネービル 1997; オファレル 1997）．品種特異的な発症の仕方をすることから，この症候群にも遺伝的要因が関与しているようである（van der Velden *et al.* 1976）．本症の場合，周囲の人々の安全を確保するために，問題を起こしたイヌは治療せず，安楽死が勧められることが多い（ハート・ハート 1990）．しかし，小型犬では治療が試みられることもあり，抗てんかん薬であるプリミドンまたはフェノバルビタールが有効なことがある（Mugford 1984）．このことから，局在性てんかんなどの神経学的異常が，その攻撃性の発現に関連していると推測されている．

恐怖と情緒的反応

イヌにも特定なものに対する恐怖症や神経質な性質を有する個体がいることについては，前章で述べた．ただし，恐怖の感情や神経質な性格が，ヒトに対する問題行動に関連することがある．たとえば，「ヒト」が恐怖の対象である場合，そのイヌは飼主以外のヒトに馴れず，他人から一定の距離をおいて生活することになる．他人が近づくことで恐怖を感じ，逃げ場のない場合には威嚇し，それでもだめなら攻撃を仕かけてくるのである．一般に見知らぬ人物，とくに男性と子どもが恐怖の対象になりやすい．また，ヒトに対して恐怖を抱くイヌは，ヒトまたは社会環境に不幸な出会いを経験した個体が多い（ドッドマン 1997）．こういうイヌに対しては，恐怖感を徐々に取り除くよう静かにゆっくりと近づかなければならない．

なにか特定のものに対する恐怖としてイヌが示す反応には，攻撃性のほかにも吠える，震える，歩き回る，ヒステリー状態，不適切な排尿排便などがみられ，どれも異常に興奮した精神状態に起因している．イヌをとりまくさまざまなもの——光景，音，匂いなど——が恐怖の源となりうるが，とくに音に対する恐怖症を示すことが多い．恐怖は学習によって定着され，とくに生後 7 週から 12 週までの社会化期に経験した事柄は，学習された恐怖として残る（ネービル 1997）．たとえば，飼主が窓のブラインドに近づいたり触れるたびに，飛び起きたり歩き回ったり異常な行動をみせて飼主を心配させるあるイヌには，隣人に窓越しに銃で撃たれたという過去があった．このケースでは，窓が開く前のブラインドを上げる音と銃撃された痛みが結びついて，ブラインド恐怖症を引き起こしたのである（ドッドマン 1997)．ハスキー，サモエド，ラブラドールレトリバー，ジャーマンシェパードなどの特定の品種は，恐怖による問題行動を生じやすいので，恐怖症の発生にも遺伝的な要因が関与しているはずである（ネービル 1997)．イヌが恐怖におびえた際に，飼主がいつも以上にかわいがったり愛情表現を示すことで条件づけが形成されると，恐怖に伴うイヌの行動は強化され，反応はいっそう増強されることになる（ハート・ハート 1990)．このようなイヌに対しては，原因となっている音などの刺激がけっして怖いものではなく，また，不快なものでもないことを気づかせる必要がある（オファレル 1997)．

恐怖とは逆に，うれしくて興奮することもよくある．イヌは車のなかや来客に対して興奮し，吠えたり，走り回ったり，あるいはマウンティングや尾を追いかけるなどの転位行動を示す．この場合，たとえ飼主に叱られても，それはイヌにとって罰ではなく褒美になる．学習効果により，イヌはますます興奮する結果になるのである（オファレル 1997)．

むだ吠えと破壊

他所からもらってきた，あるいは預かってきたイヌは，もとの飼主または母イヌから離された不安から，夜通し悲しそうに吠えたり遠吠えをしたりすることがある．さて寝ようと思って床についたとき，近所から聞こえる絶え間ないイヌの吠え声ほどイライラするものはない．そんなイヌの飼主にすれば，自分も眠れないうえに近所への迷惑を考えると，これはかなり重症の問題行動である．

飼主と非常に強い絆で結ばれたイヌは，飼主が仕事や所用で家をあけ，ひとりぼっちで残されたときに分離不安の症状を示す．まず飼主が出ていく姿に抵抗して唸り声をあげたり，足首に咬みつくことさえある（ネービル 1997)．飼主が家を出たとたん，さびしがって吠えたり，鼻をならしたり，自分のからだを舐めたり（自虐行為)，さらには窓やドアの周りの装飾品を壊してしまう．飼主が帰宅したときに，めちゃくちゃになった家のなかをみて驚き，いたずらをしたイヌを叱っても，じつはなんの効果もない．破壊行動から何時間も経った後では，自分の行為と罰は結びつかないのである．イヌはどうして叱られるのかわからず，不安をいっそう募らせるのである．また，分離不安の症状は，自分に対して向けられることもある．一時的に食欲がなくなったり，下痢や嘔吐などの心身症様の症状をみせることがあるのだ（ドッドマン 1997; ネービル 1997）．一般に分離不安症のイヌには，ペットショップや捨てイヌの収容施設，あるいはあまりかまってくれない飼主のところで過ごした経験のあるイヌが多い．ひとりにされたり，無視されたり，ごく幼いときに母イヌや仲間から引き離されたことが，精神的トラウマとなっているのである（ドッドマン 1997）．こういうイヌは，自分に十分な愛情をかけてくれる飼主から片時も離れることができないのだ．コンパニオンとしてのイヌに非常に高率にみられるが，とくにラブラドールレトリバー，ゴールデンレトリバー，ジャーマンシェパードなどの品種に多いとされ，遺伝的な素因が関与している（ネービル 1997）．この場合，飼主はイヌとあまり密接な関係をもちすぎないよう，距離をおいてつき合う必要がある．

年老いたイヌが突然ひどく不安な状態を示して，落ち着きなく行動したり，むだ吠えしたりすることがある．近年，イヌも高齢化しているので，老犬による問題行動も増加しつつある．老犬の行動の異常は，もちろん脳の老化による変化に起因することもあるし，別の主要臓器の疾病によることも多い（第5章参照）．

排泄の問題

嗅覚の発達したイヌにとっての排尿や排便は，たんなる生理的排泄というだけでなく，重要なコミュニケーションの一部である．なわばりのためのマーキングも，散歩の途中では許されても，家のなかでは問題行動となる．排泄に関する事柄は，飼主にとってはかなり重要な問題であり，すべての問題行動のなかでも大きな割合を占めている（ネービル 1997）．一般的には，イヌのトイレのしつけは子イヌのときに行われるが，この訓練が不十分であると，大きくなってから排泄に関する問題を起こしやすい（ドッドマン 1997）．一度ある場所に匂いがついてしまうと，その匂いがさらにつぎの排尿の引き金になってしまう（オファレル 1997）．

不適切な排便や排尿は，なわばりを示すためだけに行われるものではない．ストレスや不安を感じたり，興奮したときにも排泄のコントロールが効かなくなる．先に説明した分離不安の一症状としても，排泄の問題が含まれる．また，イヌは服従を示すためのサインとして，排尿をすることがある．これはイヌが究極の敬意を払っている証拠であるが，おしっこをかけられたほうはたまらない．服従に関する排尿は通常，6カ月から2歳までの雌に多くみられるが，とくにドアのところで来客を迎えたり，特定の人物が声をかけたり近づいたりすることによって生じる．このようなイヌは，根本的に憶病で自信を失っているので，驚いて大声をあげたり，怒ったりすると余計萎縮して，事態は悪化する（ハート・ハート 1990）．

また，失禁は行動学的・心理学的な問題からだけではなく，膀胱炎などの膀胱の病気，多飲多尿を示すような糖尿病や副腎皮質機能亢進症，あるいは中枢神経系の異常などがあるときにも生じうる（Meric 1995）．トイレでおしっこをしたくても間に合わなかったり，括約筋を調整することができないのである．さらに脳機能の低下した老犬でも，排泄のコントロールが不能になることがある（第5章参照）．

性行動に関する問題行動

子イヌは遊びのなかで，性行動を模したマウンティングを取り入れている．しかし，ときにはその対象が飼主であったり，ものであったりする場合がある．雄の子イヌにみられるこれらの行動は，通常は成長とともにみられなくなるが，なかには成犬になっても好ましくないマウンティングをするものがある（オファレル 1997）．

イヌ以外のものに対するマウンティングの多くは，葛藤や興奮が原因の転移行動のひとつである．たとえば来客があった場合，その人物を仲間として受け入れるべきか，あるいは敵として排除すべきかわからなくなったとき，イヌの精神には葛藤が生じるのである．また，ヒトの気をひくためにマウンティングをすることもある．この場合，マウンティングすれば触ってもらえるという条件づけができあがっている（ネービル 1997）．性的興奮は古典的条件づけにより発現しているので，いったんあるものと結びついた性的興奮は，それを修正することはかなりむずかしい（オファレル 1997）．

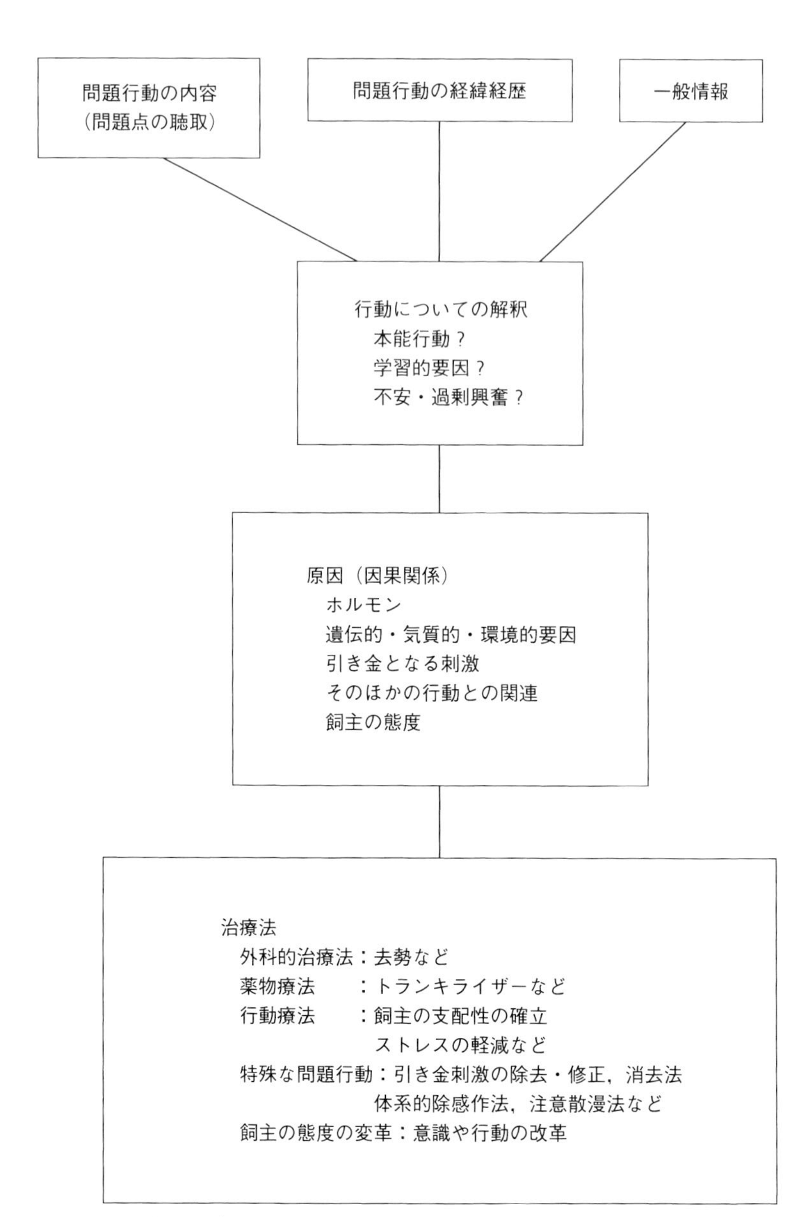

図 4-2 問題行動の診断と治療の要約（オファレル 1997 より改変）

問題行動の治療と予防

これまでいくつかの問題行動を紹介してきたが，それらの発生にはいくつかの共通した原因と関与する要因がある．図 4-2 に示すように，問題行動の原因には本能行動に続発するもの，学習により形成されたもの，不安や過剰興奮によるものがある（オファレル 1997）．また，関与する要因としては，イヌ自身のホルモンや遺伝的・気質的なものもあるが，子イヌのころの環境や飼主の態度など，われわれヒト側の影響も大きいのである．

問題行動に対するアプローチは，原因とそれに関与する要因を体系的にみつけだすことから始まる．ホルモンや病的な行動が原因となる問題行動の場合，外科的な処置や薬物を用いた治療法もある（O'Farrell and Peachey 1990）．しかし，最近では問題行動の多くには行動療法とよばれる治療法が適用されている（ハート・ハート 1990; オファレル 1997）．イヌの問題行動の引き金となる刺激やストレスを見出し，それらをできるだけ抑制したり（消去法），気を紛らわせたり（注意散漫法），また，刺激に対して徐々にイヌを馴らしていくこともある（体系的除感作）．もっとも先に述べたように，イヌの行動の大部分はヒトによってつくられるので，問題行動を解決するためには，イヌに対する飼主の態度を改める必要があることも多い．

しかし，逆に考えれば，大部分の問題行動はイヌに対するヒトの態度如何によって防げるわけである．欧米では，イヌが飼主の手に渡る前に，子イヌはブリーダーのもとで飼育されるから，遺伝的要因や初期（3 週齢から 12 週齢）の環境などに関しては，ブリーダーに責任がある．日本では，ごく早期に母イヌから離された子イヌを，ペットショップで飼主が購入するシステムである．初期の環境に及ぼす飼主の影響は，欧米以上に大きい．さらに，どういった子イヌを選ぶか（品種，性格），購入後のしつけ（隔離，排便排尿，困った行動の修正，服従訓練），病気の予防（ワクチン，駆虫など）まで含めて，飼主の責任はかなり重大である．

イヌの性格と行動は，大部分がヒトによってつくられていることを忘れてはならない．

4.4 ヒトとイヌに共通する感染症

人畜共通感染症とは

地球上には多種多様な生物が存在しており，ヒトやイヌなどの高等動物はさまざまな生物に囲まれて暮らしている．ヒトを含めて動物の体表あるいは体内にも多くの微生物が生活しており，通常は宿主の動物と一定のバ

表 4-2 イヌからヒトへ感染する可能性のあるおもな病気
（橋本ほか 1995; 源 1995; 金城ほか 1995; 板垣 1997 より）

病名	感染方法	ヒトの症状
ウイルス		
狂犬病	唾液に含まれるウイルスが咬傷から侵入	不安感，発熱，頭痛，知覚異常，麻痺，死亡
細菌		
レプトスピラ病	尿に排出された菌の経皮・経口感染	発熱，黄疸，出血，貧血，下痢，倦怠，筋肉痛など
ライム病	病原体保有マダニの咬傷	遊走性紅斑，頭痛，発熱など
ブルセラ病	経皮感染	倦怠，悪寒，発熱，頭痛，関節痛，筋肉痛など，一般に病原性は弱い．
カンピロバクター病	糞便に汚染された食物	発熱，下痢，腹痛，頭痛など
パスツレラ症	動物との口での接触，飛沫感染，咬傷，掻傷	局所の激痛，発赤，腫脹，化膿
エルシニア症	糞便や身体についた菌の経口摂取	胃腸炎（腹痛，下痢，腸炎，関節炎など）
サルモネラ症	糞便に汚染された食物	胃腸炎（発熱，嘔吐，下痢など）
真菌		
皮膚糸状菌症	患畜との直接接触	脱毛，落屑，紅斑など
原虫		
ジアルジア症	糞便中に排出されたシストの経口摂取	粘血便，脂肪吸収不良など，通常は無症状
寄生虫		
イヌ回虫症	成熟卵の経口摂取	幼虫移行症（肝腫，発咳，痙攣，髄膜脳炎，角膜炎，失明，皮膚炎など移行臓器により症状が異なる）
イヌ糸状虫症	感染幼虫保有蚊による吸血時に感染	咳，胸痛などをみることがあるが，通常は無症状
エキノコッカス症	糞便中の虫卵の経口摂取	肝臓，肺，腎，脳などに包虫を形成．寄生部位，大きさ，タイプにより症状が異なる．

ランスを保ってなにごともなく生活しているが，ときには動物に病気を引き起こすことがある．それら病原体は，ウイルスのように小さなものからサナダムシのように大きなものまで非常に多種多様であり，ある動物だけに感染するものもあれば，多くの動物に病気をもたらすものもある．感染症のうち，ヒトとほかの脊椎動物の両方に発症する病気のことは，とくに人畜共通感染症とよばれている．世界保健機構（WHO）は120の疾患を人畜共通感染症に指定している．

ウシやブタなどの家畜の場合，ヒトとの接点は主としてその生産物である乳や肉であり，病原体の多くはそれらを通してわれわれの口に入ることが多い．一方，ヒト社会のなかでヒトと密接に生活するイヌにも，いくつかの人畜共通感染症が知られているが，それらは非常に濃厚な接触あるいは排泄物や皮膚に関連した病原体が，たまたまヒトに移行することで生じることが多い．イヌからヒトへ感染する可能性のある病気を表4-2に示す．ここ10年くらいで，わが国のコンパニオンアニマルとして飼育されるイヌの頭数は急激に増加しており，これらの動物からヒトに感染する病気の発生数も増加している．

咬まれて感染する病気——狂犬病の脅威

不幸にもヒトがイヌの攻撃行動の標的となってしまった場合のおもな被害は，咬傷である．傷はイヌの大きさと咬み方，また，咬まれた場所により，重症度が違ってくる．しかし，たとえ傷自体は小さくても，傷口を中心に腫脹が激しかったり，近傍のリンパ節が腫脹することもある．イヌの口腔内にはいろいろな雑菌が繁殖しており，これらが傷口からヒト体内へ侵入するのである．パスツレラ菌（*Pasturera multocida*）は健康なイヌの口腔内から分離されることが多い細菌であり，咬傷またはひっかき傷からヒト体内に侵入し，局所の発赤・疼痛・腫脹を引き起こす（金城ほか 1995）．しかし，イヌからヒトへ感染する可能性のある病気のうち，もっとも有名でかつ実際にヒトに対して脅威となってきたのは狂犬病であろう．

狂犬病の病原ウイルスは弾丸型をしたRNAウイルスで，ラブドウイルス科に属する．ウイルスは主として咬傷によって伝播し，唾液とともに体内に侵入する．脳神経系細胞に親和性が高く，末梢の神経軸索内で増殖し

表 4-3 各種動物の狂犬病ウイルスに対する感受性
＊の動物は狂犬病のサイクルの維持が可能である．そのほかは通常最終ホスト．
（小澤 1998）

感受性			
非常に高い	高い	普通	低い
キツネ*	ハムスター	イヌ*	フクロネズミ
コヨーテ	イタチ	ヒツジ	
ジャッカル*	アライグマ	ヤギ	
オオカミ*	コウモリ	ウマ	
カンガルーネズミ	ネコ	霊長類（ヒト）	
コトンラット	ウシ		
野ネズミ	ヤマネコ		
	マングース*		
	齧歯類		

ながら中枢神経系へ上行する．一般的に潜伏期は長く，1 週間から 1 カ月，場合によっては発症まで 1 年間を要することもある．発症したイヌの 80% 以上は，狂騒型というタイプの症状を示す．流涎，知覚過敏，反射亢進などの神経症状を呈するほか，行動の変化として不安，神経質，攻撃性を示し，咬傷事件を起こすこととなる．水が飲めないことから別名狂水病ともよばれる．また，運動神経と知覚神経の麻痺を示す病型もある（麻痺型）．いずれにしても，発症すれば致死的な病気である．ヒトでも長い潜伏期を経て，同様の神経症状を示して死に至る（橋本ほか 1995; 源 1995）．

狂犬病は名前からするとイヌ特有の病気のようだが，じつはこのウイルスは温血動物，とくに哺乳類全般に対しての感受性が高いのが特徴のひとつである．アメリカ大陸ではスカンク，アライグマ，コウモリ，キツネなどが，またアジアでは，イヌ属動物のほかマングースなどがウイルスを保有している．とくにジャッカル，コヨーテ，オオカミなどの野生イヌ属動物は，狂犬病ウイルスに対する感受性が非常に高い（表 4-3）．実際，欧米などの先進国を含め世界に広く分布する狂犬病は，野生哺乳類とコウモリが重要な感染源となっており，「森林型狂犬病」とよばれている．米国東部では，狂犬病は 1970 年代終わりに狩猟の獲物用としてフロリダから導入したアライグマとともに，急速に広域に拡大していった（Fishbein and Robinson 1993）．発展途上国のうちイヌが多く飼育されている国の

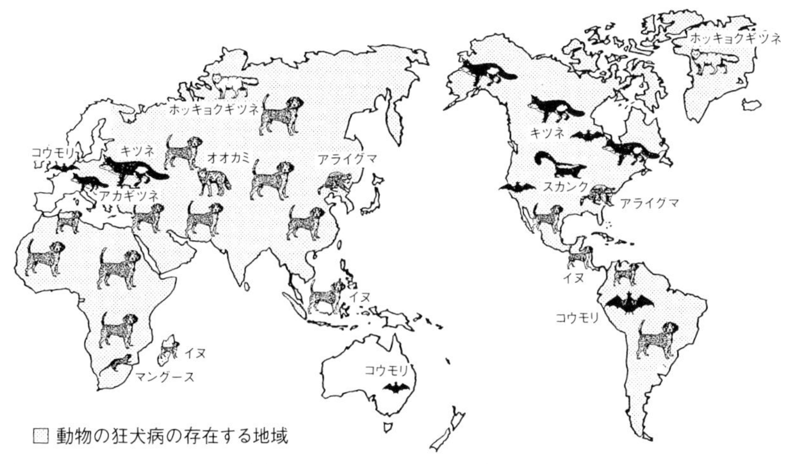

図 4-3 世界の狂犬病の発生分布図とそのおもな媒介動物（小澤 1998 より改変）

都市部では，イヌからの感染が依然として多く，「都市型狂犬病」とよばれている（小澤 1998）．

日本では，いまから 40 年以上も前（1957 年）に根絶されて以来，狂犬病の発生がなく，いまやほとんどの日本人には，名前だけしか知られていない病気となっている（日本獣医公衆衛生史編集委員会 1991）．しかし，世界を見回すと，過去 10 年以上狂犬病の発生がない国（日本，オーストラリア，ニュージーランド，英国，アイルランド，ノルウェー，スウェーデン）を数えたほうが早いくらいに広く分布する病気である（図 4-3）．先進国の代表のような米国においても，1996 年の 1 年間で動物の症例 7124 件，ヒトの症例 4 件が報告されている（Krebs *et al.* 1997）．長年日本が狂犬病フリーでいられるのは，野生動物の狂犬病がないことと，警察力や検疫システムが強かったことに拠っている（小澤 1998）．

狂犬病はワクチンで発症を予防できる病気である．野生動物が狂犬病のキャリアとして重要な欧米では，野生動物用の経口ワクチンが開発されており，とくに西欧のアカギツネの狂犬病減少に高い効果をみている（小澤 1998）．現在の日本では，狂犬病予防法にもとづき，飼育されているイヌにはワクチン接種が義務づけられている．このため日本では，春になるとイヌ用の狂犬病ワクチンはどこの市町村でも準備されている．ところが，これがヒト用のワクチンとなると，簡単には接種できない．たとえば，海外でのフィールド調査前に狂犬病ワクチンを接種しようと思った地方在住のある研究者は，ワクチンを接種してくれる機関をみつけるのにたいへん苦労したということである．

日本周辺では，北朝鮮と韓国の国境付近，ロシア，中国に狂犬病が常在しており，イヌや野生動物の移動に伴い，この病気が日本に侵入する危険性は高い．また，近年のエキゾチックアニマル飼育ブームのため，アライグマなど危険度の高い野生動物が米国などから無検疫で輸入されてきた．米国における狂犬病症例の9割以上が野生動物であり，なかでもアライグマは50.4%を占めている（Krebs *et al.* 1997）．2000年1月よりわが国の動物検疫のシステムが変更され，輸入されるアライグマ，キツネ，スカンク，ネコに対しても狂犬病のチェックが行われるようになった．万一本病が日本で発生した場合，早期に診断・発見し，防疫体制を敷く必要があるものの，本物の狂犬病を経験した医師や獣医師は限られている．

イヌの排泄物が関与するヒトの病気

われわれの生活にきわめて密接に暮らしているイヌの排泄物は，ヒトの生活環境に影響を及ぼす．しつけの完全なイヌであれば，自宅の専用トイレできちんと排泄を管理できるが，そうでなければ飼主の労力ははなはだしく増加する．また，外出の際にはマーキングや排便など生理的要求が多くなり，スコップとビニール袋はイヌの散歩の必需品となっている．イヌの排泄物が家のなかや道端に転がっているとみた目もよくないし，糞便や尿が関与する人畜共通感染症も知られている．

糞便にはきわめて多数の腸内細菌が混在している．なかでもヒトに病原性を示すものとして，エルシニア（*Yersinia enterocolitica*），カンピロバクター（*Campylobacter jejuni*），サルモネラ（*Salmonella* spp.）がヒトの食中毒様症状と関連している．これらの細菌は，概してイヌに対しては病原性が低く，不顕性感染を示すことが多い．ただしヒトが食べものや水，あるいはイヌとの直接接触により経口的にこれらの細菌に感染した場合，下痢，嘔吐，発熱などの胃腸炎症状がみられる．とくに抵抗力の弱い乳幼児や老人で重症になることがある（金城ほか 1995）．

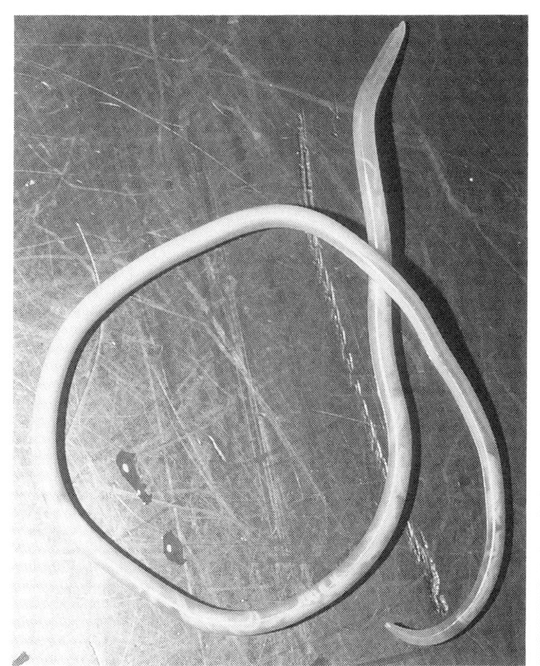
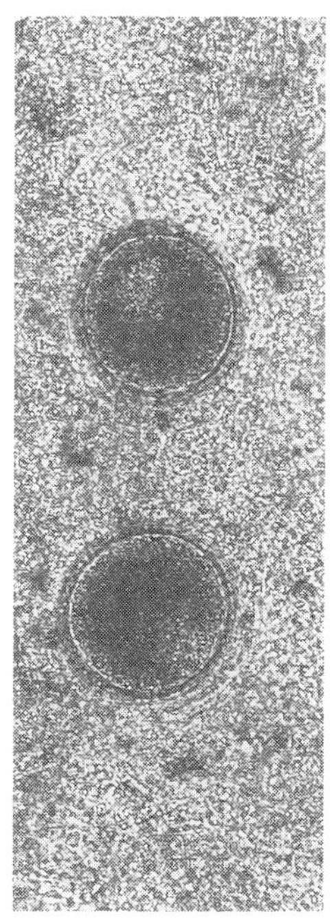

図 4-4 イヌが吐出したイヌ回虫成虫（左）および糞便中にみられた虫卵（右）

動物の消化管には，もっと大型の生物もすみついている．化学肥料の発達と施設の改善，衛生思想の発達などにより，日本人の身体からは近年急速に寄生虫が姿を消した．しかし，イヌの寄生虫保有率はまだまだ高い．イヌの消化管には回虫，鞭虫，鉤虫，条虫などが寄生するが，このうち糞便をとおしてヒトに感染し，病気を起こしうるのがイヌ回虫（*Toxocara canis*）である（図 4-4）．イヌ回虫はイヌと高度に調和を保って生活している．この寄生虫は，糞便中に出てくる虫卵を経口的に取り込むことにより感染が始まるごく普通の感染パターンとは別に，母イヌの胎盤をとおして，あるいは母乳を通じて子イヌに感染する．また，イヌの年齢抵抗性もあり，イヌ回虫が寄生しているのも症状を出すのも，大部分が子イヌである．生後 1-2 カ月齢の子イヌのイヌ回虫保有率は，85.7% という報告がある（薄井 1995）．一方，イヌ回虫は成犬に感染しても成虫にはならず，病気も起こさず，筋肉内で発育を停止してつぎの妊娠や泌乳期を待っている．子イヌの小腸に寄生しているイヌ回虫の成虫は卵を産出するが，幼虫包蔵卵をヒトが飲み込んだ場合に，幼虫が腸内で孵化し，腸壁に侵入後血行性に身体各所，とくに肝臓や眼に移行することがある（幼虫移行症; 小島 1993）．ヒトへの感染は，イヌの糞便が混入する可能性のある土壌（砂場の砂など）やイヌの身体に付着した虫卵が口に入ることで生じる．ある都市の砂場の調査では，虫卵陽性率は 13%，砂 1 g 中の虫卵数は 0.05-0.80 個であった（近藤ほか 1994）．現在まで国内のヒト患者発生数は 200 例ほどであるが，患者は幼児が多い．外で遊んだり子イヌと接触した後の手洗いとうがい，飼イヌの完全な駆虫など，通常の衛生観念の範囲内での注意が必要な病気である．

北海道のキタキツネや野イヌは，多包条虫（*Echinococcus multilocularis*）の終宿主として有名である．多包条虫の体長は 5 mm 以下と小さいが，その片節内にはぎっしりと虫卵が含まれている．もちろん飼イヌも終宿主になりうるが，無症状である．糞便と一緒に排出された片節または虫卵が中間宿主に摂取されると，小腸で孵化し，門脈を経由して肝臓に到達し，囊胞を形成する．おもな中間宿主はエゾヤチネズミであるが，ヒトも中間宿主になってしまうところが問題なのである．水や食物に混入した虫卵をヒトが摂取すると，長い潜伏期を経て肝臓障害を起こすことが多いが，肺や腎臓，脳に囊胞が形成されることもあり，一般に自覚症状が出た時点での治癒率は低い（山根 1993）．わが国では，北海道を中心に分布が拡大している．現在では，全道で感染動物がみつかっており，北海道全体がエキノコックス症対策重点地域に指定されている．1997 年には札幌市の住民が患者として認定され，また，隣接地域の飼イヌにも感染が認められた（神谷 1998）．野生動物や水が感染に関係する要因なので，完全な駆除対策はむずかしい．

レプトスピラ（*Leptospira interrogans*）はスピロヘータの仲間で，湿った環境を好み，汚水や感染動物の尿を介して動物に感染する．とくにネズミは，重要な保菌動物としての役割を果たしている．多くの血清型があり，それぞれの症状も異なる．イヌでは山野をかけ回る猟犬の発生が多く，黄疸や点状出血，腎不全を呈して死亡することも多い．また，発熱，充出血，潰瘍性口内炎，腎炎または不顕性に感染し，尿中に排菌するタイプもある（阿久沢 1998）．ヒトでは農業従事者，下水道工事者，畜産関係者などに，汚水との接触と関連して発病し，発熱，倦怠，筋肉痛などの感冒様症状や黄疸を示す．わが国では，年間数十名程度の患者発生が報告されている．イヌの保菌率は 10-30%．ネズミはほとんど不顕性感染である（金城ほか 1995）．イヌへのワクチン接種で予防可能な病気である．

便や尿のほかにも，陰部から排出される悪露などが感染の原因となることがある．ブルセラ菌（*Brucella canis*）は雄イヌの精嚢炎，雌イヌには胎盤炎を起こし，不妊や流産をもたらす細菌である．ヒトへの病原性は弱いものの，発熱，頭痛，関節痛などの感冒様症状をもたらすことがある．現在でも，数％のイヌは本菌に感染していると推定されている（金城ほか 1995）．

イヌの皮膚や被毛が関与するヒトの病気

イヌの皮膚や被毛は，飼主が触れる機会が多いところだが，ヒトの健康に影響を及ぼしうるカビやダニなどの感染性要素がいくつか知られている．

皮膚糸状菌症の原因は，表皮角質，被毛，爪などの角化部を侵す好ケラ

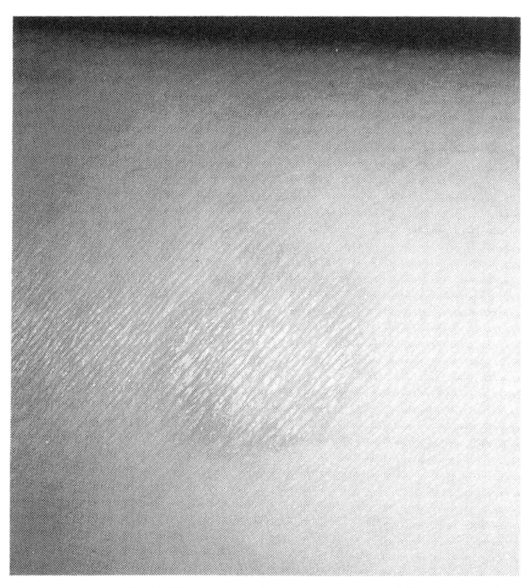

図 4-5 イヌと接触することの多い獣医学科学生の皮膚にみられた皮膚糸状菌感染症病変

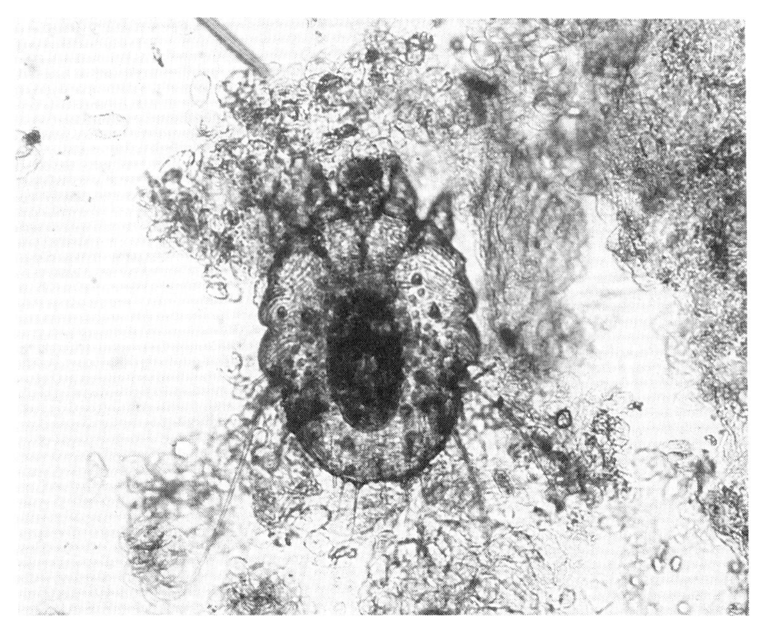

図 4-6 イヌの疥癬症例皮膚から検出した疥癬
からだの中心に卵を含んでいる.

チン性真菌である.イヌには *Microsporum canis*, *M. gypseum*, *Trichophyton mentagrophytes* などがよくみられる.感染すると脱毛,落屑,痂皮形成などの症状がみられ,二次感染があると掻痒も生じる.特徴的な円形の病変ができることがあり,リングウォームとよばれる(図 4-5).病変をもった動物との直接接触によって感染するので,とくに幼児は注意が必要である(柚木 1995).一般に抗真菌薬の治療によく反応する.

疥癬(*Sarcoptes scabiei*)は,宿主動物の皮膚内ですべてのライフサイクルを過ごす小さなダニの一種である.皮膚にトンネルを掘って生活しており,その分泌物のために宿主にかゆみを伴う皮膚炎を生じる.疥癬によるかゆみの程度は非常に強く,イヌは血が出るまで患部をかき続けるため,皮膚は脱毛して象皮状に肥厚し,細菌の二次感染をみることも多い(小方 1995).一般に宿主特異性が高く,イヌの疥癬(図 4-6)はイヌにしか寄生しないが,まれに飼主に一過性の皮膚炎を起こすこともある.

イヌの被毛やフケが飼主や周りのヒトにアレルギーを起こすこともあり

うる．動物の毛やフケはタンパク質でできているので，アレルギーの原因になっていることもある．動物は好きだが，近づくと涙が出たり，くしゃみが出るというヒトは少なくない．

節足動物が媒介するヒトとイヌの共通の病気

動物の病気のなかには蚊，アブ，ノミ，ダニなどの節足動物がベクター（媒介者）となって感染する様式のものも多い．節足動物は，自分が媒介する病原体の宿主がイヌであろうとヒトであろうと関係なく吸血するので，本来はイヌの病気であるはずの病原体がヒトに侵入することも起こりうる．

イヌの飼主であれば，イヌ糸状虫症（フィラリア症）の名前と，それがどれだけイヌの健康にとって重要な意味をもつかは承知しているだろう（第5章参照）．イヌ糸状虫（*Dirofilaria immitis*）成虫は，イヌの右心室・肺動脈に寄生しており，末梢血中に子虫を産出する．子虫はイエカやヤブカによって媒介されるが，感染した蚊がたまたまヒトを吸血した場合には，フィラリア子虫が人体内に侵入し，肺，皮下組織，体腔などに寄生することがある．肺に寄生した子虫により，咳や胸の痛みが出現することもあり，また，胸部X線検査により腫瘍とみまちがわれることも多い（多田 1993）．しかし，ヒトは本来の宿主ではないので，子虫が発育することはごくまれである．

イヌ条虫（*Dipylidium caninum*）は，イヌとネコの小腸に寄生する体長 10–70 cm のサナダムシである．成熟片節とともに排出された虫卵は，中間宿主であるノミ幼虫やハジラミに摂取され，その体内で擬嚢尾虫に成長する．感染したノミなどを子どもやイヌが口にすると，約 20 日後に小腸で成虫となる．一般には感染しても無症状か軽症で，駆虫剤にもよく反応する．なんでも口に入れてしまう小児の感染率が高い（山根 1993）．

マダニの多くは植生上で宿主動物が通過するのを待っている．やってきた動物にとりつき，痛みもかゆみも起こさず，気づかれないように何日もの間吸血を続けるのである．マダニは満腹になると，宿主からポロリと落ち，つぎのステージへと脱皮または産卵する（図 4-7）．マダニが媒介するイヌの病気は種類が多く，長い吸血期間中に宿主動物とウイルス，細菌，リケッチア，原虫などの病原体の受け渡しを行う．わが国においてマダニ

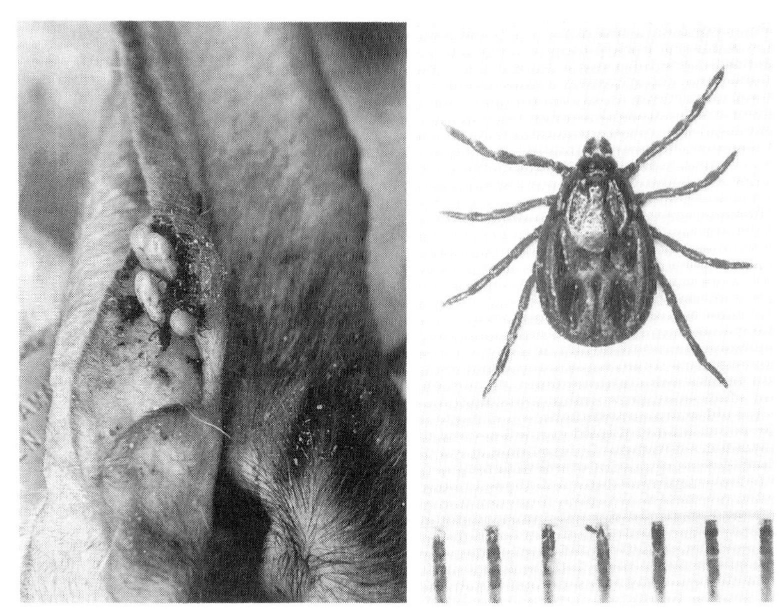

図 4-7 イヌの耳介に寄生して吸血中のマダニ（*Rhipicephalus sanguineus*）（左）と飽血前のマダニ成雌（右）

媒介性人畜共通感染症として発症がみられるものにライム病がある．ライム病の病原体は*Borrelia*属の細菌であり，日本ではシュルツェマダニやヤマトマダニなどのマダニがおもなベクターである．患者の発生は関東以北が中心であり，ヒトではマダニ刺咬後の皮膚の遊走性紅斑と感冒様症状が特徴的にみられる（宮本 1995）．一方，イヌでは発熱，元気食欲不振のほか神経過敏，痙攣，跛行（はこう）などの神経症状を示すことが多い（東 1997）．

ライフスタイルの変化と人畜共通感染症

交通手段の発達によるヒトと動物の大量移動，未開地の開発による感染機会の増大などにより，海外で発生した病気が容易に日本国内へ侵入しうるようになっている．輸入犬の数は，いまや年間 1 万頭を超えている（農林水産省畜産局資料）．外国から輸入される多くのイヌは，感染症のキャリアとなっている可能性があるのだ．たとえば，ロッキー山紅斑熱やエリキア病などのリケッチア感染症は，世界的に広く分布し，ヒトとイヌの両方に病気を引き起こすので，公衆衛生上注目されているが，いまのところ日本ではヒトの発症例はない（森田 1995）．ただし，検疫の段階では症状がないかぎりチェックされることはないので，すでにキャリアが日本に侵入している可能性は大いにある．これらのリケッチア病は，マダニなどの適当なベクターが存在すればほかに伝播しうるのである．

現代社会では核家族化が進み，イヌの地位もコンパニオンアニマル，または家族の一員として，ヒトと非常に親密な関係を保つことが多くなっている．このため，ヒトとイヌに共通する病気の発生も増加してはいるが，過剰な反応をする必要はまったくない．上述したいくつかの疾病がヒトに発症した事例は，ごくわずかである．ただし，イヌと遊んだ後や食事前にはよく手を洗うこと，あるいはイヌの糞便の後始末をきちんとすることなど，常識的な衛生観念をもつことは必要である．また，きちんとイヌの行動をコントロールするためのしつけ，あるいはワクチンで予防できる病気についてはワクチン接種することなども，人畜共通感染症を防止するための飼主の義務であろう．さらに，飼主とイヌの基本的な健康に注意することで，日和見感染の発症は防げる．

いたずらな清潔主義に走るのは，かえってヒトの免疫力を弱めて，感染症に対する抵抗力を減少させるという考え方がある（藤田 1997, 1999）．少し極端だが，「無菌状態で育った子どもたちは理論的に死亡志願者ともいえる」という考えまである（トルムラー 1996）．イヌとの接触は汚いからいやだと思うことと，イヌを舐めても汚いと思わないような両極端を排除したところに，ヒトとイヌの調和した関係があるのではないだろうか．

第5章 これからのイヌ学
ヒトとのよりよい関係を求めて

5.1 つくられたイヌの宿命

維持される純血

われわれはイヌと暮らしてきた長い年月の間，特定の仕事をさせるための特別なイヌを選択的に繁殖し続けてきた．もともとイヌの繁殖は，外観よりもむしろ特定の作業能力や行動などの機能面を重視しながら行われた．近親交配は，このような有用な特性を維持し，品種を形成するのに役立ってきた．ヒトはイヌの遺伝形質の多様性に目をつけ，近親交配を利用して多くの品種を創造してきたのである．

自然界においては，ひとりで生き延びてゆくことができる適応力をもつものだけが繁殖を繰り返し，子孫を残すことができる．野生のイヌ属動物では，生まれてきた子どもの60%は病気などのために自然淘汰されている（トルムラー 1996）．しかし，家畜では負の突然変異が継続されている（フォーグル 1996a）．たとえ自然界で生存していくために適当ではない突然変異であっても，ヒトがその性質に対してそれなりの価値を見出せば，その変異個体はヒト社会のなかで生き延びることができる．トイ種とよばれる小型犬種は，野生ではとても生存不可能であるが，これはヒトの精神の慰め役としてつくりあげられたものであり，ヒトの欲望の様を反映しているという考えもある（トルムラー 1996）．

イヌの品種にはそれぞれスタンダードとよばれる基準がある．それは外形，体高，毛の長さあるいは色など，外見の性質を重視した基準である．ある品種のスタンダードを満たした個体は，純粋な品種として認められ，また，基準を満たしている家系出身のイヌは，由緒正しい血統書つきのイヌになるのである．スタンダードを無視してイヌを繁殖させると，外見上の特質はしだいに崩壊してしまう．ある品種が本来もっているよい性質や特徴を失ってしまう恐れもある．しかし，スタンダードはあくまで外見上の特性に関する基準である．

外見上の問題に比べると，健康に関する問題，あるいは行動や性質などの機能面についての注意は，繁殖の際にあまり払われていないところに純血種の宿命がある（トルムラー 1996）．とくに外国産種の繁殖を行う場合，わずかな数の輸入犬から繁殖を開始し，国内への供給を行うために極端な近親交配が実施され，特定の形質が発現しやすくなる．輸入された純血種集団は，本国の品種の母集団とは異なる性質のものになってしまうことがある．たとえば，米国におけるイヌの品種別行動特性調査において，秋田犬は興奮しにくく訓練性が高い半面，非常に攻撃的な品種のひとつとして認識されており，ドーベルマンピンシェルやジャーマンシェパードと同じグループに分類されている（ハート・ハート 1990）．一方，日本における同様の調査では，秋田犬の攻撃性はそれほどでもなかった（田名部ほか 1999）．秋田犬は第2次世界大戦後，まもなく輸出され，現在では主としてその子孫が米国で広がっている．また，繁殖された輸入品種は，行動上の性質だけでなく，健康上の問題において本来の品種とは異なる性質を得る可能性もある（フォーグル 1996a）．日本で最近流行している品種についても，本来の行動特性と異なる個体が出現したり，健康上の問題が出現することが予想される．しかし，流行を追い，血統書を必要とする消費者がいるかぎり，供給者は「由緒正しい」イヌを生産するのである．

イヌのなかには，遺伝とはまったく無関係な外見上の基準を満たすためだけに，整形手術を受ける品種がいる．たとえば，ドーベルマンピンシェルやボクサーの成犬は，ほとんど尾が短く耳がピンと立っている（図5-1）．しかし，これらは「整形美人」である．本来は長い尾をもち，垂れた耳をもって生まれてくるにもかかわらず，スタンダードが要求し市場（消費者）が要求するという理由から，生後まもない子イヌの時期に断尾や断耳が行われてきた（トルムラー 1996）．整形の理由は一方的にヒトの都合だけである．断尾されたイヌは，大切なコミュニケーションの手段を失っている（第3章参照）．現在では，動物愛護の見地から，欧州を中心にして断尾や断耳は禁止されつつある．近い将来，尾の短いイヌはいなくなる

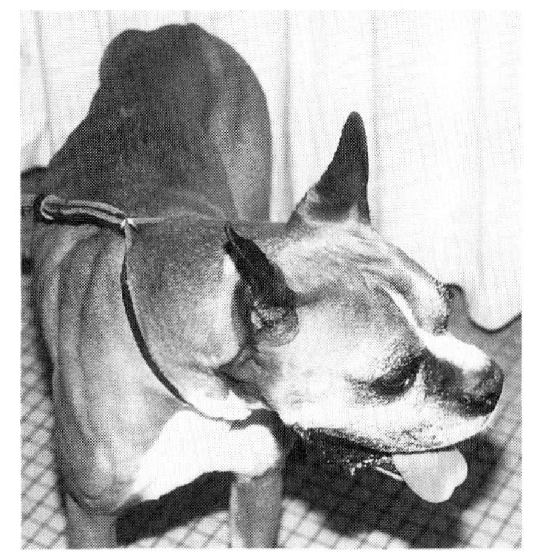
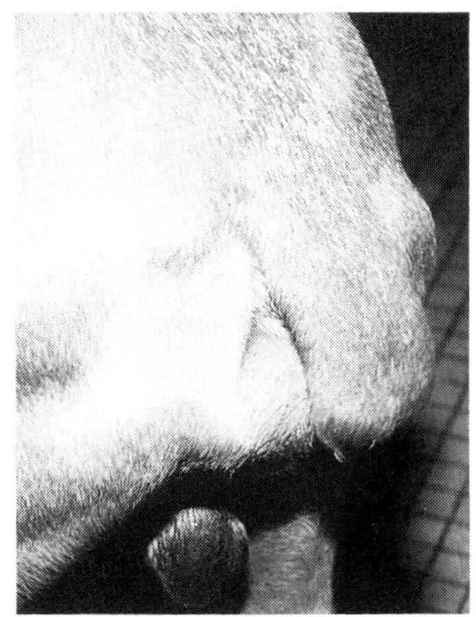

図 5-1 断耳・断尾されたボクサー

かもしれない．

遺伝性疾患と品種特異的疾病

人為的な繁殖の結果つくられた多くのイヌには，宿命ともいえる遺伝性の健康上の問題，または疾病が出現することがある．遺伝性の疾患でも非常に重篤で生命の維持にかかわるようなもの，たとえば胎子のうちに死亡するとか，生後生存不可能なものであれば，その病気はそこで途切れる．しかし，致死的でない病気は後に残りやすい．遺伝的に出現した疾患を手術で修正・矯正したり，ある程度まで生命を維持することはできるかもしれないが，これらは根本的な解決にならない．繁殖に関して異常をきたす疾病でなければ，その疾病の系統は繁殖に供され，遺伝性疾患は途切れることなく子孫に伝えられてゆく．

どの品種にも，それぞれに発現しやすいなんらかの遺伝性疾患がある（表 5-1）．イヌの疾患に関する疫学調査でも，たしかに品種によって出現しやすい病気が認められている．東京都多摩地区の動物病院を訪問したコッカースパニエルには，外耳炎がたいへん多かったし，ある年齢以上のポメラニアン，マルチーズ，ミニチュアプードルなどのトイ種には，僧帽弁閉鎖不全という心臓病が多発している（光岡 1999）．

表 5-1 品種により発症しやすいおもなイヌの内分泌疾患
(Feldman 2000; Nelson 2000; Scott-Moncrieff and Guptill-Yoran 2000)

糖尿病	プリック, ケアンテリア, ミニチュアシュナウザー
副腎皮質機能亢進症	プードル, ダックスフント, テリア系の品種, ジャーマンシェパード, ボストンテリア, ボクサー
甲状腺機能低下症	ゴールデンレトリバー, ドーベルマンピンシェル, アイリッシュセッター, ミニチュアシュナウザー, ダックスフント, コッカースパニエル, エアデールテリア

先天性の心臓病を例にあげてみよう．イヌのおもな先天性心臓病としては，動脈管開存，肺動脈狭窄，心室中隔欠損，ファーロー四徴症，大動脈狭窄などがあるが，いずれも特定品種との関連が明らかとなっている (Patterson 1971; Buchanan 1992)．たとえば，ファーロー四徴症は肺動脈狭窄，大動脈の右方への騎乗，心室中隔壁欠損および右心室肥大の 4 症を同時に示し，右室圧と大動脈圧が等しくなって起こるチアノーゼ性心疾患である（本好・竹村 1996)．本症の発生は，キースホンドとイングリッシュブルドッグに多く認められている（Miller and Bonagura 1994)．好発品種を用いた交配試験の結果，本症は中隔形成期において中隔筋の発育が阻害されることに起因しており，単一の変異遺伝子が関与していることまで明らかになっている（Patterson *et al.* 1993)．また，複数の遺伝子異常が関与している先天性心疾患（肺動脈弁狭窄など）のこともわかりつつある（Patterson *et al.* 1981)．現在，ヒトの病気の多くは分子生物学的に遺伝子レベルで解析され，その発症機構が解明されつつある．イヌに特異的な遺伝性疾患についても，今後関連遺伝子の分離とその応用を中心に研究が進んでいくことが期待されている．

日本では，人気のある大型犬の股関節形成異常や短足犬の椎間板ヘルニアが急増している．人気品種の場合は輸入された少数のイヌをもとに多くのイヌを生産するために，近親交配が短期間に繰り返して実施され，特定の遺伝性疾病が発現しやすくなる．人気品種であっても，ある血統を繁殖から外しさえすれば遺伝性疾患は急速になくなるのであるが（トルムラー 1996)，現実には，商業上の自由な活動を制限することは困難なことである．障害のあるイヌのめんどうをきちんとみるためには，それなりの時間と労力と経済的な負担が飼主にかかってくる．疾病のためにイヌの飼育が困難になることもしばしばある．

5.2 高齢化するイヌたち

イヌの年齢と寿命

たいていの家畜は天寿を全うできない．たとえばウシ，ニワトリ，ブタなどの多くは，ヒトに食べられることを目的に飼育されており，できるだけ早く太らせて肉にしてしまうことが経済的と考えられている．しかし，イヌは天寿を全うしうる数少ない家畜である．ギネスブックに載っているもっとも長命なイヌの年齢は，29 歳である（Matthews 1995）．一般的に小型のイヌは長生きで，老化現象も 11.5 歳と遅くまで現れない．ところが，身体が大きくなるに従って，老化が始まる年齢は早くなる．体重が 9-22 kg の中型犬では 9 歳，22-40 kg の大型犬では 7.5 歳，40 kg 以上の超大型犬では 6 歳で老化が始まる（Goldston 1989）．イヌは老化の開始から平均 2 年くらい生き延びることを考慮すれば，それぞれのイヌの平均寿命も予想できよう．

自然界では，イヌの生命を脅かす病気がいくつかある．かつての日本では，イヌが命を落とす理由としては，イヌ糸状虫症，ジステンパーウイルス感染症，狂犬病といった感染症が主であった（平岩 1989）．イヌ糸状虫（*Dirofilaria immitis*）は食肉類，とくにイヌ科の動物をおもな宿主とする線虫である．成虫は宿主の肺動脈や右心室に寄生する乳白色ソーメン状の形態をしており，長いものでは体長 30 cm に達する（図 5-2）．哺乳類の重要な臓器である心臓に寄生するこんなに大きな寄生虫は，ほかにはいない．イヌ糸状虫に寄生されたイヌの約 4 割に症状が出現する（大石 1995）．肺動脈や右心室の寄生虫体のために，循環障害から引き続き慢性の右心不全になり，咳が出たり，ちょっと散歩しただけで息切れがしたり座り込んでしまい，失神することもある．全身静脈の循環が悪くなるので，四肢に浮腫が生じたり，腹水がたまることもある．これらの病態は徐々に進行するので，慢性イヌ糸状虫症とよばれており，たいていのイヌ糸状虫症はこのタイプである．また，急性のタイプもまれに発症する．急性型では激し

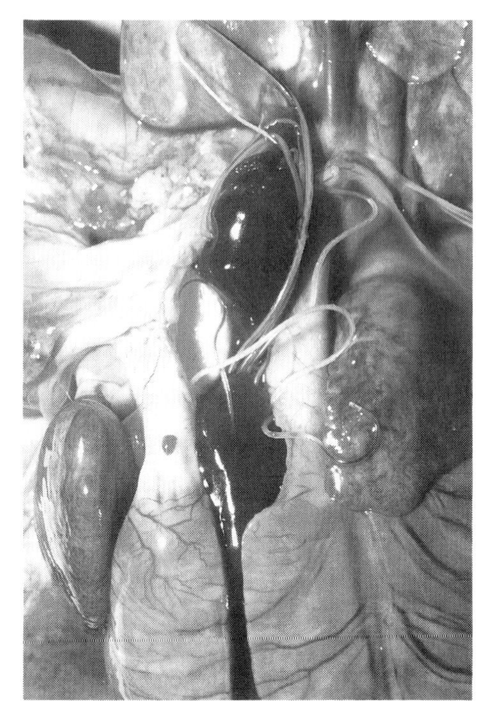

図 5-2 右心室から肺動脈にかけて寄生するイヌ糸状虫成虫

い心臓，肝臓，腎臓などの障害が突然出現し，全身状態が悪化する．血管内溶血のため真っ赤な尿を排出したり，虫体の肺への栓塞のため喀血が起こる．どちらの病態もイヌにとっては寿命をかなり縮める病気であることにはちがいない．

日本はイヌ糸状虫症の高度流行地域のひとつであり，北海道から沖縄まで全国のイヌに寄生が認められている（大石 1986）．心臓に寄生するイヌ糸状虫の雌は，雄と交尾した後，血液中に子虫を産出する．この子虫は体長 300 μm ほどで，ミクロフィラリアとよばれ，イヌの末梢血液中を泳いでいる．ミクロフィラリアは，ベクターである蚊が吸血するときに一緒に吸い込まれ，その体内で成長する．蚊が再度別の動物から吸血するときに，幼虫は新たな宿主に感染するのである（図 5-3）．イヌに侵入した幼虫は，

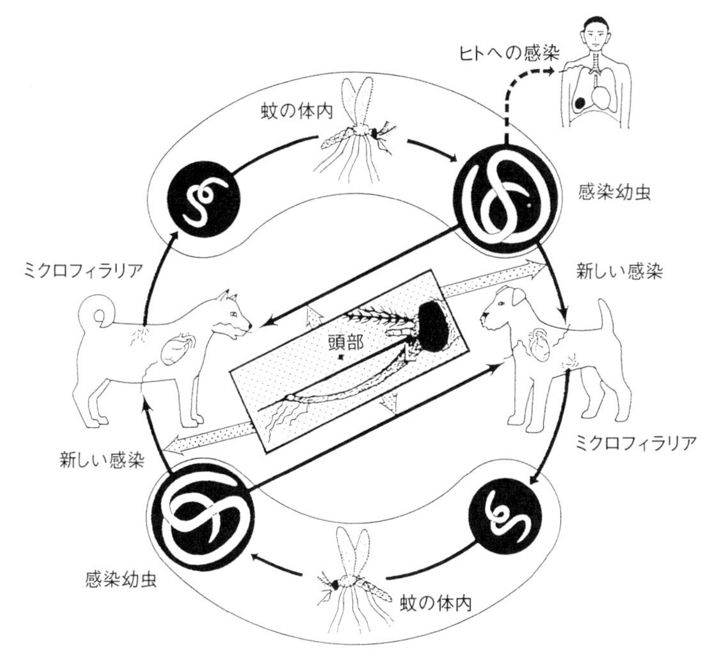

図 5-3 イヌ糸状虫の発育と感染経路（宮崎・藤 1988）

その体内を循環しながら成長し，最終的には心臓へたどりつく．ヒトやネコなどイヌ以外の動物でも同様に，蚊から感染しうる（第4章参照）．しかし，本来の宿主ではない動物では，完全に成虫まで成長しない．この病気は，現在では予防薬の定期的な投与により，幼虫移行の阻止が可能である．都市部の飼イヌの間では，中間宿主たる蚊の激減と予防薬の普及により，イヌ糸状虫症の発生はかなり少なくなってきたが，地方によってはまだまだ高い感染率を示している（大石 1995）．

イヌにとってのもうひとつの脅威は，ジステンパーウイルス感染症であった．ジステンパーウイルスは，主としてイヌ科やイタチ科の動物に感受性があり，患者からの分泌物や排出物との接触や飛沫吸引により伝播する．イヌが感染した場合，潜伏期を経て胃腸や呼吸器が冒され，血様下痢や肺炎，気管支炎などの症状を呈する．その後，ウイルスは脳に侵入することもあり，痙攣，震え，麻痺などの重篤な神経症状を引き起こす．神経症状を認める場合の死亡率は90%に達する．イタチやタヌキなどの野生動物も感受性があるので，完全な撲滅は困難である（甲斐 1995）．わが国では，1960年代に生ワクチンが普及し始めてから発症数が激減し，一時期ほとんどジステンパーウイルス感染症の発症例をみなくなった．しかし，1980年代後半から，ワクチン歴のあるイヌにも発生する例が増加してきた．これは遺伝的に変異し，ワクチン株とは抗原性の異なる新しい株が野外に出現したためである（甲斐 1998）．

イヌの生命を脅かす感染症は，ほかにもパルボウイルス感染症，イヌ伝染性肝炎，レプトスピラ症（第4章参照）などいろいろあるが，重要な疾病については，ワクチンや予防薬が開発されている．このような予防獣医学の発達および治療技術の向上，栄養バランスに優れたペットフードの登場などにより，イヌの平均寿命は近年ずいぶんと延長されている（Hoskins and McCurnin 1997）．このような観点からすれば，今日の飼イヌは幸せである．もちろんそれにかわって，高齢化したイヌを悩ませる成人病が増加している．

イヌの成人病

なぜ生物は年をとるかという疑問については，生物は個体ごとに遺伝的にすでに寿命がプログラムされているという考え方（生物時計説）もあるが，はっきりとした答はわかっていない．加齢に伴い，生物の身体のあらゆる器官のさまざまな細胞は萎縮，線維化，修復能の遅延，活性の低下などを示し，器官レベルでは機能の低下が生じてくる（デイビース 1997）．主要な臓器機能の減退により，老齢犬では感染や環境の変化などのストレスに対して，生体の恒常性を維持することが困難な状態になっている．

日本人の平均寿命も，医学の進歩や生活環境の変化とともに近年急速に延びているが，それに伴って悪性腫瘍の発生が多くなっている．イヌの場合も同様であり，寿命が延びるに伴って腫瘍が増加する．これは，環境中の発がん物質など腫瘍発生因子への暴露の可能性と，自己のDNAの突然変異に起因する発がんの可能性が高くなることによる（デイビース 1997）．リンパ腫や骨肉腫のように，比較的若齢のイヌに発生の多いものもあるが，たいていの腫瘍は老齢なイヌに発生する．腫瘍の平均発生年齢は8歳で，相対危険度は加齢に伴って増加するし，10 歳以上のイヌの半数は腫瘍によって死亡したというデータもある（デイビース 1997）．また，腫瘍の発生には多分に遺伝的因子が関与するため，品種によっては発生しやすい腫瘍があることも知られている．腫瘍の治療は外科的な切除が中心であるが，ヒトと同様の放射線療法や化学療法など高度な治療法も広く用いられており，効果をあげている（Gilson and Page 1994）．ヒトでは治療後の 5 年生存率が治療効果の評価に用いられるが，イヌでは寿命が短いので，2 年生存率で評価されている．腫瘍に対する治療法の進歩によっても，イヌの寿命は延長している．

加齢によって機能が低下する臓器のうち，もっとも全身状態とほかの臓器に影響を及ぼすもののひとつは，心臓血管系である．心臓血管系の疾患は，ヒトの成人病として重要な死因になっている．イヌでも事情は同じであり，加齢とともに心臓血管系の構造や機能が変化するために，さまざまな病態が生じる．老犬の心筋は，線維化していたり部分的に壊死や梗塞を生じてその運動性が悪くなり，また，アドレナリン刺激に対する反応性が減少し，心機能が低下している．さらに，弁のコラーゲン様線維は変性して肥厚し，血液の逆流を防ぐという機能が不完全になる（デイビース 1997）．9 歳以上のイヌの 58%，また，13 歳以上のすべてのイヌに弁の変性が生じるのである（Whitney 1974）．さらに，血管には線維化と石灰化により硬化が生じ，その脆弱性が増大する．心筋に血液を供給する冠状動脈の硬化は，12 歳以上のイヌの 76% に認められている（Valtonen 1972）．心臓だけでなく，さまざまな臓器の血管が冒され，とくに脳や腎臓などの機能障害は，生命への影響がたいへん大きくなる．

ヒトでもイヌでも年をとると，体形が維持できなくなることが多い．加齢に伴い，代謝に作用するホルモン（甲状腺ホルモン，性腺ホルモン，カテコラミンなど）の活性が低下するために，基本的エネルギー代謝率の低下が起こり，老齢犬は肥満になりやすい（Edney and Smith 1986）．また，運動量の低下からくるエネルギー要求率の減少も，肥満の原因になる．老犬の要求エネルギー量は，少なくとも 20% は減少している（ウォルター 1991）．若いときと同じだけ食餌を与えていたのでは，たいていの場合，肥満が生じることになる．肥満は，グルコース耐性の減少，高インスリン血症や膵炎を伴うランゲルハンス島の消耗などから生じる糖尿病，心臓血管系および呼吸機能の低下，皮膚疾患，整形外科学的な疾患発生のリスクファクターとなり，それらの病気を増悪させる（デイビース 1997）．これらのリスクの増加により，肥満したイヌの平均寿命は，正常なイヌに比べて短くなっている（Edney 1974）．

一方，逆に体重が減少することも，老化したイヌにはよくみられる（Laflamme 1997）．歯の悪化や消化液の分泌低下により，摂取した食物の消化能力と栄養分の同化能力が低下するのである（ウォルター 1991）．

中枢神経系の変化と痴呆症

老化による生体機能低下の程度は，個体や器官によってさまざまであるが，概して脳神経系の機能の衰えに起因する老化は，行動や動作の変化として目にみえて現れやすい．老化により脳量は減少し，神経細胞の数も減少する．神経伝達物質の産生が減少し，神経伝達時間が遅延する．セロトニン量が減少して睡眠時間が延長し，神経筋肉の障害と抑鬱がみられる．反射が衰え，味覚・嗅覚・聴覚・視覚などの感覚は鈍化する．脳内血管の弾力性も喪失され，脳内の慢性的酸素不足と微量出血が認められ，見当識や学習能力が低下するのである（デイビース 1997）．

65 歳以上の人口が急増しているわが国の老人に問題になっているのが，痴呆症である．ヒトの痴呆は，「いったん獲得した脳の機能が継続的に障害を起こし，記憶や判断，思考に支障をきたし，通常の社会生活で問題が出てくるような病的状態」と定義される（黒田 1998）．痴呆状態では，判断や思考などを司る前頭葉の機能が障害され，創造性や機転，注意力，ユーモアなどが欠落するのが特徴である．ヒトでは脳血管型あるいはアルツハイマー型の痴呆がほとんどであるが，精神的なショックや環境の大きな変化が引き金になることも多い．

イヌはヒトと比べると，前頭葉の発達は劣るかもしれないが，記憶や学習の能力をもっているので，上記の定義にあてはまるような状態が起こりうる．イヌでも高齢犬では，痴呆が生じるのである．イヌの痴呆は，「いったん獲得した学習と運動機能の著しい低下が持続し，飼育が困難になる状態」と定義されている（内野ほか 1995）．老齢犬の痴呆症状としては，方向失認，注意力欠如，昼夜逆転，しつけの喪失，コンパニオンとしての認識の破綻，性格の変化などが認められている（Cummings *et al.* 1996; デイビース 1997）．高齢犬にみられる痴呆の病理所見を観察すると，老人斑アミロイドの蓄積と重度のセロイドリポフスチン沈着が認められ，ヒトのアルツハイマー型痴呆の所見と類似していることが明らかになった（中山ほか 1995）．さらに痴呆症状は，転居や旅行，イヌをとりまく飼育環境の大きな変化が，発症を促す引き金になりうると考えられている（朱宮 1998）．まさにイヌの痴呆はヒトの痴呆と同じものなのである．ただし，脳以外の疾病でも同様の症状が出現することがある．飼主からみると，表面上の行動の変化だけが目につきやすい症状なので，痴呆の診断を下す前には，腎不全や肝不全による代謝障害，心不全や呼吸不全による低酸素症などを鑑別する必要がある．

歯と感覚の衰え

イヌの歯はほかの器官よりも加齢の影響を受けやすく，加齢の証拠となりやすい．年とったイヌでは，歯石の蓄積，歯肉の過形成，歯肉の萎縮と退縮，エナメル質の摩耗，潰瘍性の損傷などがみられ，7-8 歳までに 95% のイヌが歯根膜の疾病に冒されている（Harvey 1988）．とくに近年のドッグフードの普及により，軟らかい餌を食べるイヌが多くなり，歯石の蓄積とそれに伴う歯周病がたいへん増加している．歯石の蓄積は歯周炎と歯周組織の退縮へと続き，歯の脱落，採食不能，また，菌血症を起こすこともあり，イヌの寿命を縮める要因のひとつである（図 5-4）．

加齢による感覚の変化は不可逆であり，鋭い感覚をもったイヌも老化には勝てない．自然界においては，感覚の鈍化は獲物獲得能力，危険察知能力などの低下により，死につながるものである．しかし，飼イヌでは生活スタイルを順化させることで，特殊感覚の喪失による影響を最小化できる（デイビース 1997）．たとえ視力がなくなっても，長年すみ慣れてどこになにがおいてあるかわかっている家のなかなら，残った感覚を最大限に利用して，ものにぶつかったりせずにうまく生活することができる．家のなかの行動からだけでは，飼主もイヌの視力の変化に気がつかないことがある．イヌの眼もヒトと同様に年をとると白内障になり，視力が衰える．レ

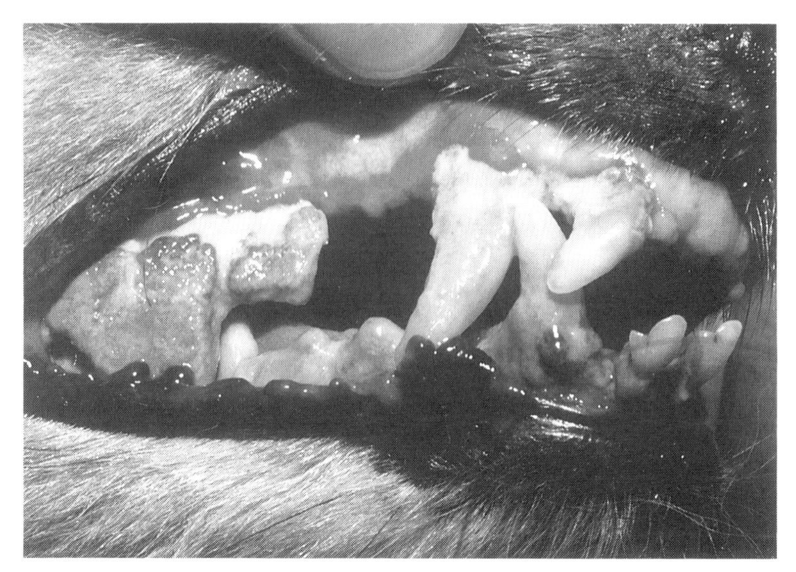

図 5-4 重度に付着した歯石

図 5-5 老齢性白内障

ンズの皮質内液量が増加したり（皮質白内障），レンズ中心付近の線維が圧縮され，水分の減少とともにレンズ核の高度が増す（核性硬化）．9歳以上のイヌでは，これら老齢性白内障が多発する（図5-5）．また，網膜剝離や角膜の色素沈着など，ヒトと同様の変化が現れる．さらに，イヌの特徴でもある優れた嗅覚と聴覚も，年齢とともに衰えてゆく．慢性の炎症や腫瘍の発生が，これら感覚の衰えに影響するおもな要因である（デイビース 1997）．

ヒトの病気のモデルとしてのイヌ

イヌも成人病など，ヒトとほとんど同じ病気にかかることがわかってきた．診断や治療方法も基本的なところでは同じである．したがって，イヌの病気の治療を行う場合，ヒトの治療方法を参考にしていることが多い．治療薬なども人体用に承認が得られた薬物が飼主の同意のもとでイヌに用いられている．しかし，イヌの高齢化が進むなかで，今後は逆の立場になることも考えられるだろう．つまり新しい治療法，新しい治療薬をヒトの病気のモデルとして，まずイヌに適用するということである．これは，けっしてイヌを実験動物に用いるということではない．たしかにイヌは，実験動物として不幸な過去をもっている．医学研究や科学実験のために，多くのイヌが実験動物として犠牲になってきた（今川 1996）．しかし，動物福祉の観点から，イヌを用いた実験はほとんど実施されなくなっているのが，最近の世界的な傾向である．あくまでも患者としてのイヌという立場である．

イヌをモデルに使うことの利点は，いくつかあげられる．まず第1に，イヌのライフサイクルがヒトに比べて極端に短いことである．10-15年の寿命のうちに老化が始まり，腫瘍や痴呆症が生じてくる．当然，治療に対する効果が現れるまでの期間も短く，評価が行いやすくなる．第2に，ヒトの場合に比べ，倫理上の制約が少ないことである．遺伝子治療や受精卵操作を含む治療法は，現代科学の最先端の分野ではあるが，ヒトへの適用に関しては，一般に受け入れられにくいのが現状である．ヒトに比べて倫理上の制約が少ないイヌは，飼主の同意のもとで最新の治療を受けることができるのである．

これまで動物薬がヒトへの適用よりも先行した例としては，イベルメクチンという抗生物質がある．この薬は土壌中のカビから抽出された物質で，抗線虫薬として効果が高く，イヌ糸状虫の予防，家畜の消化管線虫や外部寄生虫の駆除など，広く獣医用に用いられているが，現在では，発展途上国におけるヒトの糸状虫症（オンコセルカ症）の治療の中心的な薬剤となっている．

5.3 これからのイヌとヒトの関係

処分されるイヌ

最近，日本ではイヌの飼養頭数が増加しているが，一方では処分されるイヌもかなりの数にのぼっている．2002 年度には，イヌの登録頭数約 600 万頭に対し，約 11 万頭が処分された（厚生労働省資料）．

一時的な興味や，ただかわいいからという情緒的な理由でイヌを飼い始めてみるものの，すぐに飽きたりほかの面白いものに興味が移ってしまい，イヌの世話ができず，しつけもできず，けっきょく捨ててしまうことがあるようだ．また，なんとか飼育はしているものの，かわいそうだからとか，めんどうくさいから，あるいはお金がかかるからという理由で去勢や避妊を行わず，かつイヌの自由な繁殖にまかせて子イヌが生まれ，どうしようもなくて捨てイヌとなって，最後には処分されてしまうこともある．処分されるのは，遺棄や飼育の放棄のほか，しつけの失敗，イヌの問題行動が飼主の手に負えなくなったという場合も多い（Hubrecht 1995）．

このように多くのイヌが処分される原因のひとつには，豊かな現代社会の使い捨て文化と商業主義が関係しているようである．自由主義社会では，産業は需要があるかぎり生産し，消費者に供給するのが原則である．ペット産業におけるイヌもほかの生産物と同じく，消費社会のなかでは一商品としての価値しかない．「命」という概念が希薄なのである．離乳も終了していない，健康状態もよくわからない，適切な社会化も行われていないような生後 1 カ月の子イヌが売りに出されたり，飼主の生活様式や飼育能力などにかかわらず，人気があるからという理由だけで，大型犬が販売されることもある．人々のイヌへの愛着がたいへん大きなものとなって，無配慮な繁殖の繰り返しと金もうけの結果生まれた，程度のよくないイヌが繁殖されているのも，ある程度は事実である（トルムラー 1996）．

また，マスメディアがつくる歪んだイヌのイメージも，最終的に多くのイヌを処分に追い込む遠因のひとつである．テレビや映画，物語のなかでは，本来望ましくない行動で悪名の高い品種を人気者にしたててきた（ドッドマン 1997）．そこではひとなつっこい愛らしい性格のイメージをもったイヌが多く登場するが，その品種が実際にもつ行動特性とは異なることがある．個々の品種はけっして欠陥のあるものではないが，飼主の目的や生活のスタイルと適合しないことが問題なのだ．日本でも一時期，野性的なシベリアンハスキーが流行したことがある．漫画に登場するかわいらしいキャラクターが人気となり，ちょうど景気もよくて，その豪華な外見と雰囲気が人々に好まれたこともある．しかし，結果的には，このイヌの性格と体格の大きさが多くの飼主の手に余り，捨てられたり処分されて，急激に減少してしまったのである．

ヒトとイヌの調和

イヌの飼養頭数が増加するに従って，ヒトとイヌの間のトラブルも増加する．第 4 章で述べたように，イヌはヒト社会に対してネガティブな効果をもたらしうることも理解する必要がある．世の中にはイヌの数よりも多くの人々が，それぞれの価値観をもち，それぞれの生活を営んでいる．けっして，イヌのもたらす問題に対して寛大な人々ばかりではない．問題行動にせよ，人畜共通感染症にせよ，大多数の飼主は正しくイヌとつき合っているにもかかわらず，少数の非常識のために全体が非難され，否定される傾向がある．たとえば，公園の砂場で，あるいは道路の端にイヌの糞便がひとつでも転がっていれば，それがどのイヌのものであれ，すべてのイヌと飼主が悪者になってゆく．

現在の日本では，イヌの立場はきわめて弱い．ましてや咬傷事件などが発生して，けが人が出た際には，即処分されてしまうこともある．たとえイヌの食餌中に手を出したとか，知らないイヌの頭をなでたなど，咬まれた側にもそれなりの理由があったとしても，落ち度は咬んだイヌやその飼主にあることになるのだ（富澤 1997）．また，ほとんどの集合住宅や公共宿泊施設，レストラン，衛生施設などには，イヌは入れてもらえない．

ヒトとイヌの適切な関係を築きあげていくべき時期がきているようである．イヌはすべてわれわれがつくった動物である．ヒト社会のなかで適切に生きていくためには，ヒトによるコントロールが必要である（Veevers 1985）．それが飼主の責任であり，社会の責任である．飼主には，「命」を預かったすべての動物の健康を管理する義務がある．それは，管理される側の動物にとっては基本的な権利でもある．イヌの健康を管理するための 4 原則は，①イヌを正確に理解すること，②ふさわしい環境を用意すること，③正しい繁殖を心がけること，④適切な食餌を与えること，であるとする考えがある（フォックス 1994）．イヌに対する適切な社会化と訓練，さらに飼主のリーダーシップと完全なしつけも，ヒト社会のなかでイヌが受け入れられるための重要なポイントである．

イヌの健康を管理し，完ぺきなしつけを行う前段階として，自分に合った気質のイヌをじっくりと選ぶことが重要である．飼主はイヌの品種特性を知る必要がある．400 種類以上もあるイヌの性質は，品種により大きなバリエーションがあるのだ（ハート・ハート 1992; 富澤 1993）．イヌを飼育する目的を明確にして，品種ごとのイヌの性質や飼いやすさを熟考し，けっして一時的な世間の流行やイメージに惑わされてはいけない．また，子イヌのときのかわいらしさを誤解しないようにしなければならない．イヌは 1 年で成犬に達するのである．

イヌの飼主はまた，自分を知ることも大切である．イヌを飼う空間の大きさは十分であるか，家族構成はどうか，子どもや年寄りはいるか．あるいは，家族の性格や運動能力はどうか，在宅時間や暇な時間，イヌのために費やせる時間がどれだけあるのか．さらに，周囲環境，すなわち集合住宅で飼育できるのか，近所に対して匂いや騒音の問題は生じないか，などの多くの事柄をクリアしていないと，後でほんとうの迷惑を被るのはイヌである．

自分を知り，イヌを知り，そのうえで 1 頭のイヌを自分（家族）が選んで受け入れたのなら，たとえ行動に問題があろうと，遺伝的な病気があろうと，その時点でそのイヌは「命」ある家族の一員なのだ．けっして「もの」ではない．時間と手間と愛情，忍耐力と一貫性をもって，飼主の義務を果たさなければならない．

イヌの福祉と幸福

イヌの福祉は欧州，とくに英国で古い歴史をもっている．最初の動物虐待防止法令は1822年に英国議会を通過し，1835年には闘犬が禁止された．その後，世論の高まりもあって，現在EU諸国のイヌは多くの法令に守られている（Hubrecht 1995）．先にふれた断尾や断耳は一部では禁止されているし，動物の輸送や飼育に関しても多くの規則が制定されている．イヌを用いた実験は，ほとんど実施が認められない．

品種の形態上の特徴が，同時にその品種の欠陥になっていることがある．その欠陥が個体の健康に障害を与える場合には，これもある種の虐待と考えられなくはない．たとえば，ブルドッグやパグの短くつぶれた鼻は，それらの品種の特徴のひとつであるが，呼吸時の空気の流れを妨害し，スムーズな呼吸の障害になっており，いびきがひどかったり，運動するとすぐ息が切れることが多い．また，チャウチャウはダイヤモンド型の眼を維持するために，眼瞼が内反している（Hubrecht 1995）．健康上に障害のあるイヌは，必要のない苦痛を味わうことになるし，病気にもかかりやすい（フォーグル 1996a）．

イヌの福祉を考慮するという動きのなかで，イヌの幸福度や待遇をどのように客観的に評価すればよいかが議論されている．施設に収容されるイヌやケージ内に飼育されるイヌ，あるいは輸送されるイヌに対しても，できるだけストレスを与えない手段が必要である．言葉でわれわれに訴えることのできないイヌたちの苦痛やストレスを，客観的にどうとらえたらよいのだろう．動物は生理学的，行動学的な調整を通じて，環境の変化に対して適応する能力がある．生理学的なストレス対処としては，交感神経-副腎髄質（アドレナリン）系の反応と，視床下部-下垂体-副腎皮質（コルチゾル）系の働きがある（Dantzer *et al.* 1983）．これらのホルモンを測定することによって，ストレスの状態が把握できる．また，動物はストレスやよくない環境下において，ステレオタイプとよばれる異常な行動を示す．檻のなかをうろうろする動物園のクマの行動は，まさにこれである．

今後，欧州の動物愛護の動きは，遠からず日本にも導入されるであろう．それまでに，私たちはイヌの幸福とはなにかということをよく考えておく必要がある．たとえば，飼イヌの死について．いくらイヌの寿命が延びたといっても，それはわれわれの寿命と比べるとずっと短い．子イヌとの出会いから，成長，老い，死に至るまでを間近にかいまみることになる．核家族化して老人と同居することの少なくなった現代の家族は，「死」を経験することも少なく，イヌを通じて生と死を学ぶことになる．飼主は，飼イヌの死をみとる確率は高い．飼主は，イヌの死に対する考え方を準備しなければならないのだ．死期を目前にして，いたずらに病院で延命だけを行うことが正しいかどうかは議論があるところだが，少なくともイヌの場合には，生活の質（quality of life; QOL）が重要視されるべきだ．欧米では，飼イヌの病気と治療に由来する苦痛を考慮し，また，イヌの生活の質を配慮して，安楽死というものが広く受け入れられている．しかし，わが国においては，生命一般に対する考え方として，安楽死には抵抗が強いようである．イヌが死を意識するかどうかについては，科学的な根拠がみあたらないが，少なくとも苦痛に対しては反応を示すのである．寝たきり状態，腫瘍の末期，治療法のない疾病などの場合，最期は安楽死も含めた苦痛からの脱却と，すみ慣れた環境で，一生を世話してもらった飼主と触れ合うことが，イヌの幸福にとって重要なことではないだろうか．

イヌの幸福とはなにかを考える際に必要なことは，イヌを知り，イヌを理解することである．イヌの生理や行動上の特性を理解し，なにが異常でなにが正常なのかを知ること，また，いろいろな品種についてその特性と気質を理解すること，である．動物学の対象としてイヌを完全に理解するには，あまりに対象は大きすぎる．いまのところ，わかっていることよりも，わからないことのほうがずっと多いのである．ヒトのパートナーとして，よりよい関係を得るために，われわれはもっと動物としてのイヌについて研究する必要があると信じて疑わない．

補　章　イヌ知のいま

補.1 イヌはどこから来たのか

考古学の論争

本書初版当時，イヌの起源に関する議論は，イヌ属 *Canis* 内におけるイヌ *Canis familiaris* の位置づけについての分子系統学的議論が収束を遂げた時代のものであった．すなわち，K. ローレンツがイヌのジャッカル起源説を提示して論議を呼び起こし（ローレンツ 1966），それが全否定される．分子遺伝学的にイヌ集団のオオカミ *Canis lupus* との近縁性が揺るぎなくなる（Vilà *et al.* 1997）とともに，コヨーテ *Canis latrans* との間に生殖隔離は完全には確立されていないという現象が承認されるようになったという段階である．

今日，分子系統解析の急速な高度化によって，イヌ起源論は当時とはまったく異なる様相を呈している．そこには当然，古代ゲノム解析技術の確立も大きく貢献している．しかし，今の段階での結論を述べれば，混沌としているだけで，イヌの系統的起源が明確になったとはまったく思われない状況である．

まず，イヌがユーラシア大陸において野生オオカミ集団から家畜化されたことは，疑いのない事実である．客観的という意味では，遺跡出土獣骨の確認と年代測定が直接的証拠である．

初版にもいくつか紹介されているように，2000 年頃まで伝統的にもっとも古いとされてきたイヌの遺残体には，以下のようなものがある．イスラエルの中石器時代ナトゥーフ文化期でおよそ 1 万 4000 年前のもの，イスラエルの 1 万 2000 年前のアイン・マラッハ遺跡のもの（Davis and Valla 1978），やはりイスラエルでほぼ同時代のハヨニム洞窟のもの（Valla 1990）が，近東からの例として挙げられる．他方，地理的には離れてドイツのオーバーカッセルの1万4000年前のイヌとされるもの（Verworn *et al.* 1914; Street *at al.* 2015; Janssens *et al.* 2018）が，欧州地域の最古のイヌの証拠として採り上げられることが多い．その後の発見例としても，1万2000から1万4000年前のスイスの洞窟からの記録があり（Napierala and Uerpmann 2012），近東から欧州にかけての一定に安定した証拠の抽出は続けられている．

つまりはイヌというのは，反芻獣に比べれば古くから家畜化され，1万2000年を上回る古さのものが欧州か近東から見つかるという認識が固定されていたといえる．狩猟と牧畜の絶対的古さや互いの前後関係の常識的理解からも，至当の流れだと受け止められてきた．

しかし，本書初版刊行以後，それまでよりも大幅に古いイヌの家畜化証拠とされる化石が相次いで見出されてきた（Perri 2016）．野生オオカミ集団とは形態学的に判別され，イヌと呼ばれ得る可能性をもつ，従前の理解よりはるかに古い骨格・化石資料の報告が，各地から続いている．

年代だけを見ればもっとも古いイヌだと提起される例は，およそ3万2000から3万6000年前と推定される事例がベルギーのゴワイエから知られる（Germonpré *et al.* 2009）．東欧チェコの発掘に関しても2万7000から3万1000年前のイヌと推測される化石が，同じグループから発表されている（Germonpré *et al.* 2012, 2015, 2017）．モンゴル国境に近いロシアのアルタイ地方からはおよそ3万3000年前のイヌと考えられる化石が得られている（Ovodov *et al.* 2011; Germonpré *et al.* 2017）．そこから距離的に離れた，東方のヤクーチア地方の北極海に近いウラカン・スラーに産する約1万7000年前の出土骨格も，正準判別分析の結果，比較対象となる他の旧石器時代のイヌと酷似するという発表がなされている（Germonpré *et al.* 2017）．他方で，同地域のバディヤルキア川サイトからの，2万5000から2万6000年前の頭蓋については，同グループによってもオオカミかイヌかの明確な結論は得られていない（Germonpré *et al.* 2017）．さらにおよそ2000 km東のカムチャッカ半島のウシュリ遺跡からは，1万2800年前のイヌの埋葬の跡が確認されるといわれている（Dikov 1996; Goebel *et al.* 2010）．

一方で，形態学的にはゴワイエなどの遺残体を家畜化されたイヌと見なす説得力は無く，まだオオカミ段階だと見なす強い批判も提示されてきた（Crockford and Kuzmin 2012; Morey 2014; Boudadi-Maligne and Escarguel 2014; Morey and Jeger 2015; Drake *et al.* 2015）．三次元形態学的データの解析や比較対象標本の適切さなどをめぐって激しい議論がなされ，収束に至っていないといえる．旧石器犬という形態学的概念を認めて広くイヌと見なす立場と，家畜化の形態学的影響をより厳格に絞り込む立場の論争が続いているともいえるだろう．

考古学的手法において，イヌの起源の解明を困難ならしめる要因は主には二点ある．後でもふれるが，ひとつには原種オオカミの野生分布域が広いことから，家畜化候補地点を絞り込むことが難しいという問題である．もうひとつは，初期のイヌの形態学的特徴が，オオカミと明確には区別され得ないという形態学の技術的困難が挙げられる（Freedman and Wayne 2017）．付け加えれば，やはり1万年，3万年前とされる時代の考古学的証拠は保存状態からしても断片的だ．

論議の延長線上には，年代はともかく大局的理解として，ヒトの移動とともにユーラシア全域にイヌが広まったという可能性が提起される．古ければ3万年ほど前から，また新しく見積もれば1万5000年前前後には，古いイヌが，ヨーロッパからロシアにかけて，そして極東地域まで広く分布したという可能性が唱えられることになるのである（Street 2002; Sablin and Khlopachev 2002; Germonpré *et al.* 2009, 2012, 2013, 2017; Pionnier-Capitan *et al.* 2011; Napierala and Uerpmannn 2012; Boudadi-Maligne *et al.* 2012; Morey and Jeger 2015）．

議論の局面では，M. ジェルモンプレらの学派が見なす家畜イヌが年代的に古いため，それに対する異議と論争という形が現出する．ヨーロッパのイヌはいずれにせよ古かろうが，その古さが二倍に延長され，ヤクーチアやカムチャッカなどのユーラシア東方に，どこまで早期の家畜化証拠を認めることができるかという論点が戦わされているといえる．

他方，先述のように，多くの反芻獣家畜の最古級の記録を残す近東では，イヌにおいては1万2000から1万4000年前という年代で確認され，歯牙の縮小などからオオカミを逸脱した家畜化の明瞭な証拠が把握されている

(Davis and Valla 1978; Dayan 1994; Tchernov and Valla 1997; Zeder 2012). M.ジェルモンプレらの古いイヌが確固たる家畜化の跡ということで明瞭に決着していけば，これまでの出土記録に限れば，近東のイヌの最古の歴史は比較的浅めの年代に取り残されることになろう.

新大陸におけるイヌは，モンゴロイドの移動とともに人為的に移入されたものである．系統的には，古代DNA解析において旧世界の集団に多系統的な起源をもつことが示されている（Leonard *et al.* 2002）．遺跡骨としての最古級の例は，北米で1万400年前，南米チリで9000年前のものが採り上げられる．しかし，今後も獣骨の発見の可能性は高く，論議は収束していない（Larson *et al.* 2012）.

イヌの成立の年代をどう考えるべきかは，考慮の段階を終えていないといえる．後述するように，オオカミ集団からのイヌの遺伝学的分岐が3万年前に既に起きているということは，分子遺伝学の一般論と矛盾しない．しかし，イヌ家畜化に対する遺伝学のもたらす特に生物地理学的ストーリーが不明瞭なため，年代だけたとえば3万年前や1万5000年前に遡るような化石骨が見つかっても，いずれにしてもそれがヒトとオオカミおよび初期のイヌの関係として，どこでどのようなプロセスを生じたのかを，客観的に語ることができていない.

古いとされる遺跡出土例の多くはヨーロッパおよびロシアに見られ，一見すると該当する発掘地域でのイヌの家畜化が古かったような印象を与える（Freedman and Wayne 2017）．しかし，発掘の試行例，努力量が地域によって明らかに異なるため，単に考古学的調査の地域間の多寡が試料のバイアスを生じてきた可能性も十分にあり得る．地理学的論議の確たる結論を得るには，いましばらくの時間が必要である.

家畜化によって生じる形態学的な変化を精査する考え方も，この間に進歩を見せている．家畜化，特にイヌのそれが，発生学的にネオテニーを起こすことであることはかつてから指摘が続いている（Hemmer 1990）．今日的には三次元的に抽出されたランドマークによって，家畜化や品種創生がたとえば頭蓋の形態をどのように変化させるかが，発生学的にヘテロクロニーの概念を通じて理解されようとしている（Sánchez-Villagra *et al.* 2016; Geiger *et al.* 2017）．さらに分子発生レベルでは，イヌの頭蓋の家畜化に伴う表現型の多くが神経堤細胞の移動に伴う変化であると仮定し，神経堤細胞の配置に関与する遺伝子が探索されつつある．家畜の形態形成という漠然とした概念から，現実に候補となる家畜形態特異的遺伝子群の絞り込みが開始されつつある（Pendleton *et al.* 2018）．

分子系統学の混沌

現在，分子遺伝学的にイヌの起源地を求めようとすると，ほぼ何も結論付けられない．大陸のどこで，つまりはオオカミのどの地理的集団を起源としたかということに対して，分子遺伝学は明瞭な解答をもたらしていないというのが現実である．

実は，困惑を助長する印象があるのは，イヌの起源論・系統論の場合は，それぞれの発表が，論理性の核心部分に大きな弱点・欠損を抱えながら発表され続けていることに起因する．背景にはイヌの起源が解明すべき謎としては大きな問題であるので，世界的な過当競争の中で，脆弱な論拠でも公表を開始しようという，一種軽率乱暴な空気感をもっていると感じられる．

証拠や論理の堅固さとは別に，各論の主張するイヌ家畜化のシナリオを羅列すると，ひとつにはオオカミの東アジア集団がイヌを生み出したとする考えは根強い．たとえば，複数の遺伝子の配列データをもとに，中国犬が遺伝学的に多様であって，かつ確実に単系統と考えられるイヌ集団において祖先的なものだという主張が展開されている（Wang *et al.* 2016a, 2016b）．これと相通じる説としては，ミトコンドリア遺伝子の解析から，他地域のイヌに比べて，東アジアのイヌ集団が圧倒的に多様であるということを根拠に，起源が東アジアにあると唱える見方がある（Savolainen *et al.* 2002）．これらの検討が示すように，各集団内の遺伝学的多様性を精査比較することは集団の変遷の把握には本質的に重要である．東アジアのイヌあるいは中国の古いとされるイヌの集団内多様性の大きさが判明したことは，基礎データとして意義深い．

しかし，これらの系統地理学的論拠は，きわめて脆弱といわなばならない．というのも現在までにイヌは各地域間で継続して交雑しているのであって，東アジア，東南アジア，インド，ヨーロッパ，シベリアといった各地方の集団が，過去数千年から1万年程度の間，各地域内でのみ隔離されていたという前提が，事実と異なるであろう．つまり，分子系統学の一種伝統的に続けられている分岐のモデルをイヌのような汎用的家畜集団に適用することが，論理的に正しくないと疑うに至るのである．もしもこれが，仮定する集団間の移動や交雑を無視できるなら確度の高い論理的帰結といえるが，イヌにおいては，前提がかなりの程度まで崩れている．

分子系統学が用いる手法とその論理は厳格に構築され，当然多くの生物集団においてもその起源と系統の解析に対して有効に用いることができる．しかし，この例が示唆する問題は，家畜集団の側の特性である．家畜の場合，集団の隔離特性が各家畜種によって異なり，既存の分子系統学的理論と手法が有効に機能しない場合が有り得るといえる．

野生動物においては，移動能力に一定の制限があり，地理的に遺伝子交流は限定される．だからこそ集団間の異同を検出することで，遺伝子データから，系統的起源，地理学的変異を把握することができる．しかし，家畜の場合，家畜化された集団が地理的に保守的か流動的かという傾向は，家畜種ごとに異なる．人為的に移動されやすい家畜集団，人為的に異集団と交配されやすい家畜集団は，野生生物に普通に用いてきている分子系統学の論理とモデルが意義をもって適用され得ない解析対象となる．

イヌの場合，他の家畜種と異なりとりわけ解析を難しくする要因が見受けられる．まず，食糧として生産される家畜以上に，おそらくは人為的移動が速い．歴史学的にイヌの用途の主体が，狩猟や作業の支援だと考えることに異論はなかろう．だとすれば，比較的早い段階から，イヌはヒトとともに動く．ヒトが移動すれば，確実にイヌも移動すると考えることができる．そしてイヌ同士は，系統性が集団間で同じであろうが異なっていようが，各時代各場所で，複雑に交配される．

また，先述の通り，野生原種すなわちオオカミが汎世界的といわれるくらいに，北半球を中心に地球上の広い範囲に分布していることに注目する必要がある．家畜化後のイヌ集団が，人為的移入先で，こうした自然分布するオオカミ集団との間に遺伝学的交流を生じることは，至極現実的だといえる．食糧生産に向けられる偶蹄類と比較して，移動先での原種との交配の可能性がとりわけ高いかどうかは不明だ．だが，生態や分布などの状況証拠を考慮すれば，イヌが原種オオカミとの交流を継続して生じる可能性はとても高い．

起源論の諸説

先の東アジア起源論と大きく対立する見解として，オオカミのアジア西方集団をイヌの起源とする論説が継続している．主たる解析手法の傾向はSNPsを用いるものである（vonHoldt *et al.* 2010; Shannon *et al.* 2015, 2016）．ウシでの解析に見られるように（遠藤 2019），家畜集団の遺伝学的特性の解析にSNPsは不可欠な手法であり，機能や表現型に繋がる重要な論点までも築くことができる．しかし，イヌの起源論に用いられているSNPs解析が客観的にイヌの起源の主張に有力かというと，むしろ難点も見えてきていると思われる．

たとえば連鎖不平衡解析（Shannon *et al.* 2015）においては，中央アジアのイヌ集団が時間的に長く存在し，起源的だとされている．しかし，イヌのような複雑な遺伝学的交流が多数の集団間に生じ得る家畜の場合，連鎖不平衡の検出に依存して，必ずしも古い集団を見つけ出すことができるわけではなかろう．

派生型のハプロタイプを追跡したとされる研究（vonHoldt *et al.* 2010）は，家畜イヌ集団と中東のオオカミが特異なハプロタイプを高率に共有することをもって，イヌの西方起源説を唱えている．偶蹄類家畜が近東を起源にすることが示唆されるため，古い家畜集団が近東起源と見なされやすい背景もあろう．しかし，根拠とされるこれらのSNPsが，イヌ集団において真に派生的な変異がどうかは実際には確定できないと考えられる．

研究グループの数だけ不十分な説が生まれる状況のなかで，ヨーロッパ起源という考え方も，当然のように発表されている（Frantz *et al.* 2016）．これは単純なヨーロッパ起源というよりは，ヨーロッパとアジアで異所的に独立して家畜化が開始され，アジア集団がヒトの動きとともに移動して，現在のイヌ集団の成立プロセスに関与したというアイデアである．データは大量の現生のイヌのSNPsを用いている．アイデアの基となるのは，アジアのイヌとされる集団とヨーロッパのイヌとされる集団の分岐が時代的に新しいことに依る．これに対し，考古学的証拠から，ユーラシア東西でのヒトの移動が証拠立てられるため，イヌがこの動きとともに東方アジアからヨーロッパへ移入され，新しく分岐したような様相を呈すると推測するものである．

しかし，モデルとしては，アジアのイヌとヨーロッパのイヌとされるものが，分岐後はけっして遺伝子交流を行わないことを前提としている．この前提は家畜イヌの実際の歴史として承認できるものではない．いくつかの考古学的状況証拠との整合性はよいかもしれないが，分子系統学の確立された手法の導入が，イヌにはけっして馴染まないことを示唆していると考えられる．

また，古代DNAを用いてヨーロッパがイヌの単一の起源地であることを前提視する提案もある（Thalmann *et al.* 2013）．が，こうした主張において示される遺伝学的解析は，そもそもサンプルのロカリティを欧州に偏らせているため，起源地の比較における論理的説得力を欠いている．

ここで興味深いのは，他の家畜よりも明確に古いと考えられるイヌにおける家畜化開始期の年代と，原種オオカミの地理的変異の大きさとの比較である．他の家畜種と異なり，オオカミ・イヌ系統の場合，家畜化による集団の人為的抽出よりも，現在検出される野生オオカミ集団の比較的高位の地理的分岐の方が新しい可能性が現実的に指摘されるのである．このことは，近東，中国，クロアチアの野生オオカミ集団の分岐とイヌ最初期の分岐を比較する検討において考慮されている（Freedman *et al.* 2014; Botigué *et al.* 2017）．これらの論理展開は，イヌがオオカミから分岐したら以降はけっして野生オオカミ集団と交雑しないとするかつての机上のモデルと比べて，現実により合致している．これらのモデルで説明される内容は，考古学的証拠との整合性を一定に得られると考えられる．他方で，実際には普通に生じるであろうイヌ集団同士の遺伝子流動は考慮されていないので，イヌの家畜化経過を語り尽していくには，さらなる基本的なモデルの改善が必要と思われる．

このように，イヌの分子系統学的起源の論議は，他のいくつかの家畜集団でもある程度同様ではあるが，世界中で激化する学界のプライオリティ競争に翻弄されて，“寿命”の短い，明らかに論理的説得力の低い論議を，精査批判なく早々と世の中に送ることが続けられている．センセーショナルなタイトルを掲げてさえいればいいとさえ見える昨今の公表の有り様は，イヌ家畜化研究の今日的負のシンボルともいえるだろう．

補. 2 “賢さ” の本質

対外反応の柔軟性

本書初版において，イヌの認知能力は深く論述されなかった．現実に初版段階では，イヌの認知科学的検証がまだ十分に進展していなかったことも事実である．実際にはイヌの認知心理研究は，2010 年あたりから盛んになってきているといえる．動物の認知科学的研究の客観性が往々にして批判される現実はともかくとして，イヌにおける研究は，“動物の心”と称される可能性もある論題に，新しい理解をもたらしていることは事実だろう．系統的にヒトに近く特に知能が高いとして霊長類，類人猿類が研究された歴史は長いが，実際には他者・外部に対する反応の多様さ，とくに社会的複雑さをもって外部との調和を図ろうといういわゆる“賢さ”は，霊長類，類人猿類よりイヌにおいて観察されやすいということも，イヌの認知研究を促進している（Hare *et al.* 2002; Horowitz 2014）．

イヌが他者，特に飼い主から情報を高度に受け取り，次の自らの行動に反映させ，人間とともに社会的な集団性を維持する能力は，この間多数の検討によって確認され，蓄積されてきた．イヌの“賢さ”とされる曖昧な概念が，緻密な観察によって裏付けられてきているといえるだろう（Naderi *et al.* 2001; Call *et al.* 2003; Kerepesi *et al.* 2005; Schwab and Huber 2006; Horowitz 2009）．

家畜化の探究において，イヌのみで特異的に推進される研究が，認知科学や行動科学に根付く家畜化プロセスの解明である．他の家畜では，食糧生産に関する形質や労役スペックの定量化などが，家畜化論議の主軸を占めるが，イヌだけは，家畜化論議に，イヌのヒトに対して備わっている社会性が分析され，家畜化の可能性の根幹要因として採り上げられる．漠然と“賢さ”として取り扱われてきた，イヌ対ヒトの心理学的・認知科学的・行動生態学的相互関係こそが，イヌ家畜化の解明の鍵となる．

近年，そのもっとも基本的な論題として，イヌが人間の指示や意図をどのように観察，認識して，行動を生起させるかという課題が高い精度で検討された．まず，イヌが飼い主たる人間の感情をどの程度受容できるかという点に迫らなければならない．その点に関して，飼い主の顔の表情と音声情報から，イヌは，人間の感情の中から少なくともポジティブとネガティブと呼ばれる排反的な選別・区別については，十分に行い得るという結論が得られている（Albuquerque *et al.* 2016）．至近距離で高精度に情報を得るためのいわゆる視力は，イヌにおいて必ずしも優れてはいないという前提のもとに，イヌが周囲の人間の表情を判読し切るかどうかは議論が絶えなかった．この問いに対する明瞭な結論として注目される．

また，往々にして人間の声とジェスチャーのどちらがイヌの動機を呼び起こしているかという長い間の問題点が整理されている．イヌは日常飼い主からの音声と動作での指示を観察しているが，多くの場合は動作による指示を重んじるという傾向がある（D'Aniello *et al.* 2016）．またこの傾向自体に，イヌ側の性差が影響していることもどうやら明らかである．さらに，音声指示とジェスチャー指示が同時に提示される場合，それをどう取捨選択するかについても，イヌの側で臨機応変に秤にかける柔軟さを持ち合わせていることが明らかになっている．

後に高齢犬の記憶と学習について再度ふれるが，近年は幼いイヌにおける，視覚を通じて雌親や他のイヌや飼い主から行動を学習し，記憶する能力が，注目されている（Fugazza *et al.* 2018）．実際に血縁関係が想定される雌親以上に，他のイヌ個体を長く注視し，飼い主の活動にも非常に高い関心をもつことが分かってきた．これはオオカミ・イヌ系統の，周囲との高い社会的な結合を意味しているだろう．とりわけ幼いイヌの学習記憶能力の高さが定量化されてきたことは，イヌの社会性，家畜化可能性を語る上で，重要なデータとして活かされよう．

認知科学による行動実験が視覚と聴覚に集約されてきたことに対する批判もある．オオカミ・イヌが基本的に頼る外部情報の多くは嗅覚により得られているはずである．そこに着目すると，自他の識別が嗅覚によってどの程度鋭敏に行われるかは，重要な研究課題となる．自己か他者かまた経験上知っている相手かなどの識別を嗅覚によって行うかどうかが，行動実験の大きな継続的テーマとなっている（Horowitz 2017）.

原種オオカミに由来する社会的結合力が，イヌの認識と反応行動の間に，柔軟さ・曖昧さを成立させているものと理解することができる．この社会性に起因する対外衝動の複雑さが，人間から見たときのイヌの“賢さ”として評価される要素であろう．動物の賢さとは，認知心理学を離れた場合，一般社会からは多様な尺度で論じられるが，少なくともサル・類人猿に達成できない，人類の永い伴侶としてのイヌの確立要件は，この曖昧で柔軟な反応が核心にあることは間違いない．

またイヌの家畜化の考え方として，使役時の合理性のみを評価することが，正確な理解を阻害する可能性もある．つまりは，具体的に役に立とうが立つまいが，オオカミは社会性をもってヒトに近接し得ていたと考える方が妥当かもしれない（Udell *et al.* 2010）．家畜化にとって大切なのは，当初からヒトに労役として直接的に貢献するかどうかではなく，感受性，柔軟性，社会性が，ヒトとの間に付かず離れずの生態学的関係を築き得たかどうかだと考えることができるだろう．サル類・類人猿類ではまったく成立していないこの面での野生状態での能力が，イヌの場合，原種集団のオオカミに備わっている．

近年では，イヌの家畜化において，意図的か否かは問わずとも，結果的にヒトがイヌ集団の何を重視して選抜していくに至ったかを体系化する試みが進んでいる．野生下での闘争性，捕殺能力，オオカミ個体相互の結びつきを減弱させ，代わりにヒトへの依存，捕殺の代用として与えられる餌への適応，ヒトの庇護の下での雌単一個体による子育て行動への移行など，ヒトによる選抜要素の特異性が理論としてまとめられるようになっている（Marshall-Pescini *et al.* 2017）．

スカベンジャー仮説とオオカミ・イヌの社会性

前項のような検討は，イヌにおける対ヒト関係の成立が，オオカミが幅広い社会的柔軟性・可塑性を備えていることに起因すると見なすことにつながる．それは，2000年代以降は，イヌの認知科学的検証と結びついて証拠立てられるようになっている（Miklósi *et al.* 2000, 2003, 2004, 2005; Udell and Brubaker 2016）．イヌは，外界との社会的関係がどこまで野生的にとどまっているか，あるいは家畜的にヒトに近接しているかということを検討できる類まれな家畜集団だといえるだろう．

先の視覚の問題は，ヒトとイヌ側の視線によるコミュニケーションが家畜化の原動力になっているという観点を生じる．対ヒトにおいて，視線が交流に有効に用いられるかどうかの，オオカミ，イヌ，そしてディンゴ間での比較が行われている．ディンゴはヒトとの社会的結合が未成熟であり，視線の接触の度合いが普通のイヌよりも希薄だという仮定を立て，その証明に一定の成功を見ている（Johnston *et al*. 2017）．これはディンゴを含め，オオカミの家畜化要因に一石を投じる成果として受け止められよう．

認知や行動で検出される社会生態の面からのイヌ家畜化要因の探索は，新しい課題として注目されている．大きな論議を惹き起こしているのが，いわゆるスカベンジャー仮説である（Coppinger and Coppinger 2001, 2016; Koler-Matznick 2002; Reid 2009; Jung and Pörtl 2018）．ネアンデルタール人がイヌとの関係をもち得たかどうかというのはかつて語られたことがあったが，本書のスカベンジャー仮説は，ヒト対オオカミを想定した関係としておこう．

スカベンジャー仮説とは，ヒトが廃棄した腐肉，食べ滓，余剰食物，そして糞便など，ヒトが生態として環境中に捨てていく廃棄物をオオカミが利用すると想定する．これらの廃棄物は，オオカミにとっては魅力的な餌資源となり得るため，ある程度の群れ社会をもつヒトとオオカミの間には，オオカミ側からの近接動機が強く働いただろうとする仮説である．実際，ヒトの生態が生み出す廃棄物がオオカミを誘引する効果は少なくない（Gutiérrez-Zugasti *et al*. 2011; Boscha 2012）．象徴的な例として，たとえばマンモスの死体・遺残体を集積した事例は考古学的に確認され，こうしたヒトの旧石器時代の生態・生活様式がオオカミ誘引の可能性を暗示している．

この仮説の根本的に新しい点は，従来の家畜化要因論は，ヒトが意図してオオカミを引き寄せたという，ヒトゆえの知力が無批判的に持ち込まれていたのに対し，スカベンジャー仮説は，ヒト側の知的誘因行動を必ずしも要求しない．正確にいえば，初期の誘因をヒトの知的発意に委ねるよりも，ヒトの多分に動物としての生態，あるいは農耕開始時程度の人間の生態が，オオカミを引き寄せていたと考える点が新しいといえる．
もちろん，最終的に家畜化に至らずとも，オオカミが死体食・腐肉食を行うことは当然起こるため，この仮説の原初的な部分は，ホモ・サピエンスならずともオオカミと同所的に分布するあらゆる動物に対して，オオカミ側の生態学的スペックのみで成立し得ることである．なので，そのどこから，ヒトが積極的にオオカミとの関係を築き始めたかを問わなければ，家畜化プロセスの説明にはなり得ない．
本仮説に賛同していくとしたときには，どこから先の段階で，どのようにして，ホモ・サピエンスの知的社会的行動がオオカミとの間に家畜化の一線を越える積極的相互関係を成立させたのかという論点が，どうしても浮かび上がる．一般的に，人類側が単なる狩猟採集段階にとどまっているときには，ヒト・オオカミ関係がヒト特異的に進展するとは想定しない．

自己家畜化論

スカベンジャー仮説と密接なのは自己家畜化（self-domestication）と称される，オオカミの攻撃性を減弱させる進化学的プロセスである．これは，たとえばチンパンジー *Pan troglodytes* とボノボ *Pan paniscus* の相違を検討する進化生態学的理論から提起される（Hare *et al.* 2012）．攻撃的で非寛容な前者と穏やかで寛容的な後者の相違は，たとえば餌資源の穏和な配分によって進化していく可能性がある．この例からの示唆として，オオカミのイヌ化の道筋を，ヒトからの資源獲得と同時に起こり得る寛容さの獲得だと推察することができる．これは，イヌの成立を，スカベンジャー仮説・自己家畜化論の組み合わせによって合理的に説明しようという論旨を生む．
自己家畜化といってしまうと，客観的というよりも人間性に対する先鋭的でジャーナリスティックな受け止め方とも結びつくため，安易にこの言葉を用いる意図はもたない．しかし，オオカミからイヌへの変化が，ヒトとの関係においてのみ成立していったことは疑いなく，またその内容が，非寛容の獲得・維持であることを考慮すると，生態進化学的に冷静に検討，論議していくべき範疇にある理論といえる．
実際，スカベンジャーと自己家畜化の両論旨には根強い是非の論議が続いている．反論は，多くの場合，オオカミがスカベンジャーとなることを否定する訳ではない．批判者の論旨は，スカベンジャーに留まっているオオカミにおいては，現実のイヌに見られるヒトとの精神的融合は起き得ないと考え，イヌ化はスカベンジャーとは非連続の別の経緯を必要とすると唱えている（Jung and Pörtl 2018）．

スカベンジャー仮説への反対論は，まず，旧石器時代のヒトの群れが，20から50個体で構成されているとして，それが，オオカミからイヌの祖先を分離するに足る，十分な余剰食物や腐肉，糞便を量的に生み出し得たとは考えられないとする．一個体のオオカミ・イヌは14人のヒトが生み出す廃棄物が無ければ養われ得ないと算定し，想定されるヒトとオオカミの群れの大きさでは，スカベンジャー仮説を支持できないと唱える（Coppinger and Coppinger 2016）．

この量的な矛盾は，ヒトが事実上の定住農耕によって，より多量の廃棄物を出すようにならなければ解消されないと，反対者たちは考える．作物栽培が発展して，結果的に多くの廃棄物がオオカミに流れると考えると，イヌの祖先を生み出す意味ある供給源となるかもしれない（Coppinger and Coppinger 2016; Marshall-Pescini *et al.* 2017）．これは，穀物生産の本格的開始をおよそ1万2000年前だと考えると（Meyer and Purugganan 2013），3万年以上前からイヌの家畜化が始まっていたという，本章先述の考古学的な提唱よりもかなり新しい時代と考えなければならない．イヌ家畜化の3万年前という年代を承認するならば，スカベンジャー仮説が成立するには，定住農耕と作物の起源は年代的に浅過ぎることになる．

スカベンジャー仮説の反対論を支える流れとして，イヌが糖代謝能力を獲得していった経緯を，ゲノム解析から明らかにしていく研究が注目されている（Axelsson *et al.* 2013）．純粋な捕食者であったオオカミがヒトからの廃棄物に頼る際に，動物性蛋白質のみならず，多糖類を含む餌資源に適応していったことを，遺伝子解析から実証しようとする試みである．家畜化されたイヌで検出される遺伝子の変異から糖代謝機能の獲得を推察すれば，ヒト側の意図にかかわらず，家畜化のより確かな足跡として証拠立てられることが期待されるのである．実際，遺跡のイヌ集団からの古代DNA解析により，膵液アミラーゼ遺伝子の機能亢進が7000年前の南東ヨーロッパのイヌで検出され始める（Ollivier *et al.* 2016）．この年代は，3万年以上前にイヌの家畜化が始まったという筋書きとは相容れない．

繰り返すが，オオカミが動物としてスカベンジャーの生態を採り得ることは，確かである．だが，その程度の希薄な対ヒト関係は，家畜イヌの成立には不十分だとするのが，スカベンジャー仮説に反対する立場である．心・感情の結びつきが成立し，さらには，ヒトの側にオオカミ・イヌへの畏敬や敬意が生じることこそ，ヒトとイヌの関係の成立に必須であると見なす主張がある（Jung and Pörtl 2018）．

論議の根拠として，スカベンジャーの実態からすると，考古学的に見つかる古いイヌの埋葬の様相に飛躍があり過ぎるといわれている．イスラエルのアイン・マラッハ遺跡，ドイツのオーバーカッセル遺跡の埋葬状態は，明らかにヒトの側に愛情を感じさせるものであり，スカベンジャー仮説から想起される単なる動物生態学的な両者の関係を越えていると想定されるのである（Davis and Valla 1978; Janssens *et al.* 2018）．1万2000から1万4000年前程度の旧石器時代人の“心”は，既にオオカミ・イヌのスカベンジャー状態を放置するものではなく，イヌの家畜化はより深い精神世界を要求するものだといえるのかもしれない．また北アフリカやアラビア半島の精緻な洞窟壁画は，定住農耕よりも早い時代の，ヒトがイヌを見る目の高度な精神性の証と考えられ，単純なスカベンジャー状態とは一線を画していると指摘される（Jung and Pörtl 2018; Guagnin *et al.* 2018）．

これらの論点は，最初期のイヌの年代の捉え方からも影響を受ける．そもそも考古学的形態学的証拠から，家畜イヌが1万年程度のより浅い時代に成立したと解釈するならば，スカベンジャー状態とは当然異なる関係が，ヒトとの間に成立し得たといえるだろう．一方で，たとえばベルギーの出土化石の3万年以上前という数字に相当する，オオカミ・イヌの対ヒト生態は，スカベンジャーであるとしても外れてはいないだろう．いずれにせよ，ヒトとオオカミ・イヌの共進化という観点は，認知心理学・動物生態学的に示唆されて，イヌ家畜化の理論からは不可欠な論点として扱われている（Reid 2009）．それは，イヌの起源を1万5000年前と考えるのか，3万年まで遡るのかによって，当然，論議の様相を異にする．

中枢のマクロ機能探索

論点を変えて，イヌの中枢機能の認知科学・神経科学的進化に言及しておきたい．近年一般化してきたイヌの脳神経科学的研究手法に，実験下での大脳の機能局在を，マクロ解剖学的に把握する方法がある．典型的には，functional MRI によって，イヌに何らかの外来刺激を与えつつ，脳の局所的機能変化を外部から検出する手法である．十分に訓練を積んだイヌの大脳をスキャンしながら，たとえばトレーナーによる課題や行動の指示を送ることで，実験的に脳機能の可視化・画像解析が可能となる．イヌの場合，他の家畜と異なり，単にトレーニングが有効なだけでなく，外界他者に気を遣うという反応が見られるため，高次大脳機能による行動・運動の抑制メカニズムを解明するモデルとなり得ると考えられる（Cook *et al*. 2016; Huber and Lamm 2017）．それはイヌの脳の理解であるとともに，ヒトの脳神経機能の統合・調節を理論化するための基礎モデルとしても貢献する．実際には理解の難しい前頭葉を中心とした機能解析に用いられることが期待される．

当然，こうした理解は，オオカミがなぜどのようにイヌになり得たかを，脳神経の生理学的基盤から明らかにする道を拓く．漠然であり続けたイヌの"賢さ"は，生理学的客観性をもって理論化され，イヌたる家畜の本質として提示される日は遠くないだろう．

他方，家畜種のなかで事実上イヌのみがヒトの疾患モデルとなり得る論題が，比較的近年，認知科学分野に成立してきた．いわゆる認知症である．認知症という言葉を行政が率先して使うようになったのは2004年頃からである．本書初版では，痴呆という，いまとなっては人間の福祉・医療における日常語としては懐かしくも思われる言葉でまとめられた項があるのも，イヌをめぐるひとつの時代の流れである．

現在，アルツハイマー病などのいわゆるヒトの認知症のモデルとして，老齢犬が認知行動実験にきわめて好適だと考えられている（Head *et al*. 2008）．臨床獣医師の多くが認識しながら，獣医学の体系的議論にのせなかったのが，老齢犬の認知行動上の機能不全の問題である．学習能力が低下したり行動上の寛容さを失うといった高齢個体によくある変化は，経験的に当たり前のことだとされても，研究の俎上にのる機会は乏しかったといえる．

先進国を中心とした伴侶動物の飼育環境の高度化の中で，それがイヌの獣医学の純粋な研究対象として語られるようになった．さらに，イヌが脳の老化研究の一般的対象動物として，そしてヒトの認知症モデルとして採り上げられるようになったといえるだろう（Landsberg and Ruehl 1997; Ruehl and Hart 1998; Bain *et al.* 2001; Zanghi *et al.* 2015）．基礎的には，老齢イヌ個体における視覚を通じた学習能力の低下が把握され，神経系におけるアミロイドの蓄積と関係づけられた（Milgram *et al.* 1994; Head *et al.* 1998; Tapp *et al.* 2003, 2004）．行動実験による記憶機能の量的検出においても，加齢に伴う機能低下・不全が定量的に理論化されるようになった（Head *et al.* 1995; Adams *et al.* 2000; Chan *et al.* 2002; Salvin *et al.* 2011）．イヌの知見をヒトのライフスパンにモデルとして比較対応させることから，視覚を中心に外界への反応の加齢変化を理解する試みが続けられている（Snigdha *et al.* 2012; Wallis *et al.* 2014）．加齢変化が一般的に見られる実験系がある一方で，老齢でも機能低下を遅らせるエンリッチメントや療法が成立することも指摘されている（Milgram *et al.* 2005）．

過去20年ほどの間に，ヒトの認知症の臨床病理学的課題の多くが，イヌの認知行動実験によって克服の糸口を見出しつつあるといえる．無論，高齢者医療への現実的適用応用となればまったく別の論議を必要とするが，基礎理論を異なる角度から支える研究領域としてイヌ老齢集団の認知科学的検討は重要度を増している．また脳の加齢変化の検討を社会的動機として，イヌの認知行動の基礎的な比較総合研究が一気に高度化したのが，昨今のこの分野の歩みの特質でもある．

遠藤秀紀

あとがき

イヌはヒトがつくりあげた動物である．ヒトはイヌの祖先である野生動物をもとに，長い時間をかけていろいろな品種をつくりだしてきた．

品種によりイヌの形態や性格が大きく異なるように，イヌに対する人々の態度も，国によって，地域によって，また文化によって千差万別である．ある国のイヌの飼い方がほかの国に比べて劣っているとか，こうすべきであるというのは，文化の強制にほかならない．しかし，日本で飼育されているイヌがほんとうに幸せかどうか，イヌにとっての幸せな生活とはなにかということについて，私たちは改めて考えるときがきている．そのためには，イヌについての科学的な正しい知識を得ることが必要である．

イヌは長い歴史を通じて私たちにもっとも身近な哺乳類なので，だれもがそれなりにイヌのことを知っているつもりである．しかし，私たちのイヌに対する知識は限られたものであり，信頼できる情報は非常に少ない．たとえば，つぎのような疑問――イヌは飼主が話しかける言葉を理解しているのだろうか，イヌは悲しみを感じるのだろうか，もし感じるならどんなときなのか，また，ストレスを強く感じるのはどんなときなのだろうか――に，おそらく私たちは適当と思われる答を準備することができるだろう．ただし，私たちは自分たちの経験や感情をもとにイヌの気持ちを理解したつもりになっているだけにすぎない．

イヌはたんなる動物ではなく，ヒト社会のなかで初めて価値が出てくる社会的生きものである．したがって，イヌを知るためにはその生物学的な側面だけでなく，行動学や心理学，また，ヒトとイヌの関係学といった，これまでの自然科学の範疇ではしばりにくい分野の研究が必要となっている．近年，わが国でもこれらの領域においてイヌを対象にした研究が現れ，学会や論文の発表も増えてきている．さらに，自然科学としての脳科学の進展にも著しいものがあり，今後その研究成果の応用により，ヒトとイヌの関係がより理解されるようになると期待されるところである．また，分子生物学の進展は，イヌの行動や心理を分子レベルで解き明かしてくれるかもしれない．

ヒトにつくられたイヌは不完全な部分も多い．そして，私たちの利害や目的によって，不幸を被っている部分があることも事実である．しかし，だからこそ私たちは責任をもってイヌをケアしなくてはならない．ほんとうにイヌを理解するために明らかにすべき課題は，まだまだたくさんある．本書の若い読者に，今後それらの課題に対してそれぞれの分野から独自の観点で取り組んでみようという意識をもっていただければ，今後の「イヌ学」の発展を期待する者として幸いである．

*

本書を執筆するにあたり，貴重な資料の提供や文献の収集に関してお世話になった遠藤秀紀（国立科学博物館），天田明男（財団法人軽種馬育成調教センター），行成博巳（日本放送協会），Mark Schipp（オーストラリア連邦政府検疫検査局）の諸氏と，山口大学農学部獣医学科学生諸君に厚くお礼を申し上げる．さらに本シリーズ編者の林良博（東京大学）・佐藤英明（東北大学）の両先生，および長期にわたり適切なご助言をいただいた東京大学出版会編集部の光明義文氏には心から謝意を表したい．

猪熊　壽

第2版あとがき

アニマルサイエンスシリーズの『ウシの動物学』を執筆し，第2版の頁でも筆を執ることになった．一方で，『イヌの動物学』は猪熊壽氏の優れた著作である．この17年間，猪熊氏の筆に気圧されながら，シリーズゆえに否応なく一緒に並べられる拙作は，書棚の隅に肩身狭く挟まっていたところだ．そこに17年を経て，『イヌの動物学［第2版］』の補章を執筆する機会をくださった東京大学出版会編集部の光明義文氏と，何より猪熊壽氏に，心から感謝の意を申し上げる．光栄の極みである．

大して長くないとも思われる17年を，イヌの知にとっては意義深い時間だったと痛感する．ウシとはまた異なる形で，イヌは人間社会の変遷を映す鋭敏な鏡だ．好むと好まざるとにかかわらず，イヌを見る価値観は日々移ろう．それを学と知をもって書き尽くすには，まだまだ筆に力が足りない．

大学で若者に頭を叩かれながら好きで学究の毎日を過ごしているが，若い彼らはイヌをどう受け止めているのだろうか．イヌには残飯をやり，下には畜生という二字熟語を連ね，賢くも愚かしく，可愛がられつつも独りでたくましく生きよと突き放されていたかつてのイヌ像は，いまの学生のイヌ観とは数多の局面で共有されていないのかもしれない．残飯処理係から家族の一員だと格上げされ，貧困の人間の子供よりはるかに高額の金銭を投じられて守られるのが，いまの一部のイヌの生涯でもある．そんなことを思慮しながら，『イヌの動物学』と向き合う日々を過ごした．

結局，あれもこれも書きたいと考えながら，やはり今日のイヌの学の根幹を成す，対ヒト対人間の社会的結びつきを少しばかり掘り下げるだけで，第2版に可能な紙面を使い切ってしまった．猪熊氏が世に問うたイヌの知の面白さは，もっと無限に幅広く，深い．しかし，まさしく恥ずかしながら，この先の近未来を猪熊氏との共著という形でこの第2版を育てる時間としたいと思う．片やウシ片やイヌとは極端かもしれないが，シリーズの二冊目に少しだけ関与できたことを改めて幸福に思う．家畜を見る今日の人間の目に新しい時代の流れを持ち込むことができたら，何よりの幸いである．

遠藤秀紀

引用文献

阿部余四男. 1936. 日本領内の狼に就てポコック氏に與ふ. Zool. Mag. 48: 639–644.

Adams, B., A. Chan, H. Callahan and N. W. Milgram. 2000. Use of a delayed non-matching to position task to model age-dependent cognitive decline in the dog. Behav. Brain Res. 108: 47–56.

Adams, D. R. and H. D. Dellmann. 1998. Respiratory System. *In*: (H. D. Dellmann and J. A. Eurell eds.) Textbook of Veterinary Hiostology. 5th ed. pp. 148–163. Williams & Wilkins, Baltomore.

阿久沢正夫. 1998. レプトスピラ症の鑑別診断. (小動物診断技術研修テキスト) pp. 1–18. 日本獣医師会, 東京.

Albone, E. S. 1984. Mammalian Semichemistry: Investigation of Chemical Signals between Mammals. John Wiley & Sons, Chichester, West Sussex.

Albuquerque, N., K. Guo, A. Wilkinson, C. Savalli, E. Otta and D. Mills. 2016. Dogs recognize dog and human emotions. Biol. Lett. 12: 20150883.

Altman, P. L. 1959. Handbook of Circulation. W. B. Saunders, Philadelphia.

Anderson, W., P. Reid and G. L. Jennings. 1992. Pet ownership and risk factors for cardiovascular disease. Med. J. Australia. 157: 298–301.

アンダーソン, B. E. 1990. 体温調節と環境生理学. (渡植貞一郎, 訳・今道友則, 監訳：デュークス生理学) pp. 693–700. 学窓社, 東京. Andersson, B. E. 1984. Temperature regulation and environmental physiology. *In*: (M. J. Swenson ed.) Duke's Physiology of Domestic Animals. 10th ed. pp. 719–727. Cornell University Press, Ithaca.

アルゼンジオ, R. A. 1990a. 消化管機能の概要. (鈴木勝士, 訳・今道友則, 監訳：デュークス生理学) pp. 251–265. 学窓社, 東京. Argenzio, R. A. 1984. Introduction of gastrointestinal function. *In*: (M. J. Swenson ed.) Duke's Physiology of Domestic Animals. 10th ed. pp. 262–277. Cornell University Press, Ithaca.

アルゼンジオ, R. A. 1990b. 消化管の運動. (鈴木勝士, 訳・今道友則, 監訳：デュークス生理学) pp. 266–276. 学窓社, 東京. Argenzio, R. A. 1984. Gastrointestinal motility. *In*: (M. J. Swenson ed.) Duke's Physiology of Domestic Animals. 10th ed. pp. 278–289. Cornell University Press,

Ithaca.
アルゼンジオ，R. A. 1990c. 消化管の分泌機能.（鈴木勝士，訳・今道友則，監訳：デュークス生理学）pp. 277–288. 学窓社，東京. Argenzio, R. A. 1984. Secretory functions of the gastrointestinal tract. *In*:（M. J. Swenson ed.）Duke's Physiology of Domestic Animals. 10th ed. pp. 290–300. Cornell University Press, Ithaca.
Ashton, E. H. and J. T. Eayrs. 1970. Detection of hidden objects by dogs. *In*:（G. E. W. Wolstenholme and J. Knight eds.）Taste and Smell in Vertebrates. pp. 251–263. J & A Churchill, London.
Axelsson, E., A. Ratnakumar, M.-L. Arendt, K. Maqbool, M. T. Webster, M. Perloski, O. Liberg, J. M. Arnemo, Å. Hedhammar and K. Lindblad-Toh. 2013. The genomic signature of dog domestication reveals adaptation to a starch-rich diet. Nature 495: 360–365.
東　勇三. 1997. 日本におけるイヌのライム病. 日本獣医師会雑誌 50：1–6.
Bain, M. J., B. L. Hart, K. D. Cliff and W. W. Ruehl. 2001. Predicting behavioral changes associated with age-related cognitive impairment in dogs. J. Am. Vet. Med. Assoc. 218: 1792–1795.
Baines, F. M. 1981. Milk substitutes and the hand rearing of orphaned puppies and kittens. J. Small Anim. Practice 22: 555–578.
Barton, C. L. 1987. Infertility in the bitch. Proceedings of the Annual Meeting of the Society for Theriogenology. Austin. TX: 198–205.
Bateson, P. 1981. Control of sensitivity to the environment during development. *In*:（K. Immeleman, G. M. Barlow, L. Petroroch and M. Main eds.）Behavioural Development. pp. 433–453. Cambridge University Press, Cambridge.
Bateson, P. 1983. Rules and reciprocity in behavioural development: implications for rehabilitation. J. Child Phychol. Psychiatry 24: 11–18.
Beck, A. M. 1973. The Ecology of Stray Dogs: A Study of Free-ranging Urban Animals. York Press, Baltimore.
Beck, A. M. 1975. The ecology of "feral" and free-roving dogs in Baltimore. *In*:（M. W. Fox ed.）The Wild Canids: Their Systematics, Behavioural Ecology and Evolution. pp. 380–390. Van Nostrand Reinhold, New York.
Becker, F., J. E. Markee and J. E. King. 1957. Studies on olfactory acuity in dogs.（1）Discrimonatory behaviour in problem box situation. Bri. J. Anim. Behaviour 5: 94–103.
Bekoff, M. 1972. The development of social interactions, play and metacommunication in mammals: as ethical perspective. Quarterly Review of

Biology 47: 412–434.
Bekoff, M. 1975. Social behaviour and ecology of the African canidae: a review. *In*: (M. W. Fox ed.) The Wild Canids: Their Systematics, Behavioural Ecology and Evolution. pp. 120–142. Van Nostrand Reinhold, New York.
Bekoff, M. 1979. Scent-marking by free ranging domestic dogs: olfactory and visual components. Biology of Behaviour 4: 123–129.
Bekoff, M. 1980. Accuracy of scent mark identification for free-ranging dogs. J. Mammology 57: 372–375.
Belsky, J. 1984. The determinants of parenting: a process model. Child Development 55: 83–96.
Bennett, D. 1980. Normal and abnormal parturition. *In*: (D. A. Morrow ed.) Current Therapy in Theriogenology: Diagnosos, Treatment and Prevention of Reproductive Diseases in Animals. pp. 595–606. W. B. Saunders, Philadelphia.
Berman, M. and I. Dunbar. 1983. The social behaviour of free-ranging suburban dogs. Applied Animal Ethology 10: 5–17.
Boitani, L., F. Francisci, P. Ciucci and G. Andreoli. 1995. Population biology and ecology of feral dogs in central Italy. *In*: (J. Serpell ed.) The Domestic Dog: Its Evolution, Behavior and Interaction with People. pp. 217–244. Cambridge University Press, Cambridge.
Boscha, M. D. 2012. Humans, bones and fire: zooarchaeological, taphonomic and spatial analyses of a Gravettian mammoth bone accumulation at Grub-Kranawetberg (Austria). Quat. Int. 252: 109–121.
Botigué, L. R., S. Song, A. Scheu, S. Gopalan, A. L. Pendleton, M. Oetjens, A. M. Taravella, T. Seregély, A. Zeeb-Lanz, R.-M. Arbogast, D. Bobo, K. Daly, M. Unterländer, J. Burger, J. M. Kidd and K. R. Veeramah. 2017. Ancient European dog genomes reveal continuity since the Early Neolithic. Nat. Commun. 8: 16082.
Boudadi-Maligne, M., J.-B. Mallye, M. Langlais and C. Barshay-Szmidt. 2012. Magdalenian dog remains from Le Morin rock-shelter (Gironde, France). Socio-economic implications of a zootechnical innovation. PALEO, Revue d'Archéologie Préhistorique. 23: 39–54.
Boudadi-Maligne, M. and G. Escarguel. 2014. A biometric re-evaluation of recent claims for Early Upper Paleolithic wolf domestication in Eurasia. J. Archaeol. Sci. 45: 80–89.
Boudreau, J. C. 1989. Neurophysiology and stimulus chemistry of mammalian taste system. *In*: (R. Teranishi, R. G. Buttery and F. Shahidi

eds.) Flavour Chemistry: Trends and Development. American Society Symposium Series 388: 122–137.

Bradley, R. M. 1972. Development of the taste bud and gustatory papillae in human fetuses. *In*: (J. F. Bosma ed.) The Third Symposium on Oral Sensation and Perception: The Mouth of Infant. pp. 137–162. Charles C. Thomas, Springfield.

ブラッドシャウ, J. 1997. 行動学的生物学.(山崎恵子・鷲巣月見, 訳:犬と猫の行動学)pp. 31–50. インターズー, 東京. Bradshaw, J. 1992. Behavioural biology. *In*: (C. Thorne ed.) The Waltham Book of Dog and Cat Behaviour. pp. 31–52. Butterworth-Heinemann, Oxford.

Bradshaw, J. W. S. and S. L. Brown. 1990. Behaviora: adaptation of dogs to domestication. *In*: (I. H. Burger ed.) Pets, Benefits and Practice: Waltham Symposium No. 20. pp. 18–24. J. Small Animal Practice 31: supp.

Bradshaw, J. W. S. and H. M. R. Nott. 1995. Social and communication behaviour of companion dogs. *In*: (J. Serpell ed.) The Domestic Dog: Its Evolution, Behavior and Interaction with People. pp. 114–130. Cambridge University Press, Cambridge.

Brambell, F. W. R. 1970. The Transmission of Passive Immunity from Mother to Young. Elsvier, New York.

Brisbin, I. L. Jr. 1976. The domestication of the dog: purebred dogs. American Kennel Club Gazette 93: 22–29.

Bryant, B. K. 1990. The richness of the child-pet relationship: a considerlation of both benefits and costs of pets to children. Anthrozoos 3: 253–261.

Buchanan, J. W. 1992. Causes and prevalence of cardiovascular disease. *In*: (R. W. Kirk and J. D. Bonagura eds.) Kirk's Current Veterinary Therapy XI. pp. 647–655. W. B. Saunders, Philadelphia.

Burgess, P. R. and E. R. Perl. 1973. Cutaneous mechanoreceptors and noniceptors of sensory physiology. Vol. II. *In*: (A. Iggo ed.) Somatosensory System. pp. 29–78. Springer-Verlag, New York.

Burkholder, W. G. and P. W. Toll. 2000. Obesity. *In*: (M. S. Hand, C. D. Tratcher, R. L. Remillard and P. Roudebush eds.) Small Animal Clinical Nutrition. 4th ed. pp. 401–430. Mark Morris Institute, Marcelin.

バスタッド, L. K.・M. R. バーチ・M. フレデリックソン・S. L. ダンカン・J. テベイ. 1997. セラピーにおけるペットの役割.(山崎恵子, 訳:人と動物の関係学)pp. 67–86. インターズー, 東京. Bustad, L. K., M. R. Burch, M. Fredrickson, S. L. Duncan and J. Tebay. 1995. The role of pets in therapeutic programmes. *In*: (I. Robinson ed.) The Waltham Book of Human-Animal Interaction: Benefits and Responsibilities of Pet Ownership. pp. 55–69. Pergamon, Oxford.

Call, J., J. Bräuer, J. Kaminski and M. Tomasello. 2003. Domestic dogs (*Canis familiaris*) are sensitive to the attentional state of humans. J. Comp. Psychol. 117: 257–263.

Campbell, R. G. 1976. A note on the use of a feed flavour to stimulate the feed intake of weaner pigs. Anim. Product. 23: 417–419.

Chan, A. D., P. Nippak, H. Murphey, C. Ikeda-Douglas, B. Muggenburg, E. Head, C. Cotman and N. W. Milgram. 2002. Visuospatial impairments in aged canines: the role of cognitive-behavioral flexibility. Behav. Neurosci. 116: 443–454.

Chansow, D. G. and G. L. Czarnecki-Maulden. 1987. Estimation of the dietary iron requirement for the weaning puppy and kitten. J. Nutrition 117: 928–932.

Chiarelli, A. B. 1975. The chromosomes of the Canidae. *In*: (M. W. Fox ed.) The World Canids. pp. 40–53. Van Nostrand Reinhold, New York.

Chibuzo, G. A. 1979. Alimentary canal. *In*: (H. E. Evans and G. C. Christensen eds.) Miller's Anatomy of the Dog. pp. 455–506. W. B. Saunders, Philadelphia.

Clutton-Brock, J. 1977. Man-made dogs. Science 197: 1340–1342.

Clutton-Brock, J. 1984. Dog. *In*: (I. L. Mason ed.) Evolution of Domesticated Animals. pp. 198–211. Longman, London.

Clutton-Brock, J. 1988. The carnivore remains excavated at Fell's Cave in 1970. *In*: (J. Hyslop ed.) Travels and Arcaelogy in South Chile by Junicus B. Bird. pp. 188–195. University of Iowa Press, Iowa City.

Clutton-Brock, J. 1992. The process of domestication. Mammal Review 22: 79–85.

Clutton-Brock, J. 1995. Origin of the dog: domestication and early history. *In*: (J. Serpell ed.) The Domestic Dog: Its Evolution, Behavior and Interaction with People. pp. 1–20. Cambridge University Press, Cambridge.

Clutton-Brock, J. and N. Noe-Nygaard. 1990. New osteological and C-isotope evidence on Mesolithic dogs: comparison to hunters and fishers at Star Carr, Seamer Carr and Kongemose. J. Archaeol. Sci. 17: 643–653.

コルバート，E. H.・M. モラレス．1994．田隅本生，監訳．脊椎動物の進化［原著第４版］．築地書館，東京．Colbert, E. H. and M. Marales. 1991. Evolution of the Vertebrates. 4th ed. Wiley-Liss, New York.

Cole, E. C. 1941. Comparative Histology. Blaskiston, Philadelphia.
Concannon, P. W. 1986. Canine pregnancy and parturition. Vet. Clin. North Am. Small Animal Practice 16: 453–460.
Cook, P. F., M. Spivak and G. Berns. 2016. Neurobehavioral evidence for individual differences in canine cognitive control: an awake fMRI study. Anim. Cogn. 19: 867–878.
Coppinger, L. and R. P. Coppinger. 1982. Livestock-guarding dogs that wear sheep's clothing. Smithonian Magazine, April: 64–73.
Coppinger, R. P., J. Glandinning, E. Torop, C. Matthay, M. Sutherland and C. Smith. 1987. Degree of behavioral neotany differentiates canis polymorphs. Ethology 75: 89–108.
Coppinger, R. P. and M. Feinstein. 1991. Why dogs bark. Smithonian Magazine, Jan.: 119–129.
Coppinger, R. P. and R. Schneider. 1995. Evolution of working dogs. *In*: (J. Serpell ed.) The Domestic Dog: Its Evolution, Behavior and Interaction with People. pp. 21–47. Cambridge University Press, Cambridge.
Coppinger, R. and L. Coppinger. 2001. Dogs: A New Understanding of Canine Origin, Behavior and Evolution. The University of Chicago Press, Chicago.
Coppinger, R. and L. Coppinger. 2016. What is a Dog? The University of Chicago Press, Chicago.
Corbett, L. K. 1985. Morphological comparison of Australian and the dingos: a reappraisal of dingo status, distribution and ancestry. Proceeding of the Ecological Society of Australia 13: 277–291.
Corbett, L. K. 1995. The Dingo in Australia and Asia. Cornell University Press, New York.
Corbett, R. L., R. L. Marchinton and C. L. Hill. 1971. Preliminary study of effects of dogs on radio-equipped deer in mountainous habitat. Proceeding of Annual Conference of the Southeast Association State Game and Fish Communication 25: 69–77.
Corbett, R. L. and A. Newsome. 1975. Dingo society and its maintenance: a preliminary analysis. *In*: (M. W. Fox ed.) The Wild Canids: Their Systematics, Behavioural Ecology and Evolution. pp. 120–142. Van Nostrand Reinhold, New York.
コルター，D. B.・G. M. シュミット．1990．眼と視覚．（高橋和明，訳・今道友則，監訳：デュークス生理学）pp. 701–713．学窓社，東京．Coulter, D. B. and G. M. Schmidt. 1984. The eye and vision. *In*: (M. J. Swenson ed.) Duke's Physiology of Domestic Animals. 10th ed. pp. 728–741. Cornell

University Press, Ithaca.
Covert, A. M., A. P. Whiren, J. Keith and C. Nelson. 1985. Pets, early adolescents and families. Marriage and Family Review 8: 95–108.
Crockford, S. J. and Y. V. Kuzmin. 2012. Comments on Germonpré *et al.*, Journal of Archaeological Science 36, 2009 "Fossil dogs and wolves from Palaeolithic sites in Belgium, the Ukraine and Russia: osteometry, ancient DNA and stable isotopes", and Germonpré, Lázkičková-Galetová, and Sablin, Journal of Archaeological Science 39, 2012 "Palaeolithic dog skulls at the Gravettian Předmostí site, the Czech Republic". J. Archaeol. Sci. 39: 2797–2801.
Cummings, B. H., E. Head, W. Ruehl, N. W. Milgram and C. W. Cotman. 1996. The canine as an animal model of human aging and dementia. Neurobiol. Aging 17: 259–268.
D'Aniello, B., A. Scandurra, A. Alterisio, P. Valsecchi and E. Prato-Previde. 2016. The importance of gestural communication: a study of human-dog communication using incongruent information. Anim. Cogn. 19: 1231–1235.
Dantzer, R., P. Mormede and J. P. Henry 1983. Physiological assessment of adaptation in farm animals. *In*: (S. H. Baxter and J. A. D. MacCormack eds.) Farm Animal Housing and Welfare. pp. 8–19. Martinus Nijhoff, The Hague.
ダーウィン，C. 1997. 吉岡晶子，訳. 図説種の起源. 東京書籍，東京. Darwin, C. 1997. The Illustrated Origin of Species. (R. Leakey ed.) Faber and Faber, London.
デイビース，M. 1997. 内野富弥，監訳. 犬と猫の老齢医学. 学窓社，東京. Davies, M. 1996. Canine and Feline Geriatrics. Blackwell Science, Oxford.
Davis, C. J. 1986. The organization of vomiting as a protective reflex. *In*: (C. J. Davis and G. V. Lake-Bakaar eds.) Nausea and Vomiting: Mechanism and Treatment. Springer-Vealeg, Berlin.
Davis, R. G. 1973. Olfactory psychophysiological parameters in man, rat, dogs and pigeon. J. Comp. Physiol. Psychol. 85: 221–232.
Davis, S. J. M. and F. R. Valla. 1978. Evidence for domestication of the dog 12000 years ago in the Natufian of Israel. Nature 276: 608–610.
ドーキンス，R. 1991. 日高敏隆・岸　由二ほか，訳. 利己的な遺伝子. 紀伊國屋書店，東京. Dawkins, R. 1976. The Selfish Gene. Oxford University Press, Oxford.
Dayan, T. 1994. Early domesticated dogs of the Near East. J. Archaeol. Sci.

21: 633-640.
Dellmann, H. D. 1998. Eye. *In*: (H. D. Dellmann and J. A. Eurell eds.) Textbook of Veterinary Hiostology. 5th ed. pp. 333-344. Williams & Wilkins, Baltomore.
Delta Society. 1992. Pet Partners: Helping Animals Help People with Animal-assisted Activities Workshop Manual. Delta Society, Renton.
Denton, D. A. 1967. Salt apptite. *In*: (C. F. Code ed.) Handbook of Physiology. Vol. 1. pp. 433-459. American Physiological Society, Washington, D. C.
Derman, K. D. and T. D. Noakes. 1994. Compatrative aspects of exercise physiology. *In*: (D. R. Hodgson and R. J. Rose eds.) The Athletic Horse. pp. 13-25. W. B. Saunders, Philadelphia.
デトワイラー，D. K. 1990. 正常および病理学的な循環性ストレス．(鈴木勝士，訳・今道友則，監訳：デュークス生理学) pp. 199-217．学窓社，東京．Detweiler, D. K. 1984. Normal and pathological circulatory stress. *In*: (M. J. Swenson ed.) Duke's Physiology of Domestic Animals. 10th ed. pp. 207-225. Cornell University Press, Ithaca.
Dikov, N. N. 1996. The Ushki sites, Kamchatka peninsula. *In:* (F. H. West ed.) American Beginnings, the Prehistory and Palaeoecology of Beringia. pp. 244-250. The University of Chicago Press, Chicago.
Dodd, G. H. and D. J. Squirrell. 1980. Structure and mechanism in the mammalian olfactory system. Symposia of the Zoological Society of London 45: 35-56.
ドッドマン，N. 1997. 池田雅之，訳．うちの犬が大変だ！　草思社，東京．Dodman, N. 1996. The Dog Who Loved too Much. Hodder and Stoughton, London.
Doty, R. L. and I. Dunbar. 1974. Attraction of beagles to conspecific odour vaginal and anal sac secretion odours. Physiology and Behaviour 12: 825-833.
Drake, A. G., M. Coquerelle and G. Colombeau. 2015. 3D morphometric analysis of fossil canid skulls contradicts the suggested domestication of dogs during the late Paleolithic. Sci. Rep. 5: 8299.
Drochner, W. and H. Meyer. 1991. Digestion of organic matter in the large intestine of ruminants, horses, pigs and dogs. J. Anim. Physiol. Anim. Nutrit. 65: 18-40.
ディス，K. M.・W. O. サック・C. J. G. ウェンシング．1998. 山内昭二・杉村　誠・西田隆雄，監訳．獣医解剖学［第2版］．近代出版，東京．Dyce, K. M., W. O. Sack and C. J. G. Wensing. 1996. Textbook of Veterinary

Anatomy. 2nd ed. W. B. Saunders, Philadelphia.
Edney, A. T. B. 1974. Management of obesity in the dog. Vet. Med. Small Anim. Clin. 49: 46–49.
Edney, A. T. B. and P. M. Smith. 1986. Study of obesity in the dogs visiting veterinary practices in the United Kingdom. Vet. Rec. 118: 391–396.
Edwards, C. A. and N. W. Read. 1989. Fibre and small intestine function. *In*: (A. Leeds ed.) Dietary Fibre Perspective 2: Reviews and Bibliography. John Libbey, London.
Ehrman, L. and P. A. Parsons. 1981. Behavior Genetics and Evolution. McGraw-Hill, New York.
エンデンブルグ，N.・B.バルダ．1997．人の健全な生活に貢献するペットの役割――子どもの発達への影響．（山崎恵子，訳：人と動物の関係学）pp. 9–21．インターズー，東京．Endenburg, N. and B. Baarda. 1995. The role of pet in enhancing human well-being: effects on child development. *In*: (I. Robinson ed.) The Waltham Book of Human-Animal Interaction: Benefits and Responsibilities of Pet Ownership. pp. 7–17. Pergamon, Oxford.
遠藤秀紀．2019．ウシの動物学［第2版］．東京大学出版会，東京．
Endo, H., I. Obara, T. Toshida, M. Kuromaru, Y. Hayashi and N. Suzuki. 1997. Osteometrical and CT examination of the Japanese wolf skull. J. Vet. Med. Sci. 59: 531–538.
Evans, W. J. and V. A. Hughes. 1985. Dietary carbohydrate and endurance exercice. Am. J. Clin. Nutrit. 41: 1146–1154.
Ewer, R. F. 1973. The Carnivores. Weidenfeld & Nicolson, London.
Fahey, G. C., Jr., N. R. Merchen, J. E. Corbin, A. K. Hamilton, K. A. Serbe, S. M. Lewis and D. A. Hirakawa. 1990. Dietary fibre for dogs. II. Iso-total dietary fibre (TDF) additions of divergent fibre sources to dog diets and their effects on nutrient intake, digestibility, metabolisable energy and digesta mean retention time. J. Anim. Sci. 68: 4236–4240.
Fay, R. R. 1988. Comparative psychiacoustics. Hearing Research 34: 295–306.
Feldman, E. C. 2000. Hyperadrenocorticism. *In*: (S. J. Ettinger and E. C. Feldman eds.) Textbook of Veterinary Internal Medicine. 5th ed. pp. 1460–1488. W. B. Saunders, Philadelphia.
Feldman, E. C. and R. W. Nelson. 1987. Canine and Feline Endocrinology and Reproduction. W. B. Saunders, Philadelphia.
Fenner, W. R. 1995. Diseases of the brain. *In*: (S. J. Ettinger and E. C. Feldman eds.) Textbook of Veterinary Internal Medicine. 4th ed. pp.

578–629. W. B. Saunders, Philadelphia.
Ferrel, F. 1984. Effects of restricted dietary flavour experience before weaning on postweaning food preference in puppies. Neuro. Biobehaviol. Rev. 8: 191–198.
Fiennes, R. and A. Fiennes. 1970. The Natural History of Dogs. The Natural History Press, Garden City.
Fishbein, D. B. and L. E. Robinson. 1993. Rabies. N. Engl. J. Med. 329: 1632–1638.
Fletcher, T. F. 1998. Nerveous tissue. *In*:（H. D. Dellmann and J. A. Eurell eds.）Textbook of Veterinary Hiostology. 5th ed. pp. 91–113. Williams & Wilkins, Baltomore.
フォーグル，B. 1996a. 山崎恵子，訳・増井光子，監修．ドッグズ・マインド．八坂書房，東京．Fogle, B. 1990. The Dog's Mind. Stephen Green, London.
フォーグル，B. 1996b. 福山英也，訳．犬種大図鑑．ペットライフ社，東京．Fogle, B. 1995. The Encyclopedia of the Dog. Dorling Kindersley, London.
Forthman Quick, D. L., C. R. Gustavson and K. W. Rusiniak. 1985. Coyote control and taste aversion. Appetite. 6: 253–264.
Foss, I. and G. Flottorp. 1998. Ears. *In*:（H. D. Dellmann and J. A. Eurell eds.）Textbook of Veterinary Hiostology. 5th ed. pp. 345–358. Williams & Wilkins, Baltomore.
Foster, F. S. and E. H. Heffner. 1968. Lucins Junius Moderatus. Columella on Agriculture. Vol. II. Loeb Classical Library No. 407. Heinemann, London.
Fox, M. W. 1969. Behavioral effects of rearing dogs with cats during the 'critical periods of socialization.' Behaviour 35: 273–280.
Fox, M. W. 1971. Behavior of Wolves, Dogs, and Related Canids. Harper & Row, New York.
Fox, M. W. 1972. Socio-ecological implication of individual differences in wolf litters: a development and evolutionary perspective. Behaviour 41: 298–313.
Fox, M. W. ed. 1975. The Wild Canids: Their Systematics, Behavioural Ecology and Evolution. Van Nostrand Reinhold, New York.
Fox, M. W. 1978. The Dog: Its Domestication and Behaviour. Garland STPM Press, New York.
フォックス，M. W. 1987. 北垣憲仁，訳．オオカミの魂．白揚社，東京．Fox, M. W. 1980. The Soul of the Wolf. Garland STPM Press, New York.

フォックス，M. W. 1994. 北垣憲仁，訳．犬の心理学——フォックス博士のスーパードッグの育て方．白揚社，東京．Fox, M. W. 1990. Superdog. Macmillan, New York.
Fox, M. W. and D. Stelzner. 1966. Behavioural effects of differential early experience in the dog. Animal Behaviour 14: 273-281.
Fox, M. W. and M. Bekoff. 1975. The behaviour of dogs. *In*:（E. S. E. Hafez ed.）The Behaviour of Domestic Animals. 3rd ed. pp. 370-409. Bailliere Tindall, London.
Frantz, L. A. F., V. E. Mullin, M. Pionnier-Capitan, O. Lebrasseur, M. Ollivier, A. Perri, A. Linderholm, V. Mattiangeli, M. D. Teasdale, E. A. Dimopoulos, A. Tresset, M. Duffraisse, F. McCormick, L. Bartosiewicz, L. Gál, E. A. Nyerges, M. V. Sablin, S. Bréhard, M. Mashkour, A. Bălăşescu, B. Gillet, S. Hughes, O. Chassaing, C. Hitte, J.-D. Vigne, K. Dobney, C. Hänni, D. G. Bradley and G. Larson. 2016. Genomic and archaeological evidence suggest a dual origin of domestic dogs. Science 352: 1228-1231.
Frappier, B. L. 1998. Digestive system. *In*:（H. D. Dellmann and J. A. Eurell eds.）Textbook of Veterinary Histology. 5th ed. pp. 148-163. Williams & Wilkins, Baltomore.
Freedman, A. H., I. Gronau, R. M. Schweizer, D. Ortega-Del Vecchyo, E. Han, P. M. Silva, M. Galaverni, Z. Fan, P. Marx, B. Lorente-Galdos, H. Beale, O. Ramirez, F. Hormozdiari, C. Alkan, C. Vilà, K. Squire, E. Geffen, J. Kusak, A. R. Boyko, H. G. Parker, C. Lee, V. Tadigotla, A. Siepel, C. D. Bustamante, T. T. Harkins, S. F. Nelson, E. A. Ostrander, T. Marques-Bonet, R. K. Wayne and J. Novembre. 2014. Genome sequencing highlights the dynamic early history of Dogs. PLoS Genet. 10: e1004016.
Freedman, A. H. and R. K. Wayne. 2017. Deciphering the origin of dogs: from fossils to genomes. Ann. Rev. Anim. Biosci. 5: 281-307.
Freedman, D. G., J. A. King and O. Elliot. 1961. Critical periods in the social development of dogs. Science 133: 1016-1017.
フリードマン，E. 1997. 人の健康に果たすペットの役割——その生理学的効果.（山崎恵子，訳：人と動物の関係学）pp. 41-66. インターズー，東京. Friedmann, E. 1995. The role of pets in enhancing human well-being: physiological effects. *In*:（I. Robinson ed.）The Waltham Book of Human-Animal Interaction: Benefits and Responsibilities of Pet Ownership. pp. 33-53. Pergamon, Oxford.
Friedmann, E., A. H. Katcher, J. J. Lynch and S. A. Thomas. 1980. Animal companions and one year survival of patients after discharge from a coronary care unit. Public Health Report 95: 307-312.

Friedmann, E. and R. Lockwood. 1993. Perception of animals and cardiovascular responses during verbalisation with an animal present. Authrozoos 6: 115-134.

Fugazza, C., A. Moesta, Á. Pogány and Á. Miklósi. 2018. Social learning from conspecifics and humans in dog puppies. Sci. Rep. 8: 9257.

藤田紘一郎．1997．原始人健康学——家畜化した日本人への提言．新潮社，東京．

藤田紘一郎．1999．清潔はビョーキだ．朝日新聞社，東京．

Fuller, J. L. 1964. Effects of experimental deprivation upon behaviour in animals. Proceedings of the World Congress of Psychiatry 3: 223-227.

Fuller, J. L. 1967. Experiential deprivation and later behavior. Science 158: 1645-1652.

Gaudet, D. A. 1985. Retrospective study of 128 cases of canine dystocia. J. Amer. Anim. Hos. Assoc. 21: 813-818.

Gazzola, A., J. P. Valette, D. Grandjean and R. Wolter. 1984. Les acides gras libres plasmatique chez le poney et le chien en effort prolonge. Rec. Med. Vet. 160: 69-77.

Geiger, M., A. Evin, M. R. Sánchez-Villagra, D. Gascho, C. Mainini and C. P. E. Zollikofer. 2017. Neomorphosis and heterochrony of skull shape in dog domestication. Sci. Rep. 7: 13443.

Germonpré, M., M. V. Sablin, R. E. Stevens, R. E. M. Hedges, M. Hofreiter, M. Stiller and V. R. Després. 2009. Fossil dogs and wolves from Palaeolithic sites in Belgium, the Ukraine and Russia: osteometry, ancient DNA and stable isotopes. J. Archaeol. Sci. 36: 473-490.

Germonpré, M., M. Lázničková-Galetová and M. V. Sablin. 2012. Palaeolithic dog skulls at the Gravettian Předmostí site, the Czech Republic. J. Archaeol. Sci. 39: 184-202.

Germonpré, M., M. V. Sablin, M. Lázničková-Galetová, V. Després, R. E. Stevens, M. Stiller and M. Hofreiter. 2015. Palaeolithic dogs and Pleistocene wolves revisited: a reply to Morey (2014). J. Archaeol. Sci. 54: 210-216.

Germonpré, M., S. Fedorov, P. Danilov, P. Galeta, E. L. Jimenez, M. Sablin and R. J. Losey. 2017. Palaeolithic and prehistoric dogs and Pleistocene wolves from Yakutia: identification of isolated skulls. J. Archaeol. Sci. 78: 1-19.

Gier, H. T. 1975. Ecology and behavior of the coyote (*Canis latrans*). *In*: (M. W. Fox ed.) The Wild Canids: Their Systematics, Behavioural Ecology and Evolution. pp. 247-262. Van Nostrand Reinhold, New York.

Gilson, S. D. and R. L. Page. 1994. Principles of Oncology. *In*: (S. J. Birchard and R. G. Sherding eds.) Saunders Manual of Small Animal Practice. pp. 185-192. W. B. Saunders, Philadelphia.

Goebel, T., S. B. Slobodin and M. R. Waters. 2010. New dates from Ushki-1, Kamchatka, confirm 13000 cal BP age for earliest Paleolithic occupation. J. Archaeol. Sci. 37: 2640-2649.

Golani, I. and A. Keller. 1975. A longitudinal field study of the behavior of a pair of golden jackals. *In*: (M. W. Fox ed.) The Wild Canids: Their Systematics, Behavioural Ecology and Evolution. pp. 429-460. Van Nostrand Reinhold, New York.

Goldston, R. T. 1989. Geriatrics and gerontology. Vet. Clin. North Am. Small Animal Practice 19: 1-202.

Gollhick, P. D., R. B. Armstrong, C. W. Saubert, K. Poehl and B. Saltin. 1972. Enzyme activitiy and fiber composition in skeltal muscle of untrained and trained men. J. Appl. Physiol. 33: 312-319.

Gould, S. J. 1977. Ontogeny and Phylogeny. Harvard University Press, Cambridge.

Grant, T. 1987. A behavioural study of a beagle bith and her litter during the first three weeks of lactation. J. Small Animal Practice 28: 992-1003.

Gray, A. P. 1972. Mammalian Hybrids: A Check List with Bibliography. Slough: Commonwealth Agriculture Bureau, Oxfordshire.

Greenwald, P., E. Lanza and G. A. Eddy. 1978. Dietary fibre in the reduction of colon cancer risk. J. Am. Dietic. Assoc. 87: 1178-1188.

Griffin, R. W., G. C. Scott and C. J. Cante. 1984. Food preferences of dogs housed in testing-kennels and inconsumers' homes: some comparisons. Neurosci. Biobehaviol. Rev. 8: 253-259.

Gross, K. L., K. J. Wedekind, C. S. Cowell, W. D. Schoenherr, D. E. Jewell, S. C. Zicker, J. Debraekeleer and R. A. Frey. 2000. Nutrients. *In*: (M. S. Hand, C. D. Tratcher, R. L. Remillard and P. Roudebush eds.) Small Animal Clinical Nutrition. 4th ed. pp. 21-107. Mark Morris Institute, Marcelin.

Guagnin, M., A. Perri and M. Petraglia. 2018. Pre-Neolithic evidence for dog-assisted hunting strategies in Arabia. J. Anthropol. Archaeol. 49: 225-236.

Gutiérrez-Zugasti, I., S. Andersen, A. Araújo, C. Dupont, N. Milner and A. Monge-Soares. 2011. Shell midden research in Atlantic Europe: state of the art, research problems and perspectives for the future. Quat. Int. 239: 70-85.

Halnam, C. R. E. 1974. The frequency of occurrence of anal sac disease in

the dog. J. Amer. Anim. Hos. Assoc. 10: 573–575.
Harcourt, R. A. 1974. The dog in prehistoric and early historic Britain. J. Archaeolog. Sci. 1: 151–175.
Hare, B., M. Brown, C. Williamson and M. Tomasello. 2002. The domestication of social cognition in dogs. Science 298: 1634–1636.
Hare, B., V. Wobber and R. Wrangham. 2012. The self-domestication hypothesis: evolution of bonobo psychology is due to selection against aggression. Anm. Behav. 83: 573–585.
Hart, B. L. 1983. Flehmen behaviour and vomeronasal organ function. *In*: (D. Mullers and R. M. Silverstein eds.) Chemical Signals in Vertebrates. 3rd ed. pp. 87–103. Plenum, New York.
Hart, B. L. 1995. Analysing breed and gender differences in behavior. *In*: (J. Serpell ed.) The Domestic Dog: Its Evolution, Behavior and Interaction with People. pp. 65–77. Cambridge University Press, Cambridge.
Hart, B. L. and L. A. Hart. 1985. Selecting pet dogs on the basis of cluster analysis of breed behavior profiles and gender. J. Am. Vet. Med. Assoc. 186: 1181–1185.
ハート，B. L.・L. A. ハート．1990．石田卓夫，監訳．動物行動治療学．学窓社，東京．Hart, B. L. and L. A. Hart. 1985. Canine and Feline Behavioral Therapy. Lea & Febiger, Philadelphia.
ハート，B. L.・L. A. ハート．1992．増井久代，訳．増井光子，監訳．生涯の友を得る愛犬選び――一目でわかるイヌの性格と行動．日経サイエンス社，東京．Hart, B. L. and L. A. Hart. 1988. The Perfect Puppy. W. H. Freeman, New York.
Hart, L. A. 1995. Dogs as human companion. *In*: (J. Serpell ed.) The Domestic Dog: Its Evolution, Behavior and Interaction with People. pp. 161–178. Cambridge University Press, Cambridge.
Harvey, C. E. 1988. Oral diseases of aging animals. Proceedings of Symposium on Clinical Conditions in the Older Cat and Dog, The Royal Garden Hotel, London, 15 June, 1988. pp. 58–62. Hill's Pet Products, London.
橋本信夫・品川森一・森田千春．1995．ウイルス性ズーノーシス．（小川益男・金城俊夫・丸山　務，編：獣医公衆衛生学）pp. 76–90．文永堂出版，東京．
Hawkins, R. E., W. D. Klimstra and D. C. Antry. 1970. Significant mortality factors of deer in Crab Orchard National Wildlife Refuge. Transaction of the Illinois State Academy of Sciences 63: 202–206.
Head, E., R. Mehta, J. Hartley, M. Kameka, B. Cummings, C. Cotman, W. W.

Ruehl and N. W. Milgram. 1995. Spatial learning and memory as a function of age in the dog. Behav. Neurosci. 109: 851-858.
Head, E., H. Callahan, B. A. Muggenburg, C. W. Cotman and N. W. Milgram. 1998. Visual-discrimination learning ability and beta-amyloid accumulation in the dog. Neurobiol. Aging 19: 415-425.
Head, E., J. Rofina and S. Zicker. 2008. Oxidative stress, aging and CNS disease in the canine model of human brain aging. Vet. Clin. North Am. Small Anim. Pract. 38: 167-177.
Hedhammar, A., L. Krook, H. Schryver and F. Kallfelz. 1980. Calcium balance in the dog. *In*: (R. S. Anderson ed.) Nutrition of the Dog and Cat. pp. 119-127. Pergamon, Oxford.
Heffner, H. E. 1983. Hearing in large and small dogs: absolute thresholds and size of the tynpanic membrane. Behavioral Neuroscience 97: 310-318.
Hemmer, H. 1990. Domestication: The Decline of Environmental Appreciation. 2nd ed. Cambridge University Press, Cambridge.
Herre, W. and M. Rohrs. 1977. Origins of agriculture. *In*: (C. A. Reed ed.) World Anthropology. pp. 254-279. Monton, The Hague.
平岩米吉．1989．犬の生態．築地書館，東京．
弘原海清．1996．前兆証言 1519．東京出版，東京．
Holliday, J. C. 1940. Total distribution of taste buds on the tongue of the pup. Ohio J. Sci. 40: 337-344.
Holst, P. A. and R. D. Phemister. 1974. Onset of diestrus in the Beagle bitch: definition and significance. Am. J. Vet. Res. 35: 401-406.
Hooft, J., D. Mattheeuws and P. Van Bree. 1979. Radiology of deciduous teeth resorption and definitive teeth eruption in the dog. J. Small Anim. Pract. 20: 175-180.
Horowitz, A. 2009. Attention to attention in domestic dog (*Canis familiaris*) dyadic play. Anim. Cognit. 12: 107-118.
Horowitz, A. ed. 2014. Domestic Dog Cognition and Behavior: The Scientific Study of *Canis familiaris*. Springer-Verlag, Heidelberg.
Horowitz, A. 2017. Smelling themselves: dogs investigate their own odours longer when modified in an “olfactory mirror” test. Behav. Proc. 143: 17-24.
星　修三・山内　亮．1990．改訂新版家畜臨床繁殖学．朝倉書店，東京．
Hoskins, J. D. and D. M. McCurnin. 1997. Geriatric care in the late 1990s. Vet. Clin. North Am. Small Animal Practice 27: 1273-1281.
Houpt, K. A., H. F. Hintz and P. Shepherd. 1978. The role of olfaction in

canine food preferences. Chem. Sens. Flav. 3: 281-290.

Huber, L. and C. Lamm. 2017. Understanding dog cognition by functional magnetic resonance imaging. Learn Behav. 45: 101-102.

Hubrecht, R. 1995. The welfare of dogs in human care. *In*: (J. Serpell ed.) The Domestic Dog: Its Evolution, Behavior and Interaction with People. pp. 179-198. Cambridge University Press, Cambridge.

Hughes, A. 1977. The topography of vision in mammals of Contrasting life style: comparative optics and retinal organisation. *In*: (F. Crescitell ed.) The Visual System in Vertebrates. pp. 613-756. Springer-Verlag, New York.

Hunt, S. J., L. A. Hart and R. Gomulkeiwicz. 1992. Role of small animals in social interactions between strangers. J. Social Psychol. 132: 245-256.

イッゴー，A. 1990. 体制感覚機序.（徳力幹彦，訳・今道友則，監訳：デュークス生理学）pp. 619-637. 学窓社，東京. Iggo, A. 1984. Somesthetic senseory mechanisms. *In*: (M. J. Swenson ed.) Duke's Physiology of Domestic Animals. 10th ed. pp.640-660. Cornell University Press, Ithaca.

今川　勲. 1996. 犬の現代史. 現代書館，東京.

今泉吉典. 1970a. ニホンオオカミの系統的地位について. 1. ニホンオオカミの標本. 哺乳動物学雑誌 5: 27-32.

今泉吉典. 1970b. ニホンオオカミの系統的地位について. 2. イヌ属内での頭骨における類似関係. 哺乳動物学雑誌 5: 62-66.

今泉吉典. 1998. 哺乳動物進化論――哺乳類の種と種分化. ニュートンプレス，東京.

Immeleman, K. and S. J. Souni. 1981. Sensitive phases in development. *In*: (K. Immeleman, G. M. Barlow, L. Petroroch and M. Main eds.) Behavioural Development. pp. 395-431. Cambridge University Press, Cambridge.

稲葉俊雄. 1998. 発情回帰の内分泌. Infovet. 1: 45-50.

Insel, P. M. and W. T. Roth. 1994. Core Concepts in Health. 7th ed. Mayfield Publishing, Mountainview, CA.

板垣　博. 1997. 近年みられた人畜共通寄生虫感染とその発生条件. 日本獣医師会雑誌 50: 135-140.

Janssens, L., L. Giemsch, R. Schmitz, M. Street, S. Van Dongen and P. Crombé. 2018. A new look at an old dog: Bonn-Oberkassel reconsidered. J. Archaeol. Sci. 92: 126-138.

Johnston, A. M., C. Turrin, L. Watson, A. M. Arre and L. R. Santos. 2017. Uncovering the origins of dog-human eye contact: dingoes establish eye con-

tact more than wolves, but less than dogs. Anim. Behav. 133: 123-129.
ジョンストン, S. D. 1993. 原発性無発情を伴う雌犬不妊症の臨床的アプローチ. (浜名克巳, 訳 : 犬の臨床繁殖学) pp. 15-18. 学窓社, 東京. Johnston, S. D. 1991. Clinical approach to infertility in bitches with primary anestrus. Vet. Clin. North Am. Small Animal Practice 21: 421-425.
Jung, C. and D. Pörtl. 2018. Scavenging hypothesis: lack of evidence for dog domestication on the waste dump. Dog Behav. 2: 41-56.
甲斐知恵子. 1995. 犬ジステンパー. (清水悠紀臣・鹿江雅光・田淵 清・平棟孝志・見上 彪, 編 : 獣医伝染病学 [第4版]) pp. 239-242. 近代出版, 東京.
甲斐知恵子. 1998. 犬のジステンパーウイルスの遺伝子. PROVET. 11 (Suppl): 21-25.
神谷正男. 1998. ヒトのエキノコッカス症の診断. 臨床検査 42: 563-565.
加茂儀一. 1973. 家畜文化史. 法政大学出版局, 東京.
金城俊夫・高橋英司・大槻公一. 1995. 細菌性ズーノーシス. (小川益男・金城俊夫・丸山 務, 編 : 獣医公衆衛生学) pp. 95-113. 文永堂出版, 東京.
Kardong, K. V. 1995. Vertebrates. Wm. C. Brown Publishers, Dubuque.
ケール, M. R.・G. K. ビューチャンプ. 1990. 味覚, 嗅覚, 聴覚. (森 将人, 訳・今道友則, 監訳 : デュークス生理学) pp. 714-731. 学窓社, 東京. Kare, M. R. and G. K. Beauchamp. 1984. Taste, smell, and hearing. *In*: (M. J. Swenson ed.) Duke's Physiology of Domestic Animals. 10th ed. pp. 742-760. Cornell University Press, Ithaca.
Katcher, A. H. 1981. Interactions between people and their pets: form and function. *In*: (B. Fogle ed.) Interrelationship between People and Pets. pp. 41-67. Charles C. Thomas, Springfield.
加藤嘉太郎. 1979. 第二次増訂改版家畜比較解剖図説 (上・下). 養賢堂, 東京.
Keeler, C. 1975. Genetics of behavior variations in color phases of the red fox. *In*: (M. W. Fox ed.) The World Canids. pp. 40-53. Van Nostrand Reinhold, New York.
Kent, G. C. 1978. Comparative Anatomy of the Vertebrates. 4th ed. C. V. Mosby, Saint Louis.
Kerepesi, A., G. K. Jonsson, Á. Miklósi, J. Topál, V. Csányi and M. S. Magnusson. 2005. Detection of temporal patterns in dog-human interaction. Behav. Proc. 70: 69-79.
King, J. E., R. F. Becker and J. E. Markee. 1964. Studies on olfactory discrimination in dogs. (3) Ability to detect human odour trace. Anim. Behaviour 12: 311-315.

小島荘明．1993．回虫症．（小島荘明，編：New 寄生虫病学）pp. 265-270．南江堂，東京．

Koler-Matznick, J. 2002. The origin of the dog revisited. Anthrozoos 15: 98-118.

近藤力王至・赤尾信明・大山卓昭・岡田　茂・小西善彦・高倉吉正・岡沢孝雄・高橋あけみ・畑　直宏．1994．人畜共通寄生虫症——特にヒト・イヌ糸状虫症，トキソカラ症について．CAP. 63: 17-21.

Krebs, J. W., J. S. Smith, C. E. Rupprecht and J. E. Childs. 1997. Rabies surveillance in the United States during 1996. J. Am. Vet. Med. Assoc. 211: 1525-1539.

Kripke, S. A., A. D. Fox, J. M. Berman, R. G. Settle and J. L. Rombean. 1987. Stimulation of mucosal growth with intracolonic butyrate infusion. Surg. Forum 38: 47-49.

Kronfeld, D. S., E. P. Hammel, C. F. Ranberg, Jr. and H. L. Dunlap, Jr. 1977. Haematological and metabolic responses to training in racing sled dogs fed diets containg medium, low or zero carbohydrate. Am. J. Clin. Nutrit. 30: 419-430.

Kruse, S. M. and W. E. Howard. 1983. Canid sex attractant studies. J. Chem. Ecology 9: 1503-1510.

Kruska, D. 1988. Mammalian domestication and its effects on brain structure and behaviour. *In*: (H. J. Jerison and I. Jerison eds.) Interigence and Evolution Biology. pp. 211-250. Springer-Verlag, Berlin.

黒田洋一郎．1998．アルツハイマー病．岩波書店，東京．

Kurten, B. and E. Anderson. 1980. Pleistocene Mammals of North America. Columbia University Press, New York.

Laflamme, D. 1997. Nutritional management. Vet. Clin. North Am. Small Animal Practice 27: 1561-1577.

Landsberg, G. and W. Ruehl. 1997. Geriatric behavioral problems. Vet. Clin. North Small Anim. Pract. 27: 1537-1559.

Larson, G., E. K. Karlsson, A. Perri, M. T. Webster, S. Y. W. Ho, J. Peters, P. W. Stahl, P. J. Piper, F. Lingaas, M. Fredholm, K. E. Comstock, J. F. Modiano, C. Schelling, A. I. Agoulnik, P. A. Leegwater, K. Dobney, J.-D. Vigne, C. Vilà, L. Andersson and K. Lindblad-Toh. 2012. Rethinking dog domestication by integrating genetics, archeology, and biogeography. Proc. Natl. Acad. Sci. USA. 109: 8878-8883.

Laughlin, W. S. 1967. Human migration and permanent occupation in the Bering Sea Area. *In*: (D. M. Hopkins ed.) The Bering Land Bridge. pp. 409-450. Stanford University Press, Stanford.

Lawrence, B. 1967. Early domestic dogs. Zeitschrift für Saugetierkunde 32: 44–59.

Lawrence, B. and C. A. Reed. 1983. The dogs of Jarmo. 1967. *In*: (L. S. Braidwood, R. J. Braidwood, B. Howe, C. A. Rud and P. J. Wastson eds.) Prehistric Archeology along the Zargos Flanks. pp. 485–494. The Oriental Institute of the University of Chicago, Chicago.

レグランデ-デフレチン，V.・H. S. マンデイ．1997．犬と猫の各ライフステージでの食事．（秦　貞子，訳・長谷川篤彦，監修：コンパニオンアニマルの栄養学）pp. 59–71．インターズー，東京．Legrand-Defretin, V. and H. S. Munday. 1993. Feeding dogs and cats for life. *In*: (I. Burger ed.) The Waltham Book of Companion Animal Nutrition. pp. 57–68. Butterworth-Heinemann, Oxford.

レーニンジャー，A. L.・D. L. ネルソン・M. M. コックス．1993．山科郁男，監修．新生化学（上・下）．廣川書店，東京．Lehninger, A. L., D. L. Nelson and M. M. Cox. 1993. Principles of Biochemistry. 2nd ed. Worth Publishers, New York.

LeMagnen, J. 1967. Habits and food intake. *In*: (C. F. Code ed.) Handbook of Physiology. Vol. 1. pp. 11–30. American Physiological Society, Washington, D. C.

Leonard, J. A., R. K. Wayne, J. Wheeler, R. Valadez, S. Guillén and C. Vilà. 2002. Ancient DNA evidence for Old World origin of New World dogs. Science 298: 1613–1616.

Levinson, B. M. 1969. Pet-oriented Child Psychotherapy. Charles C. Thomas, Springfield.

Lockwood, R. 1983. The influence of animals on social perception. *In*: (A. H. Katcher and A. M. Beck eds.) New Perspectives on Our Lives with Animal Companions. pp. 64–71. University of Pennsylvania Press, Philadelphia.

Lockwood, R. 1995. The ethology and epidemiology of canine aggression. *In*: (J. Serpell ed.) The Domestic Dog: Its evolution, Behavior and Interaction with People. pp. 131–138. Cambridge University Press, Cambridge.

Lohse, C. L. 1974. Preferences of dogs for various meats. J. Am. Anim. Hosp. Assoc. 10: 187–192.

ローレンツ，K. 1966．小原秀雄，訳．人イヌにあう．至誠堂．東京．Lorenz, K. 1954. Man Meets Dogs. Methuen, London.

ローレンツ，K. 1970．日高敏隆・久保和彦，訳．攻撃——悪の自然誌．みすず書房，東京．Lorenz, K. 1963. Das sogenannte Bose. Dr. G. Borotha-

Schoeler Verlag, Wien.
Lorenz, K. 1975. Foreword. *In*: (M. W. Fox ed.) The Wild Canids. Van Nostrand Reinhold, New York.
Lowry, D. A. and K. L. MacArthur. 1978. Domestic dogs as predators on deer. Wildlife Soc. Bull. 6: 38–39.
Luescher, U. A., D. B. McKeown and J. Halip. 1991. Stereotypic or obsessive-compulsive disorders in dogs and cats. Veterinary Clinics of North Am. Small Animal Practice 21: 401–413.
Macintosh, N. W. G. 1975. The origin of the dingo: an enigma. *In*: (M. W. Fox ed.) The World Canids. pp. 87–106. Van Nostrand Reinhold, New York.
Maggitti, P. 1988. Nor iron bars a cage: the story of pets in proson. The Aninmal's Agenda, July/August: 26–29.
Manwell, C. and C. M. A. Baker. 1983. Origin of the dog: from world or wild *Canis familiaris* ? Speculation in Science and Technology 6: 213–224.
Marshall-Pescini, S., S. Cafazzo, Z. Virányi and F. Range. 2017. Integrating social ecology in explanations of wolf-dog behavioral differences. Curr. Opin. Behav. Sci. 16: 80–86.
マスケル，I. E.・J. V. ジョンソン．1997．消化と吸収（秦　貞子，訳・長谷川篤彦，監修：コンパニオンアニマルの栄養学）pp. 27–48．インターズー，東京．Maskell, I. E. and J. V. Johnson. 1993. Digestion and absorption. *In*: (I. Burger ed.) The Waltham Book of Companion Animal Nutrition. pp. 25–44. Butterworth-Heinemann, Oxford.
Matthews, P. ed. 1995. The New Guinnes Book of Records 1995. Guinnes Book Piblishing, Enfield.
馬渡峻輔．1993．動物分類学の論理――多様性を認識する方法．東京大学出版会，東京．
Mayr, E. 1942. Systematics and the Origin of Species. Columbia University Press, New York.
McCrave, E. A. 1991. Diagnostic criteria for separation anxiety in the dog. Veterinary Clinics of North America. Small Animal Practice 21: 247–255.
McGeer, P. L., J. C. Eccles and E. G. McGeer. 1978. Molecular Neurobiology of the Mammalian Brain. Plenum Press, New York.
マックローリン，J. C. 1984. 沢崎　担，訳．犬――どのようにして人間の友になったか．岩波書店，東京．McLoughlin, J. C. 1983. The Canine Clan: A New Look at Man's Best Freind. Viking Press, New York.
Mech, L. D. 1970. The Wolf: The Ecology and Behaviour of an Endangered

Species. Natural History Press, New York.
Mengel, R. M. 1971. A study of dog, coyote, hybrids and implications concerning hybridization in *Canis*. J. Mammalogy 52: 316–336.
Meric, S. M. 1995. Polyuria and polydipsia. *In*: (S. J. Ettinger and E. C. Feldman eds.) Textbook of Veterinary Internal Medicine. 4th ed. pp. 159–163. W. B. Saunders, Philadelphia.
Messent, P. R. 1980. Breed of dog and dietary management background as factors affecting obesity. *In*: (A. T. B. Edney ed.) Over and Under Nutrition. pp. 9–16. Pedigree Petfood, Melton Moubray.
Messent, P. R. 1983. Social facilitation of contact with people by pet dogs. *In*: (A. H. Katcher and A. M. Beck eds.) New Perspectives on Our Lives with Companion Animals. pp. 45–67. University of Philadelphia Press, Philadelphia.
Meyer, H. and E. Kienzle. 1991. Dietary proteins and carbohydrates: relationship to chemical disease. Proceeding Purina International Symposium: 13–26.
Meyer, R. S. and M. D. Purugganan. 2013. Evolution of crop species: genetics of domestication and diversification. Nature Rev. Genet. 14: 840–852.
Miklósi, Á., R. Polgárdi, J. Topál and V. Csányi. 2000. Intentional behaviour in dog-human communication: an experimental analysis of "showing" behavior in the dog. Anim. Cogn. 3: 159–166.
Miklósi, Á., E. Kubinyi, J. Topál, M. Gácsi, Z. Virányi and V. Csányi. 2003. A simple reason for a big difference: wolves do not look back at humans, but dogs do. Curr. Biol. 13: 763–766.
Miklósi, Á., J. Topál and V. Csányi. 2004. Comparative social cognition: what can dogs teach us? Anim. Behav. 67: 995–1004.
Miklósi, Á., P. Pongrácz, G. Lakatos, J. Topál and V. Csányi. 2005. A comparative study of the use of visual communicative signals in interactions between dogs (*Canis familiaris*) and humans and cats (*Felis catus*) and humans. J. Comp. Psychol. 119: 179–186.
Milgram, N. W., E. Head, E. Weiner and E. Thomas. 1994. Cognitive function and aging in the dog: acquisition of non-spatial visual tasks. Behav. Neurosci. 108: 57–68.
Milgram, N. W., E. Head, S. C. Zicker, C. J. Ikeda-Douglas, H. Murphey, B. Muggenburg, C. Siwak, D. Tapp and C. W. Cotman. 2005. Learning ability in aged beagle dogs is preserved by behavioral enrichment and dietary fortification: a two-year longitudinal study. Neurobiol. Aging 26: 77–90.
Milham, P. and P. Thompson. 1976. Relative antiquity of human occupation

and extinct fauna at Madura Cave, south-eastern Australia. Mankind 10: 175-180.

Miller, M. W. and J. D. Bonagura. 1994. Congenital heart disease. *In*: (S. J. Birchard and R. G. Sherding eds.) Saunders Manual of Small Animal Practice. pp. 500-504. W. B. Saunders, Philadelphia.

Miller, P. E. and C. J. Murphy. 1995. Vision in dogs. J. Am. Vet. Med. Assoc. 207: 1623-1634.

源　宣之．1995．狂犬病――犬・猫ウイルス病．（清水悠紀臣・鹿江雅光・田淵　清・平棟孝志・見上　彪，編：獣医伝染病学［第4版］）pp. 237-239. 近代出版，東京．

光岡心子．1999．イヌの種類別疾病発生件数の年次推移．（多摩獣医臨床研究会，編：イヌ・ネコの疾病統計――1990-1997年の動向）pp. 164-189．多摩獣医臨床研究会事務局，東京．

宮本健司．1995．ダニとライム病――北海道におけるライム病の発生．獣医畜産新報 48: 576-580.

宮崎一郎・藤　幸治．1988．図説人畜共通寄生虫症．九州大学出版会，福岡．

Montagner, H. 1988. L'attachement, les Dubutsdela Tendress. Editions Odile Jacob, Paris.

Monteiro-Riviere, N. A. 1998. Integument. *In*: (H. D. Dellmann and J. A. Eurell eds.) Textbook of Veterinary Hiostology. 5th ed. pp. 303-332. Williams & Wilkins, Baltimore.

Morey, D. F. 2014. In search of Paleolithic dogs: a quest with mixed results. J. Archaeol. Sci. 52: 300-307.

Morey, D. F. and R. Jeger. 2015. Paleolithic dogs: why sustained domestication then? J. Archaeol. Sci. Rep. 3: 420-428.

森田千春．1995．リケッチアおよびクラミジア性ズーノーシス．（小川益男・金城俊夫・丸山　務，編：獣医公衆衛生学）pp. 90-94．文永堂出版，東京．

モリス，D．1987．竹内和世，訳．ドッグ・ウォッチング．平凡社，東京．Morris, D. 1986. Dog Watching. Jonathan Cape, London.

本好茂一・竹村直行．1996．先天性心疾患．（村上大蔵・本好茂一・長谷川篤彦・川村清市・内藤善久・前出吉光，編：新獣医内科学）pp. 40-43．文永堂，東京．

Moulton, D. G., E. H. Ashton and J. T. Eayrs. 1960. Studies in olfactory acuity. 4. Relative detectability of n-aliphatic acids by the dog. Animal Behaviour 8: 117-128.

Mugford, R. A. 1977. External influences on the feeding of carnivores. *In*: (M. R. Kare and O. Muller eds.) The Chemical Senses and Nutrition. pp. 25-50. Academic Press, New York.

Mugford, R. A. 1984. Aggression in the English Cocker Spaniel. Vet. Annual. 24: 310–314.
Mugford, R. A. and C. J. Thorne. 1980. Comparative studies of meal patterns in pet and laboratory housed dogs and cats. *In*: (R. S. Anderson ed.) Nutrition of the Cat. Pergamon Press, Oxford.
Muller-Beck, H. 1967. On migration of hunters across the Bering Land Bridge in the Upper Pleistocene. *In*: (D. M. Hopkins ed.) The Bering Land Bridge. pp. 409–450. Stanford University Press, Stanford.
ムレイ，R. K.・D. K. グラナー・P. A. メイヤー・V. W. ロッドウェル．1993．上代淑人，監訳．ハーパー・生化学［第 23 版］．丸善，東京．Murray, R. K., D. K. Granner, P. A. Mayes and V. W. Rodwell. 1993. Harper's Biochemistry. 23rd ed. Appleton & Lange, East Norwalk.
Naderi, S. Z., Á. Miklósi, A. Dóka and V. Csányi. 2001. Cooperative interactions between blind persons and their dog. Appl. Anim. Behav. 74: 59–80.
中山裕之・中村紳一朗・内田和幸・後藤直彰．1995．痴呆犬の脳病理所見．基礎老化研究 19: 32–38.
Napierala, H. and H.-P. Uerpmann. 2012. A 'new' palaeolithic dog from central Europe. Int. J. Osteoarcheaol. 22: 127–137.
National Research Council. 1985. Nutrient Requirements of Dogs. National Academy Press, Washinghton, D. C.
Natynczuk, S., J. W. S. Bradshaw and D. W. Macdonald. 1989. Chemical constituents of the anal sac of domestic dogs. Biochemical Systematics and Ecology 17: 83–87.
Nelson, R. W. 2000. Diabets mellitus. *In*: (S. J. Ettinger and E. C. Feldman eds.) Textbook of Veterinary Interenal Medicine. 5th ed. pp. 1438–1460. W. B. Saunders, Philadelphia.
Nesbitt, W. H. 1975. Ecology of a feral dog pack on wildlife refuge. *In*: (M. W. Fox ed.) The Wild Canids: Their Systematics, Behavioural Ecology and Evolution. pp. 391–396. Van Nostrand Reinhold, New York.
ネービル，P. 1997．竹内和世・竹内　啓，訳．犬に精神科医は必要か．講談社，東京．Neville, P. 1991. Do Dogs Need Shrinks ? Sidgewick and Jackson, London.
日本獣医公衆衛生史編集委員会．1991．日本獣医公衆衛生史．日本食品衛生協会，東京．
Nobis, G. 1979. Der alteste Haushund lebte vor 14000 Jahrun. UMSHAU 19: 610.
農林水産省畜産局流通飼料課．1998．平成 9 年度ペットフード産業実態調査の結果．農林水産省畜産局，東京．

ノット，H. M. R. 1997a. 犬の発達行動学.（山崎恵子・鷲巣月見，訳：犬と猫の行動学）pp. 63-76. インターズー，東京. Nott, H. M. R. 1992. Behavioural development of the dog. *In*:（C. Thorne ed.）The Waltham Book of Dog and Cat Behaviour. pp. 65-78. Butterworth-Heinemann, Oxford.

ノット，H. M. R. 1997b. 犬の社会的行動.（山崎恵子・鷲巣月見，訳：犬と猫の行動学）pp. 95-112. インターズー，東京. Nott, H. M. R. 1992. Social behaviour of the dog. *In*:（C. Thorne ed.）The Waltham Book of Dog and Cat Behaviour. pp. 97-114. Butterworth-Heinemann, Oxford.

Nowak, R. M. and J. L. Paradiso. 1983. Walker's Mammals of the World. Vols. 1, 2. 4th eds. Johns Hopkins University Press, Baltimore and London.

野澤　謙・西田隆雄. 1981. 家畜と人間. 出光書店，東京.

O'Farrell, V. 1994. Dog's Best Friend: How not to Be a Problem Owner. Methuen, London.

O'Farrell, V. 1995. The effect of owner attitudes and personality on dog behaviour. *In*:（J. Serpell ed.）The Domestic Dog: Its Evolution, Behavior and Interaction with People. pp. 153-158. Cambridge University Press, Cambridge.

オファレル，V. 1997. 武部正美・工　亜紀，訳・林　良博，監修・ヒトと動物の関係学会，編. 犬と猫の行動学——問題行動の理論と実際. pp. 1-102. 学窓社，東京. O'Farrell, V. 1992. Manual of Canine Behaviour. 2nd ed. British Small Animal Veterinary Association, Cheltenham Glos.

O'Farrell, V. and E. Peachey. 1990. The behavioural effects of ovarohysterectomy on bitches. J. Small Animal Practice 31: 595-598.

小方宗次. 1995. 疥癬虫.（獣医臨床寄生虫学編集委員会，編：新版獣医臨床寄生虫学［小動物編］）pp. 162-164. 文永堂，東京.

大石　勇. 1986. 犬糸状虫. 文永堂，東京.

大石　勇. 1995. 犬糸状虫.（獣医臨床寄生虫学編集委員会，編：新版獣医臨床寄生虫学［小動物編］）pp. 110-127. 文永堂，東京.

大谷伸代・太田光明・権藤眞禎・池谷元伺・弘原海晴. 1998. 地震前兆に伴う動物の異常行動の生理学的考察. 第216回日本獣医学会講演要旨集.

及川　弘. 1969. 犬の生物学. 朝倉書店，東京.

Okumura, N., N. Ishiguro, M. Nakano, A. Matsui and M. Sahara. 1996. Intra- and interbreed genetic variations of mitochondrial DNA major non-coding regions in Japanese native dog breeds（*Canis familiaris*）. Anim. Genet. 27: 397-405.

Ollivier, M., A. Tresset, F. Bastian, L. Lagoutte, E. Axelsson, M.-L. Arendt, A.

Bălăşescu, M. Marshour, M. V. Sablin, L. Salanova, J.-D. Vigne, C. Hitte and C. Hänni. 2016. *Amy2B* copy number variation reveals starch diet adaptations in ancient European dogs. Roy. Soc. Open Sci. 3: 160449.

Olmsted, J. M. D. 1922. Taste fibers and the chorda tympani. J. Comapara. Neurol. 34: 337-341.

Olsen, S. J. 1985. Origins of the Domestic Dog: The Fossil Record. The University of Arizona Press, Tucson.

Olsen, S. J. and J. W. Olsen. 1977. The chinese wolf, ancestor of new world dogs. Science 197: 533-535.

Olson, J. C. 1974. Movements of deer as influenced by dogs. Indiana Department of Natural Resources Job Progress Report Project W-26-R-5, Job III-b-4: 1-36.

Oppenheimer, E. C. and J. R. Oppenheimer. 1975. Certain behavioral features in the pariah dog (*Canis familiaris*) in West Bergal. Appl. Anim. Ethology 2: 82-92.

Ovodov, N. D., S. J. Crockford, Y. V. Kuzmin, T. F. G. Higham, G. W. L. Hodgins and J. van der Plicht. 2011. A 33000 year old incipient dog from the Altai Mountains of Siberia: evidence of the earliest domestication disrupted by the last Glacial Maximum. PLoS ONE 6: e22821.

小澤義博. 1998. 世界の動物の狂犬病事情と日本の対応策. 日本獣医師会雑誌 51: 629-636.

Pasternak, T. and W. H. Merigan. 1980. Movement detection by cats: invariance with detection and target configuration. J. Comp. Physiol. Psycol. 94: 943-952.

Patterson, D. F. 1971. Canine congenital heart disease: epidemiology and etiology hypotheses. J. Small Animal. Practice 12: 263-287.

Patterson, D. F., M. E. Haskins and W. R. Schnarr. 1981. Hereditary dysplasia of the pulmonary valve in Beagle Dogs: pathologic and genetic studies. Am. J. Cardiol. 47: 631-641.

Patterson, D. F., R. Pexieder, W. R. Schnarr, T. Navratil and R. Alaili. 1993. A single-major-gene defect underlying cardiac conotruncal malformations interferes with mycocardial growth during embryonic development: studies in the CTD line of keeshond dogs. Am. J. Hum. Genet. 52: 388-397.

Pederson, P. E. and E. M. Blass. 1982. Prenatal and postnatal determinants of the first suckling episode in albino rats. Develop. Physiol. 15: 349-355.

Pendleton, A. L., F. Shen, A. M. Taravella, S. Emery, K. R. Veeramah, A. R. Boyko and J. M. Kidd. 2018. Comparison of village dog and wolf genomes highlights the role of the neural crest in dog domestication. BMC Biol. 16: 64.

Perri, A. 2016. A wolf in dog's clothing: initial dog domestication and Pleistocene wolf variation. J. Archaeol. Sci. 68: 1-4.

Peters, P. and L. D. Mech. 1975. Scent-marking in wolves. American Scientist 63: 628-637.

Pionnier-Capitan, M., C. Bernilli, P. Bodu, G. Célérier, J.-G. Ferrié, P. Fosse, M. Garcià and J.-D. Vigne. 2011. New evidence for Upper Paleolithic small domestic dogs in South-Western Europe. J. Archaeol. Sci. 38: 2123-2140.

Pocock, R. I. 1935. The races of *Canis lupus*. Proc. Zool. Soc. London 105: 647-686.

Pollock, R. V. H. 1979. The eye. *In*: (H. E. Evans and G. C. Christensen eds.) Miller's Anatomy of Dog. pp. 1073-1127. W. B. Saunders, Philadelphia.

Rathore, A. K. 1984. Evaluation of lithium chloride taste aversion in penned domestic dogs. J. Wildlife Management 48: 1424.

リース，W. O. 1990. 哺乳動物の呼吸.（津田恒之，訳・今道友則，監訳：デュークス生理学）pp. 218-243. 学窓社，東京. Reece, W. O. 1984. Respiration in mammals. *In*:（M. J. Swenson ed.）Duke's Physiology of Domestic Animals. 10th ed. pp. 226-254. Cornell University Press, Ith aca.

Reid, P. J. 2009. Adapting to the human world: dogs' responsiveness to our social cues. Behav. Proc. 80: 325-333

Ritvo, H. 1988. The emergence of modern pet-keeping. *In*:（A. N. Rowan ed.）Animal and People Sharing the World. pp. 13-32. University Press of New England, Hanover.

ロビンソン，I. 1997. 人と動物との関係.（山崎恵子，訳：人と動物の関係学）pp. 1-7. インターズー，東京. Robinson, I. 1995. Association between human and animals. *In*:（I. Robinson ed.）The Waltham Book of Human-Animal Interaction: Benefits and Responsibilities of Pet Ownership. pp. 1-6. Pergamon, Oxford.

Rogers, J., L. A. Hart and R. P. Boltz. 1993. The role of pet dogs in casual conversations of elderly adults. J. Social Psychol. 133: 265-277.

Rosengren, A. 1969. Experiments in colour discrimination in dogs. Acta Zoologica Fenrica 121: 1-19.

Rozin, P. 1976. The selection of foods by rats, humans and other animals. Adv. Study Behavior 6: 21-76.

Ruehl, W. W. and B. L. Hart. 1998. Canine cognitive dysfunction. *In*:（N. H. Dodman and L. Schuster eds.）Psychopharmacology of Animal Behavior

Disorders. pp 283-304. Blackwell, Malden.
Sablin, M. H. and G. A. Khlopachev. 2002. The earliest Ice Age dogs: evidence from Eliseevichi I. Curr. Anthropol. 43: 795-799.
Saltin, B., J. Henriksson, E. Nygaard, P. Andersen and E. Jansson. 1977. Fiber types and metabolic potentials of skeltal muscle in sedantary man and endurance runners. Ann. N. Y. Acad. Sci. 301: 3-29.
Salvin, H., P. McGreevy, P. Sachdev and M. Vanenzuela. 2011. The canine sand maze: an appetitive spatial memory paradigm sensitive to age-related change in dogs. J. Exp. Anim. Behav. 95: 109-118.
Sánchez-Villagra, M. R., M. Geiger and R. A. Schneider. 2016. The taming of the neural crest: a developmental perspective on the origins of morphological covariation in domesticated mammals. R. Soc. Open Sci. 3: 160107.
Savolainen, P., Y.-P. Zhang, J. Luo, J. Lundeberg and T. Leitner. 2002. Genetic evidence for an East Asian origin of domestic dogs. Science 298: 1610-1613.
Schenkel, R. 1967. Submission: its features and function in the wolf and dog. American Zoologist 7: 319-329.
Schwab, C. and L. Huber. 2006. Obey or not obey? Dogs (*Canis familiaris*) behave differently in response to attentional states of their owners. J. Comp. Psychol. 120: 169-175.
Scott, M. D. and K. Causey. 1973. Ecology of feral dogs in Alabama. J. Wildlife Management 37: 252-265.
Scott, J. P. and J. L. Fuller. 1965. Genetics and the Social Behavior of the Dog. The University of Chicago Press, Chicago.
Scott, J. P., J. M. Stewart and V. J. Deghett. 1974. Critical periods in the organization of systems. Developmental Psychology 7: 489-513.
Scott-Moncrieff, J. C. R. and L. Guptill-Yoran. 2000. Hypothyroidism. *In*: (S. J. Ettinger and E. C. Feldman eds.) Textbook of Veterinary Interenal Medicine. 5th ed. pp. 1419-1429. W. B. Saunders, Philadelphia.
Serpell, J. A. 1991. Beneficial effects of pet ownership on some aspects of human health. J. Royal Soc. Med. 84: 717-720.
Serpell, J. and J. A. Jagoe. 1995. Early experience and the development of behaviour. *In*: (J. Serpell ed.) The Domestic Dog: Its Evolution, Behavior and Interaction with People. pp. 79-102. Cambridge University Press, Cambridge.
Shannon, L. M., R. H. Boyko, M. Castelhano, E. Corey, J. J. Hayward, C. McLean, M. E. White, M. A. Said, B. A. Anita, N. I. Bondjengog, J. Calero, A. Galov, M. Hedimbi, B. Imam, R. Khalap, D. Lally, A. Masta, K. C.

Oliveira, L. Pérez, J. Randall, N. M. Tam, F. J. Trujillo-Cornejo, C. Valeriano, N. B. Sutter, R. J. Todhunter, C. D. Bustamante and A. R. Boyko. 2015. Genetic structure in village dogs reveals a Central Asian domestication origin. Proc. Natl. Acad. Sci. USA. 112: 13639–13644.

Shannon, L. M., R. H. Boyko, M. Castelhano, E. Corey, J. J. Hayward, C. McLean, M. E. White, M. A. Said, B. A. Anita, N. I. Bondjengog, J. Calero, A. Galov, M. Hedimbi, B. Imam, R. Khalap, D. Lally, A. Masta, K. C. Oliveira, L. Pérez, J. Randall, N. M. Tam, F. J. Trujillo-Cornejo, C. Valeriano, N. B. Sutter, R. J. Todhunter, C. D. Bustamante and A. R. Boyko. 2016. Sequencing datasets do not refute Central Asian domestication origin of dogs. Proc. Natl. Acad. Sci. USA. 113: E2556–E2557.

Shille, V. M. 1989. Reproductive physiology and endocrinology of the female and male. *In*: (S. J. Ettinger and E. C. Feldman eds.) Textbook of Veterinary Internal Medicine. 3rd ed. pp. 1777–1791. W. B. Saunders, Philadelphia.

朱宮正剛．1998．犬の痴呆症の診断と治療．日本獣医師会平成 9 年度学会年次大会プログラム．

Siegel, J. M. 1990. Stressful life events and use of physician services among the elderly: the moderating role of pet ownership. J. Pers. Soc. Physiol. 58: 1081–1086.

Simoons, F. J. 1961. Eat not this Flesh. University Wisconsin Press, Madison.

Smotherman, W. P. 1982. In utero chemosensory experience alters taste preference and corticosterone responsiveness. Behav. Neur. Biol. 36: 61–68.

Snigdha, S., L. Christie, C. DeRivera, J. Araujo, N. M. Milgram and C. Cotman. 2012. Age and distraction are determinants of performance on a novel visual search task in aged Beagle dogs. Age 34: 67–73.

Snow, D. H. 1985. The horse and dog, elite athletes: why and how ? Proc. Nutr. Soc. 44: 267–270.

Soulairac, A. 1967. Control of carbohydrate intake. *In*: (C. F. Code ed.) Handbook of Physiology. Vol. 1. pp. 387–398. American Physiological Society, Washington, D. C.

Stains, H. J. 1975. Distribution and taxonomy of the canidae. *In*: (M. W. Fox ed.) The Wild Canids: Their Systematics, Behavioural Ecology and Evolution. pp. 3–26. Van Nostrand Reinhold, New York.

Street, M. 1989. Jäger und Schamen: Bedburg-Königsboven ein Wohnplatz am Niederrbein vor 10000 Jahren. Römisch-Germanischen Zentral-

museums, Mainz.
Street, M. 2002. Ein Wiedersehen mit dem Hund von Bonn-Oberkassel. Bonn. Zool. Beitr. 50: 269-290.
Street, M., H. Napierala and L. Janssens. 2015. The late palaeolithic dog from Bonn-Oberkassel in context. *In*: (L. Giemsch and R. W. Schmitz eds.) The Late Glacial Burial from Oberkassel Revisited. Reinische Ausgrabungen 72. Verlga Philipp von Zabern in Wissenschaftliche Buchgesellschaft. pp. 253-273.
杉原荘介・芦沢長介. 1957. 神奈川県夏島における縄文文化初頭の貝塚. 明治大学文学部研究報告 考古学第2冊. 臨川書店, 京都.
Sullivan, P. S., H. L. Evans and T. P. McDonald. 1994. Platelet concentration and hemoglobin function in Greyhounds. J. Am. Vet. Med. Assoc. 205: 838-841.
多田 功. 1993. 糸状虫症. (小島荘明, 編：New 寄生虫病学) pp. 306-312. 南江堂, 東京.
田名部雄一. 1996. 日本犬の起源とその系統. 日本獣医師会雑誌 49: 221-238.
田名部雄一. 1998. 日本犬の起源に関する考察. 獣畜新報 51: 9-14.
田名部雄一・小方宗次・神谷文子・岡林寿人. 1999. 獣医師への評定依頼調査に基づくイヌの行動特性の品種差. ヒトと動物の関係学会誌 3: 92-98.
Tani, H., T. Inaba, H. Tamada, T. Sawada, J. Mori and R. Torii. 1996. Increasing gonadofropin-releasing hormone release by perifused hypothalamus from early to late anestrus in the beagle bitch. Neurosci. Lett. 207: 1-4.
Tapp, P. D., C. T. Siwak, J. Estrada, E. Head, B. Muggenburg, C. Cotman and N. W. Milgram. 2003. Size and reversal learning in the beagle dog as a measure of executive function and inhibitory control in aging. Learn Mem. 10: 64-73.
Tapp, P. D., C. T. Siwak, F. Gao, J. Chiou, S. Black, E. Head, B. Muggenburg, C. Cotman, N. W. Milgram and M. Su. 2004. Frontal lobe volume, function, and beta-amyloid pathology in a canine model of aging. J. Neurosci. 24: 8205-8213.
田隅本生. 1991. "ニホンオオカミ"の実態を頭骨から探る. The Bone 5: 119-128.
Tchernov, E. and L. K. Horwick. 1991. Body size diminution under domestication: unconscious selection in primeval domesticates. J. Anthropol. Arch. 10: 54-75.
Tchernov, E. and F. F. Valla. 1997. Two new dogs, and other Natufian dogs, from the Southern Levant. J. Archaeol. Sci. 24: 65-95.

Thalmann, O., B. Shapiro, P. Cui, V. J. Schuenemann, D. K. Sawyer, D. L. Greenfield, M. B. Germonpré, M. V. Sablin, F. López-Giráldez, X. Domingo-Roura, H. Napierala, H.-P. Uerpmann, D. M. Lopont, A. A. Acost, L. Giemsch, R. W. Schmitz, B. Worthington, J. E. Buikstra, A. Druzhkova, A. S. Graphodatsky, N. D. Ovodov, N. Wahlberg, A. H. Freedman, R. M. Schweizer, K.-P. Koepfli, J. A. Leonard, M. Meyer, J. Krause, S. Pääbo, R. E. Green and R. K. Wayne. 2013. Complete mitochondrial genomes of ancient canids suggest a European origin of domestic dogs. Science 342: 871-874.

Thomson, W. R. and W. Heron. 1954. Exploratory behaviour in normal and restricted dogs. J. Comp. Physiol. Psychol. 47: 77-82.

Thorne, C. J. 1982. Feeding behaviour in the cat: recent advances. J. Small Animal Practice 23: 555-562.

Thorne, C. 1995. Feeding behaviour of domestic dogs and the role of experience. *In*: (J. Serpell ed.) The Domestic Dog: Its Evolution, Behavior and Interaction with People. pp. 103-114. Cambridge University Press, Cambridge.

富澤　勝. 1993. この犬が一番！　自分に合った犬と暮らす法. 草思社, 東京.

富澤　勝. 1997. 日本の犬は幸せか. 草思社, 東京.

Tributsh, H. 1982. When the Snakes Awake: Animals and Earthquake Prediction. MIT Press, Cambridge.

Trowell, H., D. A. Southgate, T. M. Wolever, A. R. Leeds, M. A. Gassull and D. J. Jenkins. 1976. Dietary fibre redefined. Lancet 1: 967.

トルムラー, E. 1996. 渡辺　格, 訳. 犬の行動学. 中央公論社, 東京. Trumler, E. 1974. Hunde Ernst Genommer. R. Piper & Co. Verlag, Munchen.

筒井俊彦. 1995. 雌の繁殖生理――犬. (森　純一・金川弘司・浜名克巳, 編：獣医繁殖学) pp. 100-110. 文永堂, 東京.

Tuber, D. S., D. Hothershall and V. L Voith. 1974. Clinical animal behaviour: a modest proposal. Am. Phychol. 29: 762-766.

Turnbull, P. F. and C. A. Reed. 1974. The fauna from the terminal pleistocene of Palegawra Cave, a Zarzian occupation site in northeastern Iraq. Fieldiana Anthropology 63: 81-146.

内野富弥・木田まや・馬場朗子・石井克美・大川尚美・林　洋一・朱宮正剛. 1995. 高齢の痴呆犬と診断基準. 基礎老化研究 19: 24-31.

Udell, M. A. R., N. R. Dorey and C. D. L. Wynne. 2010. What did domestication do to dogs? A new account of dogs' sensitivity to human actions. Biol. Rev. 85: 327-345.

Udell, M. A. R. and L. Brubaker. 2016. Are dogs social generalists? Canine social cognition, attachment, and the dog-human bond. Curr. Direct. Psychol. Sci. 25: 327-333.

薄井萬平．1995．回虫症．（獣医臨床寄生虫学編集委員会，編：新版獣医臨床寄生虫学［小動物編］）pp. 82-88．文永堂，東京．

Valla, F. R. 1990. Le Natoufien: une autre façon de comprendre le Monde. J. Israel Prehistoric Soc. 23: 171-175.

Valtonen, M. H. 1972. Cardiovascular disease and nephritis in dogs. J. Small Anim. Prac. 13: 687-697.

van der Velden, N. A., C. J. DeWeerdt, J. H. C. Brooymans-Schallenberg and A. M. Tielen. 1976. An abnormal behavioral trait in Burmese mountain dogs. Tijdschr. Diergeneekd 101: 403-410.

van Lawick-Goodall, H. and J. van Lawick-Goodall. 1971. The Innocent Killers. Houghton-Mufflin, Boston.

Veevers, J. E. 1985. The social meaning of pets: alternative roles for companion animals. *In*: (M. Sussman ed.) Pets and the Family. Marriage and Family Review 8: 11-30.

Verworn, M., R. Bonnet and G. Steinmann. 1914. Diluviale Menschenfunde in Obercassel bei Bonn. Naturwissenschaften 2: 645-650.

Vila, C., P. Savolainen, J. E. Maldonado, I. R. Amorim, J. E. Rice, R. L. Honeycutt, K. A. Crandall, J. Lundeberg and R. K. Wayne. 1997. Multiple and ancient origins of the domestic dog. Science 279: 1687-1689.

Vila, C., J. E. Maldonado and R. K. Wayne. 1999. Phylogenetic relationships, evolution, and genetic diversity of the domestic dog. J. Hered. 90: 71-77.

vonHoldt, B. M., J. P. Pollinger, K. E. Lohmueller, E. Han, H. G. Parker, P. Quignon, J. D. Degenhardt, A. R. Boyko, D. A. Earl, A. Auton, A. Reynolds, K. Bryc, A. Brisbin, J. C. Knowles, D. S. Mosher, T. C. Spady, A. Elkahloun, E. Geffen, M. Pilot, W. Jedrzejewski, C. Greco, E. Randi, D. Bannasch, A. Wilton, J. Shearman, M. Musiani, M. Cargill, P. G. Jones, Z. Qian, W. Huang, Z.-L. Ding, Y.-P. Zhang, C. D. Bustamante, E. A. Ostrander, J. Novembre and R. K. Wayne. 2010. Genome-wide SNP and haplotype analyses reveal a rich history underlying dog domestication. Nature 464: 898-903.

Vormbrock, J. K. and J. M. Grossberg. 1988. Cardiovascular effects of human-pet dog interactions. J. Behavior. Med. 11: 509-517.

Wallis, L., F. Range, C. Muller, S. Serisier, L. Huber and V. Zso. 2014. Lifespan development of attentiveness in domestic dogs: drawing parallels with humans. Front Psychol. 5: 71.

Walls, G. L. 1963. The Vertebrate Eye and Its Adaptive Radiation. Hafner

Publishing, New York.
Wang, G.-D., M.-S. Peng, H.-C. Yang, P. Savolainen and Y.-P. Zhang. 2016a. Questioning the evidence for a Central Asian domestication origin of dogs. Proc. Natl. Acad. Sci. USA. 113: E2554-E2555.
Wang, G.-D., W. Zhai, H.-C. Yang, L. Wang, L. Zhong, Y.-H. Liu, R.-X. Fan, T.-T. Yin, C.-L. Zhu, A. D. Poyarkov, D. M. Irwin, M. K. Hytönen, H. Lohi, C.-I. Wu, P. Savolainen and Y.-P. Zhang. 2016b. Out of southern East Asia: the natural history of domestic dogs across the world. Cell Res. 26: 21-33.
Warner, A. C. I. 1981. Rate of passage of digesta through the gut of mammals and birds. Nutrition Abst. Rev. 51: 789-820.
Wayne, R. K. 1993. Molecular evolution of the dog family. Trends. Genet. 9: 218-224.
Wayne, R. K., W. G. Nash and S. J. O'Brien. 1987. Chromosomal evolution of canidae. I. Species with high diploid members. Cytogenet. Cell Genet. 44: 123-133.
Wayne, R. K., E. Geffen, D. J. Girman, K. P. Koepfli, L. M. Lau and C. R. Marshall. 1997. Molecular systematics of the Canidae. Syst. Biol. 46: 622-653.
Weale, R. A. 1974. Natural history of optics. *In*: (H. Davson and L. T. Graham eds.) The Eye. Vol. 6. Comparative Physiology. pp. 1-110. Academic Press, New York.
Whitney, J. C. 1974. Observations on the effect of age on the severity of heart valve lesions in the dog. J. Small Animal Practice 15: 511-522.
Wilbur, R. H. 1976. Pet Ownership and Animal Control, Social and Psychological Attitudes. 1975 Report to National Conference on Dog and Cat Control. Denver, Colorado.
Wildt, D. E., P. K. Chakvaborty, W. B. Panko and S. W. J. Seager. 1978. Relationship of reproductive behaviour, serum luteinizing hormone and time of ovulation in the bitch. Biol. Reprod. 18: 561-570.
Wilkinson, M. J. A. and N. A. McEwan. 1991. Use of ultrasound in the measurement of subcutaneous fat and prediction of total body fat in dogs. J. Nutrit. 121: 47-50.
Willard, M. D. 1995. Diseases of the stomach. *In*: (S. J. Ettinger and E. C. Feldman eds.) Textbook of Veterinary Internal Medicine. 4th ed. pp. 1143-1168. W. B. Saunders, Philadelphia.
Williams, D. A. 1995. Exocrine pancreatic disease. *In*: (S. J. Ettinger and E. C. Feldman eds.) Textbook of Veterinary Internal Medicine. 4th ed. pp. 1372-1392. W. B. Saunders, Philadelphia.

Willis, M. B. 1995. Genetic aspects of dog behaviour with particular reference to working ability. *In*: (J. Serpell ed.) The Domestic Dog: Its Evolution, Behavior and Interaction with People. pp. 51–64. Cambridge University Press, Cambridge.

Wilson, N. L., S. M. Farber, L. D. Kimborough and R. H. L. Wilson. 1969. The development and perpetuation of obesity: an over view. *In*: (R. H. L. Wilson ed.) Obesity. pp. 3–12. Davis, Philadelphia.

Wolfle, T. L. 1990. Policy, program and people: the three Ps to well-being. *In*: (J. A. Mench and L. Krulisch eds.) Canine Research Environment. pp. 41–47. Scientists Center for Animal Welfare, Bethesda.

ウォルター，R. 1991. 早崎峰夫，監訳．犬と猫の栄養学．日本臨床社，東京．Wolter, R. 1988. Dietetique du Chien et du Chat. Masson, Paris.

山地啓司．1985. 一流スポーツ選手の最大酸素摂取量．体育学研究 30: 183–193.

山根洋右．1993. 条虫症．（小島荘明，編：New 寄生虫病学）pp. 335–354. 南江堂，東京．

山崎恵子・町沢静夫．1993. ペットが元気を連れてくる．講談社，東京．

柚木弘之．1995. 真菌性ズーノーシス．（小川益男・金城俊夫・丸山　務，編：獣医公衆衛生学）pp. 114–119. 文永堂，東京．

Zanghi, B. M., J. Araujo and N. W. Milgram. 2015. Cognitive domains in the dog: independence of working memory from object learning, selective attention, and motor learning. Anim. Cogn. 18: 789–800.

Zeder, M. A. 2012. Pathways to animal domestication. *In*: (P. Gepts, T. R. Famula, R. L. Bettinger, S. B. Brush, A. B. Damania, P. E. McGuire and C. O. Qualset eds.) Biodiversity in Agriculture: Domestication, Evolution, and Sustainability. pp. 227–259. Cambridge University Press, Cambridge.

ズーナー，F. E. 1983. 国分直一・木村伸義，訳．家畜の歴史．法政大学出版局，東京．Zeuner, F. E. 1963. A History of Domesticated Animals. Hutchinson, London.

Zimen, E. 1971. Wolfe und Konigspudel, Vergleichende Verhaltensbeohachtungen. R. Piper, Verlag, Munchen.

Zimen, E. 1987. Ontogeny of approach and flight behavior towards humans in wolves, poodles and wolf-poodle hybrids. *In*: (H. Frank ed.) Man and Wolf. pp. 275–292. Dr. W. Junk Publishers. Dordrecht, The Netherlands.

ツィーメン，E. 1995. 今泉みね子，訳．オオカミ——その行動，生態，神話．白水社，東京．Zimen, E. 1990. Der Wolf: Verhalten, Okologie und Mythos. Knesebeck & Schuler, Munchen.

事項索引

[サ行]

[タ行]

[ナ行]

[ハ行]

[マ行]

[ヤ行]

[ラ行]

[ワ行]

生物名索引

［ナ行］

［ハ行］

［マ行］

［ヤ行］

［ラ行］

[編者紹介]

林　良博（はやし・よしひろ）

1946年　広島県に生まれる.
1969年　東京大学農学部卒業.
1975年　東京大学大学院農学系研究科博士課程修了.
東京大学大学院農学生命科学研究科教授，東京大学総合研究博物館館長，山階鳥類研究所所長，東京農業大学教授などを経て，
現　在　国立科学博物館館長，東京大学名誉教授，農学博士.
専　門　獣医解剖学・ヒトと動物の関係学.「ヒトと動物の関係学会」を設立，初代学会長を務め，「ヒトと動物の関係学」の研究・普及・教育に尽力する.
主　著　『イラストでみる犬学』（編，2000年，講談社），「ヒトと動物の関係学［全4巻］」（共編，2008-2009年，岩波書店）ほか.

佐藤英明（さとう・えいめい）

1948年　北海道に生まれる.
1971年　京都大学農学部卒業.
1974年　京都大学大学院農学研究科博士課程中退.
京都大学農学部助教授，東京大学医科学研究所助教授，東北大学大学院農学研究科教授，紫綬褒章受章，日本学士院賞受賞，家畜改良センター理事長などを経て，
現　在　東北大学名誉教授，農学博士.
専　門　生殖生物学・動物発生工学．体細胞クローンや遺伝子操作など家畜のアニマルテクノロジーを研究テーマとする.
主　著　『動物生殖学』（編，2003年，朝倉書店），『アニマルテクノロジー』（2003年，東京大学出版会）ほか.

眞鍋　昇（まなべ・のぼる）

1954年　香川県に生まれる.
1978年　京都大学農学部卒業.
1983年　京都大学大学院農学研究科博士課程研究指導認定退学.
日本農薬株式会社研究員，パスツール研究所研究員，京都大学農学部助教授，東京大学大学院農学生命科学研究科教授などを経て，
現　在　大阪国際大学学長補佐教授，日本学術会議会員，東京大学名誉教授，農学博士.
専　門　家畜の繁殖，飼養管理，伝染病統御，放射性物質汚染などにかかわる研究の成果を普及させて社会に貢献することに尽力している.
主　著　『卵子学』（分担執筆，2011年，京都大学学術出版会），『牛病学　第3版』（編，2013年，近代出版）ほか.

[著者紹介]

猪熊　壽（いのくま・ひさし）

1961年　香川県に生まれる．
1984年　東京大学農学部卒業．
1986年　東京大学大学院農学系研究科修士課程修了．
　　　　山口大学農学部教授，帯広畜産大学教授などを経て，
現　在　東京大学附属動物医療センター教授，博士（獣医学）．
専　門　獣医内科学．家畜および野生動物のマダニとマダニ媒介性疾患に関する研究をテーマに，基礎獣医学から臨床獣医学までさまざまな研究を展開する．
主　著　『イラストでみる犬学』（分担，2000年，講談社），『獣医診療ハンドブック』（分担，1999年，インターズー）ほか．

遠藤秀紀（えんどう・ひでき）

1965年　東京都に生まれる．
1991年　東京大学農学部卒業．
　　　　国立科学博物館動物研究部研究官，京都大学霊長類研究所教授を経て，
現　在　東京大学総合研究博物館教授，博士（獣医学）．
専　門　遺体科学．比較解剖学．動物の死体を大量に収集・解剖し，形態を比較することで，からだの進化の歴史を探る．家畜のからだには人間が込めた育種の動機が残されていると考え，家畜と人間の間柄に解剖学から迫っている．
主　著　『東大夢教授』（2011年，リトルモア），『有袋類学』（2018年，東京大学出版会）ほか．

アニマルサイエンス③
イヌの動物学［第2版］

2001年 9 月5日　初　版第1刷
2019年11月5日　第2版第1刷

［検印廃止］

著　者　猪熊　壽・遠藤秀紀

発行所　一般財団法人　東京大学出版会

代表者　吉見俊哉

〒153-0041 東京都目黒区駒場 4-5-29
電話 03-6407-1069　Fax 03-6407-1991
振替 00160-6-59964

印刷所　株式会社三秀舎
製本所　誠製本株式会社

ISBN 978-4-13-074023-4 Printed in Japan